JN289296

機械の力学

長松昭男 ● 著

朝倉書店

まえがき

　機械工学は，近代産業の基盤を支える工学の中核であり，この一世紀余にわたり先進技術の一翼を担い続けてきたことは事実である．しかし筆者は最近，機械工学は学術の最先端分野から外され，ともすればすでに完成し終わった学問と世間からみなされているのではないか，と感じることがある．機械工学の中核に位置し筆者の専門分野である力学も，その例外ではない．力学に対するこのような誤った偏見が実際にあるとすれば，その原因の一つは，馬に乗って戦争をしていたニュートンやダランベールの時代の力学を，基本的には約300年以上もの間そのまま継承し，現在までこれに対して本質的な革新がなされてこなかった所にあるのではないか，と考える．

　筆者は，現在まで30年以上大学で力学を教えてきたが，教える内容はこの30年間変わっていないといっても過言ではない．それどころか，筆者が学生時代に教わった半世紀前の力学の教科書を見ても，現在のものと，目次や内容がほとんど同じである．これは，筆者の個人的な経験に限ったことではなく，全国の大学における力学の授業のメニューは，同一のものが長年継承されている．いくら力学が機械工学を支える不動の基盤であるとはいえ，学術の発展が急加速し変化の激しい現在，これは，学問としての正常な姿ではないのではなかろうか．そして，機械工学のさらなる発展を志向するためには，その拠所である力学自体を根本から見直してみることが，今こそ必要で有効なのではなかろうか．

　このような観点から筆者は，力学の原点に返り，その根幹を見直し革新することを試み，本書を執筆した．

　本書は，物理学の先端研究とは無関係であり，大げさに言えば，完成し終わり硬直化していると見られている既存の工学系力学に対して，忘れ物を探して拾い，隙間を見つけて埋め，ゆがみを明らかにし正すことによって，それを現在よりも調和がとれ柔軟で発展性を有する新しい体系に変革しようとする試みである．

このように本書は，従来の力学をそのまま包含しながら，より筋の通ったものに補強・拡充し，自然な形に整形しようとしているだけであるから，本書には在来の力学と矛盾する部分は存在しない．なお，本書が扱う力学は基本的には古典力学であり，解析力学などは対象外とする．

　本書は，物理学者ではなく一介の機械技術者である筆者が，ふだん力学を勉強し，教育し，実用している過程で感じた素朴な疑問から出発し，長年にわたり独自の試行錯誤を重ねてきた結果を，そのまま正直に記述するものである．したがって，本書の内容は荒削りであり，偏り・独断・不完全さ・誤りなどが多々存在する可能性は，筆者自らが十分認識している．しかし，誰かが踏み出さなければ，何事も起こらない．そして，現場での物造りに長年従事してきた筆者は，理論の先端を競う物理学者の残した落穂拾いには，適任であるかもしれない．もし本書が，停滞する機械工学の現状を打破するわずかな刺激剤になれば，筆者にとってこの上ない幸せである．

　本書は，力学の革新への糸口を提供しようとしているにすぎない．力学の革新などという大仕事は，筆者のように還暦をとっくに過ぎた老人のやるべき仕事ではない．幸いにして，わが国の力学分野には，新進気鋭の若い研究者・技術者が数多く活躍されている．これらの方たちが，本書を基にし，あるいは本書に対する批判を出発点にして，大きく飛躍され，それによって力学が真の革新へと動き出すことを，切に願うものである．

　本書は力学書であるが，理学分野の先端研究者ではなく，主に工学系の若手研究者や学生と機械メーカの企業現場の技術者を対象として書かれている．したがって，わかりやすさを最重要の留意事項としており，高度な理論説明や難解な数学はまったく含まれていないから，大学低学年の学生にも容易に理解できる．ただし，力学に関するいくつかの新しい概念が提示されているので，高等学校の物理学と在来力学の初歩の勉強を一応終えた後に読まれることが望ましい．その意味で本書は，学部2学年以上および大学院を対象にした力学関係の教科書として最適である．

　また，本書を大学における機械工学系の研究室やゼミナールの勉強会や輪講の教材として使えば，学生が柔軟な発想と水平思考から生まれる創造への能力を身に付けるのに，大いに役立つと考える．その際，本書の内容をそのまま暗記する形で教え込むのではなく，本書の内容の正否を学生自らに考え直させ論じさせる

ことによって，論理的洞察力や独創力を育成するための道具として，本書を使うことをお勧めする．

さらに，本書は力学の根幹を変革しようとする試みであるから，工学の様々な分野において，これまでの応用中心の手法から脱却した，既成の殻を破る新しい研究テーマが，本書から数多く見つかる可能性が十分にある．次世代の工学を担う若手研究者にとって，本書は必読の書であると確信する．

なお本書には，学界にまだ認知されていない筆者独自の概念や用語がやむをえず用いられていることを，あらかじめお詫びしておく．

終わりに，ご自身の著書[1),2)]から多くの引用をご承諾いただいた山本義隆氏に対して，深い感謝の意を表す．また，出版に際して大変お世話になった朝倉書店の皆様に対して，心からお礼申し上げる．

2007年2月

長 松 昭 男

増刷（第2刷）にあたり，頁数を変えない範囲で加筆修正を行った．

2009年3月

筆者しるす

目　　次

1. **なぜ機械の力学か** …………………………………………………… 1
   1.1　力学の現背景 ……………………………………………………… 1
   1.2　工学系力学の特徴 ………………………………………………… 3
   1.3　本書の内容 ………………………………………………………… 5

2. **状態量と接続** ………………………………………………………… 9
   2.1　力と速度 …………………………………………………………… 9
     2.1.1　動力学における基本状態量 ………………………………… 9
     2.1.2　力とは ………………………………………………………… 11
   2.2　因果関係 …………………………………………………………… 12
     2.2.1　在来の力学における因果関係 ……………………………… 12
     2.2.2　筆者が提案する因果関係 …………………………………… 14
     2.2.3　因果関係と力学特性 ………………………………………… 15
     2.2.4　フックとニュートン ………………………………………… 16
     2.2.5　不確定性原理と因果関係 …………………………………… 17
   2.3　釣合と連続 ………………………………………………………… 20
     2.3.1　従来の概念と筆者による提案概念の比較 ………………… 20
     2.3.2　釣合と連続の現象 …………………………………………… 22
     2.3.3　力学特性と接続 ……………………………………………… 24
     2.3.4　力学的エネルギーと接続 …………………………………… 26
     2.3.5　動力学における力の釣合 …………………………………… 28

3. **力学特性** ……………………………………………………………… 29
   3.1　歴史上の背景 ……………………………………………………… 29

目次

- 3.2 定義と分類 …………………………………………………… 33
- 3.3 質量と柔性の機能 ……………………………………………… 35
- 3.4 質量と柔性の対比 ……………………………………………… 37
- 3.5 粘性の機能 ……………………………………………………… 44
- 3.6 力エネルギー場と粘性 ………………………………………… 47
- 3.7 粘性の発生機構 ………………………………………………… 51
  - 3.7.1 2個の原子間の力エネルギー場と粘性 ………………… 51
  - 3.7.2 粘性による力学的エネルギーの散逸 …………………… 57
  - 3.7.3 粘性が速度に比例する抵抗力を生じる理由 …………… 61
- 3.8 固体・液体・気体の物性 ……………………………………… 62

4. 力学法則 …………………………………………………………… 67
- 4.1 ニュートンの法則 ……………………………………………… 67
- 4.2 筆者が提唱する法則 …………………………………………… 69
  - 4.2.1 力学法則の対称性 ………………………………………… 69
  - 4.2.2 新しい法則 ………………………………………………… 71
- 4.3 運動量の法則と位置の法則 …………………………………… 74
  - 4.3.1 歴史的背景 ………………………………………………… 74
  - 4.3.2 運動量保存の法則 ………………………………………… 76
  - 4.3.3 新しい単位系 ……………………………………………… 78
  - 4.3.4 位置の法則 ………………………………………………… 80
- 4.4 衝突と連結 ……………………………………………………… 82
  - 4.4.1 現象の対比 ………………………………………………… 82
  - 4.4.2 衝突の力学 ………………………………………………… 84
  - 4.4.3 連結の力学 ………………………………………………… 89
- 4.5 力の作用反作用の法則 ………………………………………… 98
- 4.6 慣 性 力 ………………………………………………………… 101
- 4.7 速度の作用反作用の法則 ……………………………………… 107
- 4.8 柔 性 速 度 ……………………………………………………… 109
- 4.9 エネルギー ……………………………………………………… 112
  - 4.9.1 エネルギーとは …………………………………………… 112

　　　　　　　　目　　次

  4.9.2　エネルギーの保存 …………………………………………… 115
  4.9.3　物理事象の双対性 …………………………………………… 117
  4.9.4　力学的エネルギーとは ……………………………………… 118
  4.9.5　力学的エネルギーと仕事 …………………………………… 119
  4.9.6　力学的エネルギー保存の法則 ……………………………… 121

5. ダランベールの原理 …………………………………………………… 123
 5.1　歴史上の考察 ……………………………………………………… 123
 5.2　現在の一般見解 …………………………………………………… 135
 5.3　一般見解に対する検討 …………………………………………… 139
 5.4　静力学と動力学 …………………………………………………… 145
  5.4.1　力学における状態 …………………………………………… 145
  5.4.2　力学の分類 …………………………………………………… 146
  5.4.3　力学の帰着と統一 …………………………………………… 147

6. 運動座標系 ………………………………………………………………… 151
 6.1　並進座標系 ………………………………………………………… 151
  6.1.1　慣性系 ………………………………………………………… 151
  6.1.2　非慣性系 ……………………………………………………… 154
  6.1.3　非慣性系の例 ………………………………………………… 158
 6.2　回転座標系 ………………………………………………………… 167
  6.2.1　運　動 ………………………………………………………… 167
  6.2.2　動力学 ………………………………………………………… 172
 6.3　相対性理論への糸口 ……………………………………………… 178
  6.3.1　重　力 ………………………………………………………… 179
  6.3.2　力学的エネルギーと運動量 ………………………………… 190

7. 振　　動 …………………………………………………………………… 197
 7.1　力学特性と状態量 ………………………………………………… 197
 7.2　力学的エネルギー ………………………………………………… 201
 7.3　発生機構 …………………………………………………………… 203

7.4 支配方程式 ………………………………………… 207
7.5 力学特性と位相 ……………………………………… 210
7.6 固有周期と固有モード ……………………………… 211

補章　古典力学の歴史 …………………………………… 215
A.1 黎明期まで …………………………………………… 215
A.2 ガリレイとデカルト ………………………………… 218
A.3 ニュートン …………………………………………… 221
A.4 オイラー ……………………………………………… 228
A.5 ダランベール ………………………………………… 232
A.6 ラグランジュ ………………………………………… 233
A.7 以後の発展 …………………………………………… 235

参 考 文 献 ………………………………………………… 238
索　　　引 ………………………………………………… 239

1. なぜ機械の力学か

1.1 力学の現背景

　ニュートン（Sir Isaac Newton, 1642-1727）以来300余年，力学は壮大華麗な学問体系に発展し，機械工学を支え，機械文明の理論的基盤になっている．しかしながら他方では，機械工学の根幹となる力学の原理・法則・定理は出尽くし，それらに基づく基礎理論の体系はすでに完成し終わっている，と思われている．そして力学は，数百年も前の偉人たちが創生した既存の原理・定理・法則・知見を，そのまま継承して使うだけの学問，として扱われている．実際，今われわれが手にする多くの力学書は，目次構成から内容に至るまで大同小異であり，これらはいずれも完成された学問知識をコピーし列したものにすぎない，といわれても仕方がない．

　機械工学がこのような形骸化した力学に依拠しているだけの学問であれば，それはもはや応用・実用以外には基本的進展がない，古く変化のない魅力に乏しい学問として，やがて先端から置き去りにされ，殿堂博物館入りを余儀なくされる可能性が大きい．

　現在，急発展しつつあるコンピュータ利用技術などの周辺技術に機械工学全体が振り回され，これに比べて動きの鈍い機械工学本体との間に不均衡が生じている．機械力学もその例外ではなく，力学そのものではなく関連分野への応用展開や情報化技術の導入が，進展の主役になっているように見受けられる．例えば，筆者の専門である振動工学における高速フーリエ変換処理装置や実験モード解析システムでは，中身を支える基礎理論の優秀さにはあまり関心が集まらず，使い勝手の良さ，画面表示の美しさ，アニメーションのリアルさ，ネットワークとの結合のしやすさなどが，もっぱら商品価値として評価されている．

　機械力学を支える工学系力学には，もはや基本的発展は未来永劫ないのだろうか？　機械力学を開拓してこられた諸先輩を限りなく敬愛し，自らもこの分野の

片隅に人生の拠所を置く筆者は，このような意見に簡単に賛同するわけにはいかない．

事実，物造りの現場では，従来の理論や技術だけでは対処困難な問題が続出し，機械工学に対する要求はますます高度化・複雑化している．例えば，ハイブリッドエンジンや燃料電池エンジンを搭載した自動車には，運動，変形，流体，電気，熱，化学などにわたって縦横無尽に変換されるエネルギーを，常に最も良い効率で複合利用するために，専門分野を横断する各種エネルギーの時々刻々の統合管理が不可欠になっている．

ニーズのある所にシーズあり，の格言どおり，このような先端実用問題に対する解答は，現場技術と密着した機械工学の中で生まれなければならず，機械工学にはさらなる発展の可能性が大いにあることを，筆者は確信する．機械工学こそ，永遠に科学技術の中核に位置し，かつ先端の一角を担うべき資格・正当性・必然性・責任を有するが故に，その大黒柱である力学は，常に時代を先導して進歩し続けなければならない．

ただし，このことは，座視したままで得られるものでは決してなく，思い切った自己改革によってのみ可能になる．生命理工学や情報工学に比べた昨今の機械工学の停滞した現状は事実であり，それを打破するために今，機械工学の根幹を支える力学に，何らかの飛躍が必須であると考える．

では，その飛躍はどうすれば実現できるであろうか？

まず，飛躍は常識を破る疑問と発想から生まれる．これを力学に適用すれば，例えば次のようなことが考えられる．

力の釣合はどのような場合でも成り立つのか？

動力学の根源はニュートンの法則だけなのか？

力の釣合で静力学と動力学を統一する，といわれているダランベールの原理は正しいか？

質量は物理法則を支配する物質の本質的な不変量か？

質量と剛性は関係ないのか？

粘性の発生機構をエネルギー原理に基づいて説明できないか？

これらのような一見非常識な疑問が，今必要なのかも知れない．そして，このような非常識な疑問に本気で取り組んでみたのが，本書である．

また，飛躍は原点に返る統合から生まれる．一般に学問は，分化と統合を繰り

返しながら発展していく．分化は，新しい枝葉を増やしそれを育てて四方に広く伸ばすことによって，今ある木をそのまま育成し太く大きくするような，連続的・段階的・継承的・具体的・部分的・応用的な垂直思考によって，次第に進展する．これに対して統合は，始点に返り，森全体を視野に入れた新しい視点から木の全体像を見直すような，不連続な水平思考によって突然実現し，その結果として上位次元への止揚を生み，未踏の視野を得て，未経験の展望を拓くことが多い．

20世紀は，力学の応用展開による工学の分化の時代であった．ニュートンによって生み出された力学は，この300余年間に多数の専門分野に細分され，各分野が壮大な学問技術の世界を展開し，それらを応用した華やかな機械文明を生み出した．しかしその反面，細分化された分野間に高い壁ができて工学全体を見通すことが困難になり，巨大化したが故の硬直・不調和・背反・不整合・矛盾が随所に見受けられるようになったことも確かである．21世紀に入った今，もう一度原点に返り，新しい観点からの統合を視野に入れた力学の見直しが，次世代の機械工学への脱皮のために必要であると考える．

人類は今，人工惑星を作って，地球上の生物として初めて他の星に進出しようとしている．万有引力の原因や本質を知らなくても，それが$-GmM/r^2$という関数形式で表されることさえわかれば，他の天体へ進出できる．このように，量子力学や相対性理論が1世紀も前に完成した現在なお，私たちは古典力学に頼って最先端の技術を作り出せるのである．しかし，それだけに甘んじていては，文明における機械工学の主役の座は長続きしないのではなかろうか．先端の物理学からはるかに遅れている古典力学が，いまだに機械工学の拠所であるからこそ，それをすでに完成し終わった不動の学問体系として無批判に踏襲し応用するだけではなく，初心に帰る見直しへの不断の努力が，特に実用上の先端ニーズを熟知しているわれわれ機械技術者には常に必要であり，有意義であると思う．

1.2　工学系力学の特徴

現在の機械工学が拠所としている工学系の力学は，本質的には古典力学である．在来の古典力学には図1.1に示す次のような特徴がある．

1) **力の学問**
名前の通り，力が主役で運動が脇役の学問である．

```
力の学問                    ニュートンの3法則が力学の支配法則
   ↓                              ↓
力が原因で運動が結果       エネルギーの法則が陰に隠れた理論展開
   ↓                              ↓
力の釣合が基本原理         ニュートンの法則とフックの法則が無関係
   ↓                              ↓
慣性力は見かけの力         質量・剛性・減衰を個別・無関係に定義
   ↓                              ↓
              超古典の力学
```

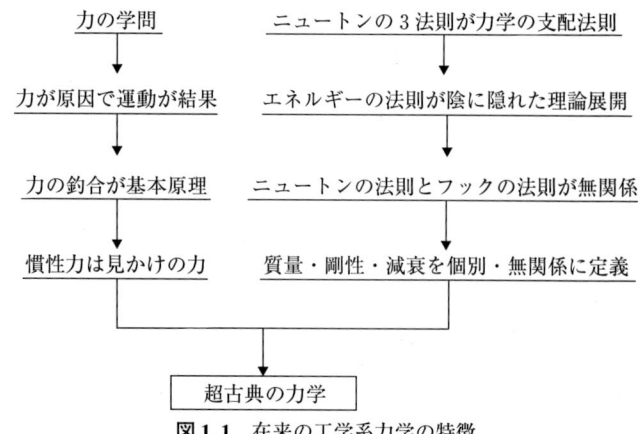

図1.1 在来の工学系力学の特徴

力が表に出て，根幹を支配するエネルギーが陰に隠れた理論展開になっている．

力が原因として作用し運動が結果として生じる，という一方通行の因果関係に基づいている．

質量・剛性・粘性が，力を中心とする状態量間の関係として定義されている．

  質量：単位加速度を発生する力（ニュートンの法則）
  剛性：単位変位を発生する力（フックの法則）
  粘性：単位速度を発生する力

上記の3特性の中で，質量のみを物体の本質を表す量としている．

2） 力の釣合が力学を支配

力の釣合は，静力学と動力学を問わず成立し，あらゆる力学現象を常に支配する力学の基本原理である．

静力学と動力学は，力の釣合によって統一できる（ダランベールの原理）．

3） 力と位置が基本状態量

時間の概念がない静力学で用いる位置あるいは変位を，動力学でも基本状態量として踏襲している．

4） ニュートンの3法則が力学の根幹

ニュートンが提唱した，慣性の法則，運動の法則，力の作用反作用の法則が，力学を支配する根幹の法則であり，フックの法則は脇役である．

ニュートンの法則とフックの法則は，共に同じ物質を支配する法則であるにもかかわらず，互いに無関係な別物として扱われている．

5) **質量・剛性・粘性を個別・無関係に定義**

　質量・剛性・粘性は共に同じ物質の力学的性質であるから，互いに関係があるはずなのに，ないとされている．

　粘性は，質量・剛性と共に，エネルギー原理から導かれる線形運動方程式を構成するにもかかわらず，その発生機構がエネルギー原理を用いて力学的に説明されていない．

6) **慣性力は見かけの力**

　慣性力は，実在しない見かけの力である．また慣性力は，実在の作用力を打ち消し，動力学における力の釣合を実現する（$f+(-M\dot{v})=0$）．

7) **超古典の力学**

　現在の機械工学の中核である古典力学は，ニュートン・ダランベール以来3世紀以上の間，本質的な刷新がなされていない．

　一方例えば，われわれが毎日自動車で使っているカーナビゲーションに用いる人工衛星では，速度と重力の違いから生まれる時間の進み方の地上との違いが，相対性理論に基づいて補正されている．また，先端材料やナノ技術の開発には量子力学が欠かせない．このように，前世紀に確立されすでに身近に実用されている相対性理論や量子力学と，古典力学の関係が，少なくとも工学の分野では，学問として明確に整理され体系化されておらず，そのため機械工学における力学は，理学としての物理学の進歩からはるかに遅れた所に留まっている．

　以上は，われわれ機械技術者が長年慣れ親しんでいる工学系力学の特徴である．これらは，少なくとも機械工学の枠内では常識として受け入れられており，現在では何の問題も生じていないように見える．しかし，もしこれらが，機械工学は古くて進歩が乏しい学問である，という誤った一般認識を生む原因の一つになっているとすれば，これらを放置したままの現状に満足してはならない．

1.3　本書の内容

　本書では，「力学は力の学問である」という，力学の概念に対する既存の常識から脱却し，力の代わりにエネルギーを直接表に出し，力学の根幹を"力の釣合"から"力学的エネルギーの均衡"に移している．そして本書は，「状態量が双方向に変換されながら推移し展開することによって力学的エネルギーが流動する事

象を扱う学問」とする基本的立場から執筆されている．また，力学の諸元を，場は時間と空間，状態はエネルギーの均衡と不均衡，状態量は力と速度，状態積は運動量と位置，接続は並列と直列，接続則は釣合と連続，働きは作用と反作用，関係は因と果，力学特性は質量と柔性（剛性の逆数）とし，これら全体をエネルギー保存の法則が支配する，としている．

　本書における各章の概要は，以下の通りである．

　第2章では，力学における状態量とその接続に関して，新しい概念を提示する．

　まず，基本状態量として，従来の力と位置（変位）の代わりに，力と速度をとる．次に，力が原因で運動が結果という従来の片方向の因果関係に，その逆方向の因果関係を新しく加えて双方向に改めることにより，力と速度を因果関係に関して対等に扱う．そして，状態量の接続を支配する釣合と連続という2つの接続則に関する概念を，従来とは異なるものにする．すなわち，連続の成立・不成立の対象を変位ではなく速度とする．また，力の釣合と変位の連続は力学において常に共に成立する，という従来の認識を廃し，力の釣合と速度の連続は，力学的エネルギーが均衡状態にある静力学では必ず共に成立するが，不均衡状態にある動力学では原則として少なくとも片方は成立しない，とする．

　第3章では，質量と柔性の機能に関する新しい定義を提示し，また，粘性の発生機構を明らかにする．

　まず，質量，剛性，粘性という3種類の力学特性について，力を基準にした従来の定義を紹介し，その問題点を指摘する．次に，剛性の代わりにその逆数として定義される柔性の概念を採用し，質量と柔性に対して力学的機能を表現する新しい定義を示す．また，質量と柔性が力学的エネルギーに関して対等・双対の関係にあることを示す．加えて，これまで不明とされていた粘性の発生機構を，原子間ポテンシャルの場を用いて，エネルギー原理の立場から力学的に解明する．同時に，粘性が速度に比例する抵抗力を発生する理由を述べる．さらに，従来の物理学では明らかでなかった固体・液体・気体間の物性の違いが，本章で提示する粘性の概念によって説明できることを示す．

　第4章では，ニュートンが提唱した3つの法則と双対の関係にある3つの新しい力学法則を提唱する．

　まず，慣性の法則・運動の法則とそれぞれ双対の関係にある2つの新しい力学法則を提唱する．そして，本章で提唱した力学法則を介して，ニュートンの運動

の法則とフックの法則の関係を明らかにする．次に，運動量の法則と双対の関係にある新しい法則を提唱する．また，慣性力が見かけの力であるという現在の一般概念が正確さに欠けることを指摘し，慣性力の正しい概念を提示する．すなわち，慣性力が質量特有の反作用力として実在する力であることを述べ，同時に，非慣性系において生じる見かけの力を，慣性力の概念とは別に定義する．次に，力の作用反作用の法則と双対の関係にある，速度の作用反作用の法則を提唱する．さらに，提唱した新しい力学法則と力学的エネルギーの関係を明らかにする．

第5章では，現在の力学に存在するダランベールの原理に対する誤解を解き，その正しい意味と意義を明らかにする．

まず，ダランベールの原理に関する彼自身が提唱した原文（邦訳）をそのまま引用し，その正しい意味・意図・意義を探る．次に，ダランベールがいう釣合の言葉の意味が，現在の釣合の概念とは異なることを述べる．そして，当原理の真の眼目が現在の一般認識とは異なる点にあることを説明する．その後，現在の複数の力学書における当原理に関する説明を引用し整理することによって，それらが含む曖昧さと混乱の正体を明らかにする．さらに，静力学と動力学は力の釣合の観点からは統一できないこと，それにもかかわらず動力学を静力学の力の釣合に帰着できることを述べ，その理由を説明する．

第6章では，慣性系に対して加速度を有する運動座標系の力学を説明する．

まず，従来は曖昧であった慣性力の概念を整理する．すなわち，従来は共に慣性力と呼ばれていた，非慣性系においてのみあたかも存在するように見える擬似反力と，慣性系と非慣性系に共通して実在する反作用力である慣性力を，明確に区別する．次に，この区別の正当性を，現象例によって裏付ける．また，回転座標系におけるコリオリの加速度の発生機構を説明する．その後，重力と慣性力は区別がつかないことを述べ，このことを用いてアインシュタインの相対性原理の理解への糸口を探る．さらに，古典力学における力学的エネルギーの表現式が，ローレンツ変換の1次近似として得られることを示す．

第7章では，本書で提唱する力学構成に基づいて振動を考察する．

まず，質量と柔性の機能を論じ，両者が共存する系における状態量の変遷について述べる．次に，質量と柔性からなるエネルギーの閉鎖系内に不均衡な力学的エネルギーが投入されると，それが閉鎖系内を循環し，自由振動という現象を発現する機構を説明する．そして，第4章で筆者が提唱した力学法則を用いて振動

の支配方程式を導き，それが従来の運動方程式と一致することを示す．また，質量と柔性の動的機能と位相の関係を説明する．さらに，固有振動数と固有モードの発生機構を物理的に説明する．

　補章では，古典力学が誕生し，発展し，継承されてきた歴史的経緯を，簡単に述べる．

2. 状態量と接続

2.1 力と速度

2.1.1 動力学における基本状態量

　在来の**力学**（mechanics）では，基本となる**状態量**（quantity of state）すなわち**基本状態量**（basic quantity of state）として**力**（force）と**位置**（position）（あるいは**変位**（displacement））をとるのが普通であり，**動力学**（dynamics）においてもこれを踏襲し，時間の概念がない静力学で用いる位置（変位）を基本状態量としている．現在，**機械力学**（dynamics of machinery）の分野でこの流儀が広く用いられているのは，それが次の特徴を有するためである．

1) 位置は直接眼に見える量であり，**速度**（velocity）や**加速度**（acceleration）よりも直感的に知覚・認識・計測・利用しやすい．

2) 構造・形状・変形・寸法が要点の物造りでは，速度・加速度よりも位置・変位のほうが，必要な物理量を直接に表現できて，有用・便利である．

3) 位置を基本にとれば，速度・加速度からなる運動全体を微分の形で表現でき，運動方程式を数学的に処理しやすい微分方程式にすることができる．

　しかし，動力学において**運動**（motion）の履歴である位置を基本状態量として用いることは，現時点の動的状態と過去の履歴を不可分な形で混在させ，現象の判断・解析を複雑にしていることも確かである．

　本書では，以下の理由で，これまでとは異なり，**力と速度を基本状態量にとる形で，動力学を体系化し直すことを試みる．**

1) 力と速度は，現時点の瞬時状態を表す状態量である．それに対して**力積**（impulse）（あるいは**運動量**（momentum））と**速度積**（velocity integral）（あるいは位置または変位）は，状態量の蓄積（時間積分）すなわち**状態積**（state integral）であり，過去の履歴に依存する量である．**動力学では，現時点の瞬時状態量としての力・速度と，現時点までの状態量の履歴を表す状態積としての運動量・位置を，**

それぞれ互いに対等な対とみなし，その上でこれら両対を**明確に区別して扱うのが自然である**，と考えられる．力を基本状態量にとることは力学において不可避である以上，運動を代表する基本状態量を，変位でなく力と対である速度とすることは，少なくとも論理的には自然であろう．

2) 対象が運動し，それに従って状態が変動することを前提にした事象の時々刻々の挙動を扱う動力学では，位置よりも速度を基本状態量にとるほうが素直であり，理論的にすっきりしている．

3) ラグランジュ（Joseph Louis Lagrange, 1736-1813）は，著書『解析力学』(1788) において，**静力学**（statics）の基本原理に「速度」の言葉を導入し，**仮想仕事の原理**（principle of virtual work）を「仮想速度の原理」と呼んでいた[1]．これは当時，① 静力学が運動物体の瞬時の釣合状態を表す力学であると考えられていたこと，② 微小変位が速度とも呼ばれていたこと，と関連している．この例からわかるように，動力学の基本状態量として変位ではなく速度をとることは，歴史的に見ても妥当であろう．

動力学の基本状態量である力と速度を対比してみる．

1) 力は，媒体（物体・場）に内包され隠蔽される力学的エネルギーの強さであり，その質的状態（強弱・激穏・鋭鈍）を具現する．速度は，力学的エネルギーを有する媒体の単位時間あたりの移動量であり，現象として現われ空間に外延・展開される力学的エネルギーの量的状態（大小・多少）を具現する．

2) 力は，1点における絶対量が質量に作用して仕事をし，力学的エネルギーを流動させる．速度は，2点間における相対量が柔性に作用して仕事をし，力学的エネルギーを流動させる．

3) 力は，単一空間内の1点に対して，互いに独立した複数の作用源からの複数の力を同時に加えることができる．一方，速度を加えることは相対運動空間を形成することであるから，速度は，単一空間に対しては単一の速度しか与えることができない．

4) 力の和は絶対和であり，単一空間内の1点において，すでに加わっている力にその反作用力ではなくそれから独立した別の力を加えベクトル的に足し合わせることによって，実現される．速度の和は相対和すなわち重ね合せであり，すでに速度を有する空間上にそれとは別の速度を有する新しい空間を形成し，それらをベクトル的に積み重ねることによって，実現される．

2.1.2 力 と は

　力という概念は，人の筋肉の努力感から出てきたものである．しかし，人は直接的には，筋肉に生じる運動（加速度・速度・変位）を感知しているのであり，力そのものを感知しているのではない．速度や変位は直接観測できるが，例えば万有引力が宇宙に遍在しているのを見ることができないように，力は直接には人に見えないものであり，その正体は定かでないのである．ここではまず，力とは何かについて，物理学書[4),13)]に書かれているいくつかの知見を紹介しよう．

　現在の物理学では，図2.1に示すように，原子の内部に働く力を除けば，力には**万有引力**（universal gravitation）と**電気力**（electric force）しかないとされている（原子内部の力については，まだよくわかっていない）．

　万有引力は，物質を透過して宇宙全体に遍在する**遠隔力**（remote force）である．万有引力の場は決して零にはならないのである．万有引力が原因として作用することによる結果は，物質が運動しているかいないかにかかわらず同じ法則に支配される．そして，万有引力が支配する力学の世界の主役は，力を受けて速度を出す**質量**（mass）である（3.4節で後述）．

　アインシュタイン（Albert Einstein, 1879-1955）によれば，万有引力に代表される遠隔力は空間のゆがみであるから，物質を透過する．そして，遠隔力を受ける人は，それを力として感知できず，何の拘束も受けない自由状態のままで宙に浮遊しているように感じている．もし絶対空間が存在するとすれば，その絶対空間の場にいる人は，遠隔力を**速度変動**（change of velocity）あるいは加速度として感知する．したがって物体は，力を受けるというよりも速度変動を与えられる

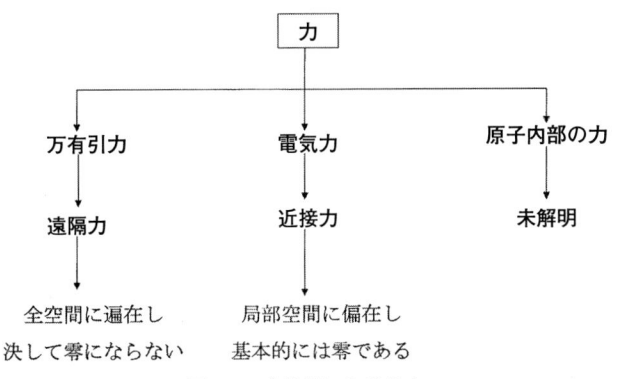

図2.1 自然界における力

というほうが適切であるかもしれない．また遠隔力は，力というよりも，質量というエネルギー体の存在によって生じる空間あるいは場のゆがみ，というほうが適切であるかもしれない．

電気力はこれとは異なる．すべての自然は原子内の1個の**電子**（electron）に相当する基本的な電荷からなる．そのおよその値は$e = -1.60 \times 10^{-19}$ クーロンであり，便宜上負の符号をもたせてある．通常の**原子**（atom）は，その中心に位置する**原子核**（nucleus）と，それをとりまく5×10^{-11} m程度の距離内の軌道上を運動するいくつかの電子からなっている．原子核が有する正の電荷と電子が有する負の電荷は釣り合っており，原子全体の総合電荷は正確に零になる．この性質が電気力と万有引力の間の決定的な相違であり，物質中の多数の原子によって構成される電気力の場は，特別の場合を除いて零である．

原子間に作用する電気力は**近接力**（proximate force）であり，局部空間に偏在するが，基本的には零である．そして，相対速度が原因として作用する結果として原子間距離が変化することによって，電気力は中立を乱され変化する．したがって，近接力が支配する世界では，質量ではなく，速度を受けてそれを**力変動**（change of force）に変え，それが蓄積されて力を生じる柔性（剛性の逆数）が主役を演じる．近接力を巨視的に見たものの一例が，物質同士の**接触力**（contact force）である．接触力を受ける物体は，それを力として感知する．

2.2 因果関係

2.2.1 在来の力学における因果関係

原因を与えると結果が生じることを，**因果関係**（cause-and-effect relationship または causality）が存在するといい，**因果律**（law of cause and effect）が成り立つという．まず，在来の力学における状態量間の因果関係について述べる．

古典力学（classical mechanics）における因果律は，次のように考えられている[7]．「自然界が古典力学に従う運動を行う**質点**（particle）から成り立っているならば，自然界では質点に対する力の働き方が与えられている（例えば万有引力の法則）と考えられるから，ある瞬間の状態が与えられれば，その後の運動は完全に決まってしまう．」このように古典力学では，物質の本質は質量であり，力が原因で運動が結果である，という暗黙の前提の下に，因果関係の成立が不動の原

理であるとされている．

　後に電磁気学と**相対性理論**（theory of relativity）が加わっても，すべての事象の因果関係は時系列に沿って完全に確定される，という考え方に変化は起こらなかった．**量子力学**（quantum mechanics）が加わると，私たちが実験する場合の測定結果に確率の考えが入ってくるが，この確率を計算するには一定の法則があり，古典力学とは表面上違う因果律が導入されるようになった[7]．本書は古典力学を対象にするので，自然界のすべての事象にはわれわれが通常考える因果関係が完全に成立することを前提として，因果関係を論じる．

　筆者が知る限りでは，力学における因果関係に関する最も古い記述としては，中国の墨子（紀元前468年から376年頃）の著書『墨経』に，力の定義として「力は物体の（運動の）状態を変える原因である」と書かれている[3]．力学の始祖ニュートン（Sir Isaac Newton, 1642–1727）は，りんごが落ちるという運動を見てその原因である**重力**（gravity）を発見し，天体の運動を見てその原因である万有引力を発見した，といわれている．このように墨子やニュートンは，ある物は止まりある物は動く森羅万象を観察し，視覚で感知できる静止と運動（位置・速度・加速度）の裏には何らかの隠れた原因があるに違いないと考え，その原因を力と名付けた．そしてニュートンは，力が原因となりその結果として静止と運動が生じることを扱う学問として，古典力学を創出した．

　例えばニュートンは，手稿「重力と流体の平衡について」（1668）において，「力とは，運動と静止の原因的原理である．それはある物体に運動を生み出したり与えられた運動を破壊したり変更したりするところの外的な原理であるか，あるいは，物体において存在する運動ないし静止がそれによって保存されるか，ないしはすべてのものがその現にある状態を維持しようとし抵抗に抗するところの内的な原理であるか，そのいずれかである．」（文献1，p.11）と，力を定義している．またニュートンは，著書『プリンキピア』（1687）において，「理論力学は，どのような力にせよそれから結果する運動の学問，またどのような運動にせよそれを生ずるのに必要な力の学問であり，それを精確に提示し証明するものである．」（文献1，p.5）と記している．

　力という直接観察できない概念を表に出すことを好まなかったダランベール（Jean le Rond D'Alembert, 1717–83）は，力を「運動の原因」と呼んだ[2]．ラグランジュは著書『解析力学』（1788）に，「力とは，どのようなものであれ，それが

作用していると考えられる物体に運動を起こさせるないし起こさせようとする原因であると理解される．それゆえ力は，それが起こすないし起こすことのできる運動の量によって測られなければならない．」（文献1, p. 298）と記している．現在の力学書にも，「力学とは，物体に働く力と，これによって生ずる物体の運動との関係を研究する学問である．」（文献11, p. 1）と記されている．

　これらのことから明らかなように，力学の黎明期から現在に至るまでの全歴史を通して，例外なく，「力は物体を運動させる原因であり，運動は力が作用して現れる結果である」という見方が，暗黙の前提とされてきた．そして，運動が力によってどのように発生し変化するかを扱うのが力学である，と考えられてきた．力学に限らず，われわれは日常，力は物体の運動を発生させ変化させたり物体を変形させたりする原因である，と当たり前のように思っている．

　このように，見えるものが結果として表に出現し，見えないものが原因としてその裏に存在する，という因果関係は，人間が物事象に対して自然に設定する見方である．そして，この自然な見方に沿って発達してきたのが，現在の力学であり，上記のように，力学の全歴史は実際にそうなっている．

2.2.2　筆者が提案する因果関係

　筆者は，因果関係の真実は上記のようなものだけとは限らないのではなかろうか，と考える．そこで本項では，因果関係に関する筆者の新しい見方を提案し，上記の従来の因果関係にこの新提案を加えることによって，力学の体系を従来よりも筋の通った形にできることを主張する．まず，筆者が提案する因果関係の考え方について説明する．

　諸行無常，因果応報，万物流転．不変な事象は何もなく，因は果となり果は因となってはてしなく因果はめぐり，森羅万象は時と共に常に流転し続けている．時間とは事象の因果関係そのものである．力学においても，因果関係はこのように純粋に時系列のみで考えるべきであり，何事も時間的に先行する事象が因であり，後に続く事象が果である，と見るべきである．

　目に見えるものが果で見えないものが因である，というわれわれの自然な認識，そしてそれに基づいた，力が因で運動が果，という在来の力学の前提は，物理現象の半面であり，時系列的に連続する閉じた因果関係の片方向通行に過ぎないのではなかろうか．

デカルト (René Descartes, 1596-1650) がいうように[1]，力は神が与えた形而上の存在であり，力の原因は人知の範疇にはないのだろうか．否，原因がないのに事象が生じることなどありえず，力といえども例外ではないと筆者は考える．力の正体はわからなくても，それが現実の時空間に現れている事象である以上，その原因は必ず人知の範囲内に存在するはずである．前に述べたように，少なくとも古典力学は，すべての事象に確定された因果関係が存在することを前提としている以上，このことは疑いようがない．

それならば，力の原因は何であろうか？

力と運動のほかに状態量はないのだから，力の原因は運動（速度）であると考えざるをえない．もしそうであるとすれば，**因果関係を双方向と考え，「力が原因で速度が結果」と「速度が原因で力が結果」という両方向の因果関係を対等・双対に扱うように，われわれの物の見方全体を改める必要があるのではなかろうか．力学も然り，である．そしてそれにより，力学は現在よりも対称性を有し調和のある美しい学問体系になるのではなかろうか．**これが筆者の提案である．

2.2.3 因果関係と力学特性

すべての物体は，**質量**（mass）と**剛性**（stiffness）という2種類の力学的性質，すなわち**力学特性**（mechanical characteristics）からなっている．そしてこれらのうち質量が物体の本質的な力学特性である，というのが，在来の古典力学の立場である．力が作用し運動（速度）が変化する場合には，力学特性のうち質量が機能しており，したがって，力が原因で運動が結果の因果関係を扱うときには，物体は質量とみなされる．すなわち，質量に力が作用すると速度が変動し（加速度が生じ），それが蓄積（時間積分）された結果として速度が現れる．

第3章で詳しく説明するように，質量は外から力を受けることはできるが速度を受けることはできないので，質量では速度が原因にはなりえない．また質量は，外に速度を出すことはできるが力を出すことはできないので，質量では力が結果にはなりえない．在来の力学は，力が原因で速度が結果，という片方向の因果関係に基づいているので，力学の主役はそれを演じる質量のみであり，物体を質量とみなし，力学は力が作用して生じる質量の運動を扱う学問になっている．

力と速度の間に存在する因果関係が双方向であるとすれば，速度が原因で力が結果，の因果関係を演じる力学的性質が，物体に存在するはずである．

ここで，**ばね**（spring）を考える．自然長のばねの一端を固定し，自由端である他端に力を加えようとしても，決してできない．自由端に力を加えようとしても反作用力が生じることはなく，初めは無抵抗に動き出すだけである．このように，ばねに加えることができるのは力ではなく速度である．ばねの両端間に自然長から伸び・縮みさせる相対速度を加えると，ばねの内部に引張・圧縮の力変動が発生し，それが蓄積（時間積分）された結果内力が現れ，その反作用力が外部に対して作用する．これが**復元力**（restoring force）である．

このようにばねは，外から速度を受けることはできるが，力を受けることはできない．またばねは，外に力を出すことはできるが，速度を出すことはできない．したがってばねでは，力が原因にはなりえず，外作用として与えられた速度が原因になり，その効果（時間積分）として力が現れるのである．

すべての物体が有する弾性という力学特性を代表するばねに関するこの事実は，速度を原因として作用させる結果として力が生じることを意味し，力が作用した結果として物体を変形させる，という在来の力学の見方と明らかに逆行する．これは，在来の力学における状態量間の因果関係の見方が，片方向のみで不完全であったことを示唆するのではなかろうか．物体（質量）の運動を変える原因は力であるが，物体（ばね：剛性）に内力を生じさせる原因は，速度なのである．

2.2.4 フックとニュートン

「動くものは静止しているものよりも目に留まる」（シェークスピア，ユリシーズのアキレスへの忠告）[13]．ばねの力学特性である剛性を発見したのは，ニュートンと同時代で少し先輩のフック（Robert Hooke, 1635–1703）であった．運動を伴わず一見して地味な**フックの法則**（Hooke's law）の発見は，力学的エネルギーが目に見える速度として外延され展開される，質量と運動の壮大な理論体系の幕開けになった**ニュートンの法則**（Newton's law）の発見の華麗さの陰に隠れてしまった．しかしフックの発見は，力学的エネルギーが目に見えない力として内包され隠蔽される，剛性（本書ではこの逆数を用い，これを**柔性**（compliance）と呼ぶ．その理由は 3.3 節で後述する）と力の世界の幕開けとして位置付けられる．この意味で，**フックの発見は，ニュートンの発見と同等の価値を有する，歴史に冠たる偉大な業績である**，と筆者は確信する．

同じ英国王立協会に属していたフックとニュートンは犬猿の仲であり，権力と

名声を求めた両者の争いは熾烈を極め,その結果両者の間には,研究の先取権と業績の帰着をめぐって抜き差しならない確執が生じていた.そして,フックの死後王立協会の会長に就任したニュートンは,フックにまつわるすべて(肖像,手紙,研究業績,科学機器,建造物など)を,英国王立協会から抹殺したといわれている.このため,剛性(本書における柔性)が演じる**位置エネルギー**(potential energy,本書ではこれを**力エネルギー**(force energy)と呼ぶ.その理由は3.6節で後述する)の世界の創始者であるフックは,力学の主役から意図的に外され,フックの法則はその萌芽的重要性が理解されないまま捨て置かれ,質量が演じる運動エネルギーの世界の創始者であるニュートンの業績だけが,力学として残ったのではなかろうか.フックとニュートンの仲が良かったら,力学の世界は現在とは別のものになっていたかもしれない.

2.2.5 不確定性原理と因果関係

量子力学における基本原理の一つに**ハイゼンベルグの不確定性原理**(Heisenberg's uncertainty principle, 1927:Werner Karl Heisenberg, 1901-76)がある[4].その最もよく知られている表現は次式である.

$$\Delta x \cdot \Delta v \geq \frac{h}{M} \tag{2.1}$$

ここで,h は**プランク定数**(Plank's constant:Max Carl Ernst Ludwig Plank, 1858-1947)と呼ばれる基本物理定数,M は粒子の質量である.上式は,位置を確定すると速度がぼやけ(粒子性優位),速度(振動数)を確定すると位置がぼやける(波動性優位),したがって粒子の位置と速度を同時には確定できない,ということを意味している.Δx と Δv は,それぞれ位置と速度の確率密度分布の代表的な幅である.これは,物質の両面である粒子性と波動性に起因する.

筆者は,昔この原理を知って,古典力学に対して若干の違和感をもった.そしてこのことが,因果関係に関する本章の新しい概念を有するに至った間接的原因の一つである.その内容を以下に述べる.

ハイゼンベルグの不確定性原理は次のようにも記述できて,こちらの方がより基本的な表現であるといわれている[4].

$$\Delta x \cdot \Delta p \geq h \tag{2.2}$$

ここで,p は運動量である.式(2.1)は,物質の粒子性だけに注目し,質量は

物質の基本量であり不変の定量であるとする古典力学の近似概念と，運動量はこの不変量である質量と速度の積からなる（$p=Mv$）という古典力学の近似関係を，式（2.2）に導入して得られたものである．

しかし量子力学では，質量の意味が古典力学とは異なってくる[4]．また第4章でも述べるが，古典力学がその近似であることがよく知られているアインシュタインの相対性原理では，次式のように，質量は一定ではなく，状態量である速度vの関数になる．

$$M = M_0 \left(1 - \frac{v^2}{c^2}\right)^{-1/2} \tag{2.3}$$

ここで，c は**光の速さ**（speed of light = 299792458 ms^{-1}）である．これらのことは，質量が，採用する力学の種類によって意味が異なったり，状態量によって大きさが変化したりする量であることを意味している．このように，**古典力学において不動の基本量とされてきた質量は，必ずしも物質の本質的な基本量とはいえないのである．**

一方，運動量という概念は，相対性理論においても量子力学においても存在するとされている[4]．これらのことから，ハイゼンベルグの不確定性原理は，基本的には質量という概念を導入する前の式（2.2）で表現されると考えるのが妥当であろう．この式（2.2）は，位置と運動量の不確かさの積はプランク定数より大きい，すなわち位置と運動量を同時には確定できないことを意味している．ここで筆者が注目したのは，この原理ではこのように，**位置と運動量が対等かつ相互補完的に扱われている**，ことである．

第4章で後述するように，ニュートンの第2法則の原点は，「質量に力が作用するとそれに比例する加速度を生じる」ではなく，「運動量の変化は力積に等しい」というものであった．この法則を認めれば，運動量は物体に力が作用して得られる力の蓄積（時間積分）であることになる．一方，位置は物体に速度が作用して得られる速度の蓄積（時間積分）である．このことから，量子力学は力と速度の両状態量が明確には区別できない世界の力学であるとみなしてもよいのではなかろうか，と類推できる．少なくとも，量子力学と古典力学の境界を表現するハイゼンベルグの不確定性原理では，位置と運動量という2つの状態積，したがってそれらの基になる力と速度という2つの瞬時状態量が対等に扱われており，在来の古典力学の前提である力から速度への一方流れの因果関係は想定されていな

いように見える．

そこで，古典力学が量子力学の巨視的近似であるとすれば，古典力学においても2つの状態量である力と速度は対等に扱われるべきではなかろうか．そして，もしこのことが正しいとすれば，力が因で速度が果である在来の古典力学とは逆の，速度が因で力が果の力学の世界が別に存在するはずである，と筆者は考えたのである．

「力が作用して運動を発生することを扱う学問」という在来の力学概念の代わりに「力学的エネルギーを扱う学問」という力学の本質を表に出すならば，その2つの形態である運動エネルギーと位置エネルギー（本書では力エネルギーと呼ぶ）を対等に扱うべきであろう．また自然の摂理と物理法則の対称性から見れば，因果関係は双方向で閉じているべきであり，力と速度という2通りの状態量，それらの時間積分である運動量（力積）と位置（速度積）という2通りの状態積，力を受けて速度を出し力学的エネルギーを速度の形で外延する質量と，速度を受けて力を出し力学的エネルギーを力の形で内包する柔性という2通りの力学特性は，いずれも対等・双対に扱われるべきである．これが筆者の提案である．

表2.1に，力学における状態量の因果関係をまとめる．筆者が提案する上記のような因果関係の双方向通行を認めれば，力学の基本構成は，片方向通行である在来の力学とは若干異なるものになると推定される．因果関係の双方向通行の仮定に基づいて，弾性すなわち柔性と力の世界を質量と速度の世界からなる在来の力学に加え合わせることによって，これら両世界が対等・対称・双対・相補の関係になるように力学を革新しようとするのが，本書の主な目的の一つである．

表2.1 力学における因果関係

	方向	原因	結果	主役
在来	片方向	力	運動	質量
筆者の提案	双方向	力	速度	質量
		速度	力	柔性

運動：加速度，速度，位置
柔性：剛性の逆数

2.3 釣合と連続

2.3.1 従来の概念と筆者による提案概念の比較

1つの質点に複数の力が働くときには，次の実験法則が成り立つ．

「1つの質点に複数の力が働くことは，それらの力をベクトルの和の方法で合成して得られる1つの力が働くこととまったく同じである．」これは，力学の第4法則と呼ばれることもあるほど基礎的なものであり，実験室内で見られるあらゆる力学現象や天体力学において正確に成り立つことが確かめられている．この法則は，質点に働く複数の力が，質点に対する各々の影響を独立にもつことを示すものである[7]．

ダランベールは，彼が提唱した3法則の一つである「運動の合成の法則」において，速度ベクトルについて上記の力と同様の合成と分解が可能であることを提唱している[1]．このことは，力と速度を互いに対等で双対の関係にある状態量として扱うべきである，という筆者の主張を裏付ける重要な事実である．ダランベール自身はこのようなことを夢にも考えていなかったものの，第5章で詳しく述べるように，ダランベールの原理の内容は，筆者のこの提案の正当性を暗に示唆しているのである．本書では，この事実と前節の双方向の因果関係を合わせて，「**力と速度の両状態量に対して自然界は対称かつ線形（linear）であり，原因を足せば結果も足される**」ことを前提とする．

状態量は**接続**（connection）を通して伝達される．状態量の接続を支配する規則を**接続則**（law of connection）という．

在来の力学における接続則の概念は次の通りである．

1) 状態量を支配する接続則は，**力の釣合**（equilibrium of force または force equilibrium）と**変位の連続**（continuity of displacement または displacement continuity）である．力の釣合は，接続に作用するすべての力の方向を考慮した和が零になる，ということである．変位の連続は，接続を形成するすべての変位が等しい，ということである．

2) 力の釣合と変位の連続は，必ず対となり接続を支配する．

3) 連続体では変位の連続は自明である．

4) 力の釣合は，静力学と動力学を問わずいかなる場合にも常に成立する．

5) 接続とは，1点における複数の状態量や力学特性の接続，すなわち**並列接続**（parallel connection）である．

6) **直列接続**（series connection）は2個の並列接続の連続と見なす．

一方，本書で提案する接続則の概念は次の通りである．

1) 状態量を支配する接続則は，力の釣合と速度の連続（continuity of velocity）の2つである．力の釣合は，接続に作用する力のうち互いに独立しているものの方向を考慮した総和が零になる，ということである．速度の連続は，接続に与えるすべての速度が等しい，ということである．

2) 力の釣合と速度の連続は互いに双対の関係にある．

3) 力の釣合と速度の連続は，対となり接続を支配する．力が釣合になる場合には速度が連続または不連続になり，速度が連続になる場合には力が釣合または不釣合になる．

4) 力の釣合と速度の連続は共に，力学的エネルギーが均衡状態にあり流動しない場合にのみ成立する．

5) 力の釣合と速度の連続は，静力学では共に成立するが，動力学では少なくとも片方は成立しない．

6) 接続には，並列接続と直列接続がある．並列接続では，速度が必ず連続であり，力が釣合または不釣合になる．直列接続では，力が必ず釣合であり，速度は連続または不連続になる．

接続則に関するこれらの提案概念は，従来概念と共通な部分と異なる部分からなる．両者間の主な違いは，次の通りである．

1) 従来の基本状態量は力と位置，本提案の基本状態量は力と速度である．

2) 従来は，力に関しては釣合が，位置に関しては連続が成立する，とされていた．本提案では，力と位置ではなく力と速度を力学的エネルギーに関して対等・双対と見るから，接続則に関しても力の釣合と速度の連続が対等・双対の関係にある，とする．

3) 本提案によれば，速度の連続は，並列接続では必ず成立するが，直列接続では必ずしも成立しない．それ故，速度（したがって変位）の連続が必ず成立するという在来の力学における接続は，本提案における2種類の接続のうちで，並列接続のみを意味していることになる．

4) 従来の接続は並列接続のみであるから，位置（変位）と速度の両方が必ず

連続になる．それに対して，力の釣合が成立する力学的エネルギーの均衡状態における直列接続では，速度の連続は必ず成立するが，変位の連続は必ずしも成立しない．例えば，ばねを挟んだ直列接続において，力学的エネルギーの均衡状態ではばねは相対速度を有しないから，ばねの両端の速度は同値であり連続が必ず成立する．しかし，ばねが相対速度を有しない場合でも，元々一定の内力を有し自然長から変形している場合には，両端の変位は異なり不連続になる．従来は，これを連続する 2 個の並列結合の直列配置とみなすことにより解決していた．

5) 在来の力学では，力学的エネルギーが均衡状態にあるか否かとは無関係に，力の釣合は常に成立する，とされている．本提案では，力学的エネルギーが均衡状態にあることと力の釣合が成立することが同義であるとし，力学的エネルギーが均衡状態にない場合には力の釣合が成立していない，とする．

6) 在来の力学では，力の釣合は静力学と動力学を問わず力学全体で成立する，とされている．本提案では，力の釣合は静力学では常に成立するが動力学では原則として成立しない，とする．

7) 本提案では，釣合を"互いに独立である"力の総和が零になること，とする．従来は，単に力の総和が零になることを釣合という場合があり，力の独立性に関しては曖昧な点があった．例えば従来は，1 つの力の表裏である作用力と反作用力の和が零になる場合と，互いに独立した作用源からの複数の作用力の和が零になる場合が，はっきり区別されておらず，したがって，力の作用反作用の法則と力の釣合が，必ずしもはっきり使い分けられていない場合があった（6 章で詳述）．本提案では，これら両者を明確に区別して扱う．

2.3.2　釣合と連続の現象

　釣合と連続の概念と現象について，さらに詳しく説明する．

　質量に互いに独立した複数の力が作用するとき，それらの作用が打ち消し合い，質量が速度を有さない（静止している）かまたは方向と大きさの両方について一定の速度を維持する場合には，それらの力は釣り合っているという．このように**力の釣合は，「接続に作用している力のうち互いに独立しているものの総和が零になること」と定義される．**また，柔性の両端に互いに独立した 2 つの速度を与えるとき，それらが同一であり，柔性が力を有さないかまたは方向と大きさの両方について一定の力を維持する場合には，それらの速度は連続しているという．

2.3 釣合と連続

接続では,力の釣合と速度の連続という2種類の状態のうち一方は必ず成立し,他方が成立または不成立になる.力の接続は直列につなぐことであり,直列接続では力が共有され必ず釣合になる.それに対して,速度の接続は並列につなぐことであり,並列接続では速度が共有され必ず連続になる.そして,並列接続では力の釣合が,直列接続では速度の連続が,成立または不成立になる.

力の釣合と速度の連続が共に成立する場合には,次のことが起こる.

1) 力学的エネルギーは均衡し流動せず不変である.ここで不変というのは,形態(例えば運動エネルギーか力エネルギーか)と量の両者に関して時間に無関係に一定の状態を保つことを意味し,形態は変化しても量が保存されることとは異なる.例えば,力学的エネルギー保存の法則の下で,力学的エネルギーが全体として保存されながら,その形態が力エネルギーから運動エネルギーに変化し続ける自由落下では,作用力は重力のみであり,力の釣合は成立していない.

2) 力と速度は共に不変(時間に無関係に一定)である.

3) 質量と柔性は共に静的に機能(第3章で説明)して,一定(零を含む)の力学的エネルギーを保存する.そして,質量は速度を有さないか一定の速度を保持し,柔性は力を有さないか一定の力を保持する.粘性は存在しても機能せず,力学特性としての意味を持たない.

力の不釣合とは「接続に作用している力のうち互いに独立しているものの総和が零にならない」ことである.力の不釣合は,質量の速度が増大(加速)あるいは減少(減速)しつつある状態である.例えば上記のように,質量の速度が増大しつつある自由落下は,重力のほかに外力が存在しない力の不釣合状態である.これに対して速度の不連続は,柔性の力が増大あるいは減少しつつある状態である.例えば,ばねが両端に異なる速度を受けて伸縮しつつある状態である.

力が不釣合または速度が不連続である場合には,次のことが起こる.

1) 力学的エネルギーが不均衡であり,流動し変換される.

2) 力と速度のうち少なくともどちらかが時間に依存して変化する.

3) 力の不釣合分(総和の零からの残差分)または速度の不連続分(相対速度)が力学特性に作用し,力学特性は動的に機能(第3章で説明)する.力が不釣合である場合には質量が不釣合力に比例する速度変動(加速度)を発生する(運動の法則)ことにより,また速度が不連続である場合には柔性が不連続速度(相対速度)に比例する力変動を発生する(力の法則:4章で後述)ことにより,不均

衡力学的エネルギーを吸収し，不均衡を解消しようとする．粘性が存在する場合には，粘性が不均衡力学的エネルギーを吸収し熱に変えて散逸させることにより，力の不釣合または速度の不連続を解消しようとする．

力の釣合と速度の連続を式で表現すれば，次のようになる．

1) 互いに独立している複数の力 f_i の釣合

$$\sum_i f_i = 0 \qquad (2.4)$$

2) 互いに独立している柔性両端の速度 v_1 と v_2 の連続

$$v_1 = v_2 \quad \text{または} \quad v_1 - v_2 = 0 \qquad (2.5)$$

さて，力と速度では和の意味が異なる．力の和は，**絶対和**（absolute summation）であり，1つの点（自由度）に互いに独立した（反作用力でない）複数の力を作用させ，それらをベクトル的に合成することを意味する．1つの点に作用する力の和が零であれば，作用力ベクトルが形成する力の多角形が閉じる．

一方，速度の和は，**相対和**（relative summation）である．速度は，1つの点（自由度）に対して1つしか与えることができない．速度を加えることは新しい自由度（運動空間）を形成すること，あるいはすでに存在する自由度とは別の自由度を導入することである．すでに形成した運動空間上にさらに新しい運動空間を形成することが，速度を足し合わせることの意味であり，新しい運動空間の形成を繰り返すことが相対和の意味である．速度の和が零であれば，最後に形成される空間が最初の空間に一致する．そして，最初の空間において速度を与えない状態と同一になる．

力は，絶対和（すでに力が加えられている点に別の作用源からの力を与えて両者を加え合せること）が可能であり，相対和（すでに力が加えられている空間上に別の力を有する空間を積み重ねること）が不可能である．それに対して速度は，相対和（すでに速度が加えられている空間上に別の速度を有する空間を積み重ねること）が可能であり，絶対和（すでに速度が加えられている点に別の作用源からの速度を与えて両者を加え合せること）が不可能である．

2.3.3 力学特性と接続

次に，力学特性と状態量の接続の関係について述べる．なお，これについては第3章でさらに詳しく説明する．

質量への**作用力**（force of action）は1点に作用し，質量が保存する力学的エネ

ルギーは1点の速度で決まる．このように，質量の状態は1点で決まるから，質量は並列にしか接続できない．質量を接続することは，付加することすなわち1点に加えていくことである．質量同士は，接続すれば同一の速度になるから，速度が連続である並列にしか接続できない．2個の質量を力を共有させて結合することは，2個の星の間に作用する万有引力のように，互いに大きさが同一で逆向きの中心力を及ぼし合う2個の質量間の相対運動を扱う**2体問題**（two-body problem）に相当し，質量同士を接続することとは異なる．これについては，3.4節において，図3.2（a）を用いて説明する．

柔性への**作用速度**（velocity of action）は，2点（2端）間の**相対速度**（relative velocity）として与えられる．また，柔性が保存する力学的エネルギーは，その2点間に存在する内力で決まる．このように，柔性の状態は1点（片端）ではなく2点（両端）で決まるから，柔性は直列にしか接続できない．柔性を接続することは，連結することすなわち単列につないでいくことである．柔性同士は，接続すれば両端で同一の力を共有するから，力が釣合になる直列にしか接続できない．柔性を，速度を共有させ速度が連続になる並列に結合することは，柔性を並列に並べて使うこと，すなわち複数の柔性の自由度を同一にする一体化であり，柔性同士を接続することとは異なる．これについては，3.4節において，図3.2（b）を用いて説明する．

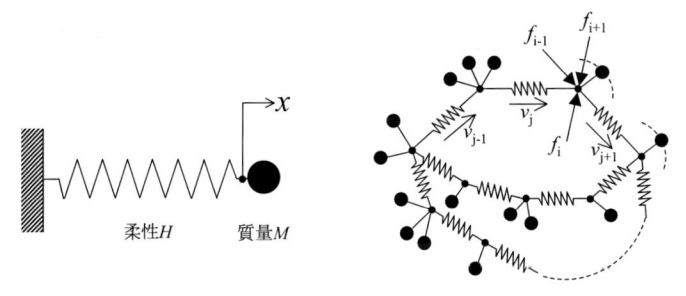

(a) 1自由度系　　(b) 多自由度系

図2.2 質量と柔性を接続して構成される力学系

表2.2 状態量の接続

種類	接続特性	共有状態量	接続則	和の意味
並列	質量	速度	力の釣合	絶対和
直列	柔性	力	速度の連続	相対和

上記のように質量は，1点でしか接続できないから，質量の接続は必ず単一の点（1つの自由度）における並列接続になる．これに対して柔性は，両端間の相対量によって状態が確定するから，柔性の接続は1点ではなく必ず2点（2つの自由度）間における直列接続になる．

図 2.2 (a) は，質量と柔性から構成される1自由度系である．従来のように質量を主体としてこの1自由度系を見れば，他端を固定した柔性の1端が質量に（並列）接続された系，と解釈できる．一方本書のように，質量と柔性を対等に扱う立場からこの1自由度系を見れば，柔性1端への質量の並列接続と2点間への柔性の直列接続からなる系，と解釈できる．両解釈の間には優劣の差はない．

図 2.2 (b) は，複数の質量と複数の柔性を接続することによって構成される多自由度系であり，次のことを示している．

力は，1つの接続点に対して互いに独立した複数の作用源から複数個作用でき，これらの力の和は1つの接続点（1つの空間自由度）におけるベクトル和になる．そして，力f_iの釣合は接続点ごとに決まり，式 (2.4) と同一の式で表現される．

一方速度は，1つの接続点（1つの空間自由度）につき1つの速度しか与えることができない．したがって，柔性を挟んで隣接する接続点間の相対速度も一義的に決まる．また速度の和は，直列接続に沿って接続点（運動空間）の速度を多段階に重ねることである．図 2.2 (b) において接続点を直列にたどって形成される任意連鎖の閉回路を考えれば，それが閉じていることから，接続点間の相対速度v_jに関して次式が必ず成立する．

$$\sum_j v_j = 0 \qquad (2.6)$$

なお，式 (2.4)（厳密に言うと互いに独立した作用源からの力の総和が零であるという狭義の力の釣合と作用と反作用の和が零であるという作用反作用の法則を含む広義の力の釣合式）と式 (2.6) はそれぞれ，電気の分野におけるキルヒホフの第1法則（電流のノード則）と第2法則（電圧のループ則）に対応している．

表 2.2 に，接続に関する事項をまとめて示す．

2.3.4　力学的エネルギーと接続

次に，力学的エネルギーの流動と接続則の関係について説明する．

接続とは，力と速度という2種類の状態量のうち片方を共有することであり，共有される状態量は当然等値になる．接続には直列と並列の2種類があり，2接

続点間の直列接続では力が共有されて釣り合い，1接続点における並列接続では速度が共有されて連続になる．

図 2.2 (a) の 1 自由度系における力学的エネルギーと接続の関係について考える．この系において，柔性が内力を有しない自然長でありかつ質量が速度を持たず静止しているとき，力学的エネルギーは均衡状態にある．このとき，並列接続点（自由度 x の点）には作用力が存在せず，かつ自由度 x と固定点の間の直列接続の 2 点間には作用速度（相対速度）が存在しない．したがって，並列接続点では力の釣合が，また直列接続点間では速度の連続が共に成立しており，力と速度の両者は時間に無関係に一定値（この場合には零）を維持する．

一方この系において，柔性が内力（伸張力または圧縮力）を有するかまたは質量が速度を有する場合には，力学的エネルギーは不均衡状態になる．まず柔性が内力 f を有する場合には，その反作用力である復元力 $-f$ が並列接続点に作用する．並列接続点にはそれと独立した他の作用源からの作用力は存在しないから，力は不釣合になる．そして，力の不釣合分である復元力が質量に作用して仕事をすることにより，力学的エネルギーが柔性から質量に流動する．その結果質量には，速度変動（加速度）$\dot{v}$ が発生し，それに伴って復元力に対する反作用力として慣性力 $-M\dot{v}$ が生じ，質量と柔性の並列接続点には作用力（復元力）と反作用力（慣性力）の和が零であるという，力の作用反作用の法則に基づく支配方程式 $(-f)+(-M\dot{v})=0$ が成り立つ．通常我々はこの支配方程式を，復元力と慣性力が釣り合っているとして導いているが，厳密にはこれら 2 力は 1 個の力の表裏であり，この式は力の不釣合状態における作用反作用の法則なのである．しかし，この式を力の釣合式とみなすことは可能で正当性を有する（5.4.3 項で説明）．質量に生じた加速度により並列接続点の速度は，力学的エネルギーの均衡が回復する方向に変化する．

次に質量が速度 v を有する場合には，その速度が固定端と自由度 x の 2 点間の相対速度として直列接続に作用する．図 2.2 (a) では，並列接続点（自由度 x）を通して速度 v が質量から柔性に作用しているように見えるが，この場合には柔性左端が固定されている 1 自由度系であるからそのように見えるのであって，仕事を伴う速度の作用は必ず 2 点間の相対速度になる（例えば図 2.2 (b) の多自由度系を構成する柔性は両端の速度差のみが力学的意味を有する）から，直列接続にのみ作用できる．力学的エネルギーの流れを生じる仕事を伴う作用としては，

並列接続には力しか，直列接続には速度しか作用できないのである．

図 2.2 (a) において質量が速度 v を有する場合には，直列接続は速度の不連続状態になり，速度の不連続分（相対速度）がその直列接続に介在する柔性に作用して仕事をすることにより，力学的エネルギーが質量から柔性に流動する．その結果柔性には，力変動 f が発生し，それに伴って作用速度（相対速度）に対する反作用速度として柔性速度 $-Hf$（4.8 節に後述）が生じ，作用速度と反作用速度の和が零であるという速度の作用反作用の法則（4.7 節に後述）に基づく支配方程式 $v+(-Hf)=0$ が成り立つ．この式は，速度の不連続状態における柔性特有の作用反作用の法則なのである．柔性に生じた力変動により直列接続の内力は，力学的エネルギーの均衡が回復する方向に変化する．

2.3.5 動力学における力の釣合

現在の力学では，力の釣合を「一つの物体に（互いに独立している）複数の力が加わっていても物体が静止しているか，動いても物体の速度が変化しないとき，力は釣り合っているという」（文献 14, p. 124）と定義している．この力の釣合の定義を逆に見れば，質量に力 f が作用し速度変動（加速度）$\dot{v}$ が発生している場合には，速度が変化しているから，力は釣り合っていないことになる．したがって，図 2.2 (a) に関する前述の支配方程式 $-f-M\dot{v}=0$ の中に速度の時間微分項 $\dot{v}$ が含まれていることそのものが，この式が力の釣合式ではなく力の不釣合式であることを示している．このことは，この式が動力学における力の釣合式である，という現在の常識と一見矛盾しているように見える．

ケルビン（William Thomson, Lord Kelvin, 1824-1907）は，「静力学は力の釣合を扱い，動力学は物体の運動を生み出すないしは運動を変化させる，釣り合っていない力の効果を扱う．」（文献 2, p. 404）と定義している．この定義によれば，力の釣合は静力学と動力学を問わず力学全体で成立する，という従来の力学における一般常識は，誤りであることになる．事実，動力学では力が釣り合っていないから力学的エネルギーが変換され流動し，質量には速度変動（加速度）$\dot{v}$ が，柔性には力変動 f が，それぞれ発生するのである．したがって，静力学と動力学の統一は，力の釣合の観点からは不可能なのである．これは，「静力学と動力学は力の釣合によって統一できる」というダランベールの原理と，明らかに矛盾している．この重大な問題については，第 6 章で正しい解答を与える．

3. 力学特性

3.1 歴史上の背景

　本書では，物質が有する**質量**（mass），**柔性**（compliance）（**弾性**（elasticity）と同義であり**剛性**（stiffness）の逆数），**粘性**（viscosity）の3種類の力学的性質を，まとめて力学特性と呼んでいる．

　在来の力学は，力が原因として作用しその結果生じる運動を扱う学問であり，物体を質量または質量の集合と見ている．したがって，在来の力学において基本となる力学特性は，力が作用し速度を生じる質量である．そこで，まず質量と力に関する在来の知見を述べる．

　ニュートンの著書『プリンキピア』は，次の定義から始まる[2]．

　定義Ⅰ：物質量とは，物質の密度と大きさをかけて得られる，物質の測度である．（以下すべてにおいて，物体とか質量とかいう名の下に私が意味するところは，この物質量のことである．）

　定義Ⅱ：運動量とは，速度と物質量をかけて得られる，運動の測度である．

　定義Ⅲ：物質の固有力とは，物体が，現にその状態にある限り，静止していようと，直線上を一様に動いていようと，その状態を続けようとあらがう内在的能力である．（この力は常にその物体に比例し，質量の慣性となんらちがうところはない．）

　定義Ⅳ：外力とは，物体の状態を，静止していようと，直線上を一様に動いていようと，変えるために，物体に及ぼされる作用である．

　定義Ⅰは，質量の定義であり，ニュートンは物質を質量と見ていたことを示している．これに対して後にマッハ（Ernst Mach, 1838-1916）が，「定義Ⅰは見せかけにしか過ぎない．なぜなら，密度は単位体積あたりの質量であるとしか定義しようがないからである」と批判したように[2]，定義Ⅰ自体は，質量に関する最初の記述として以外には，あまり意味をもたないものである．実際，ニュートン

は，運動の法則において質量を加速度と力の比としたように，彼が考えた質量は比例定数としての量以外の何物でもなく，その物理的意味や機能については何も認識していなかったと考えられる．しかし，この定義Ⅰの意義はともかくとして，質量という概念を最初に提唱したニュートンの功績は，時代を超えるものであることには相違ない．

定義Ⅱは，文章として記述された運動量の最初の定義である．

定義Ⅲにおける固有力とは，この定義の記述を見る限りでは，一見**慣性力**（inertia force）のことのように思われる．しかし，ニュートンが考えていた固有力は，現在われわれが考える慣性力とはまったく意味が異なるものである．ニュートンは，**慣性**（inertia）は固有力という力である，と考えていた[2]．物体が内蔵しているエネルギーと同じような認識を，慣性に対してもっていたのである．そしてニュートンは，力には，すべての物体が本来内蔵し，その状態を変えないようにする固有力と，外から作用し状態を変えようとする外力の2種類が存在すると考えていたから，固有力に関する**慣性の法則**（law of inertia）と外力に関する**運動の法則**（law of motion）を，互いに別物として提唱したのである．

オイラー（Leonhard Euler, 1707-83）は，手記『自然哲学序説』（1750頃，未発表：オイラーの死後発見）において，次のように，慣性と力は別のものであるとし，慣性の概念を力の概念と区別した．「通常，人は物体に慣性の力を与えているが，そこから大きな混乱が引き起こされている．というのも，力とは本来物体の状態を変化させうるものに対する名称であり，状態保存が依拠しているものを力と見なすことはできないからである．」（文献2, p.222）．またオイラーは著書『力学：解析的に示された運動の科学』（1736）において，「慣性とは，すべての物体に内在するいつまでも静止しつづけるか，または一方向に一様に動きつづける能力である．」（文献2, p.221）と定義し，質量は，運動の変化しにくさである慣性の大きさを表す物体本来の性質であるとし，初めて慣性を性質としての質量と結び付けた．そして，ニュートンが運動の法則とは別物として提唱した慣性の法則を，運動の法則の一種にすぎないとした．ただしオイラーは，運動の法則には慣性という物体の性質の概念が陽に含まれていないから，慣性の法則を運動の法則とは別に定義する必要性と価値に関しては否定しなかった[2]．

マッハは，「自然科学上の結論は実験的に証明されない限り正しいとはされない．」（文献7, p.12）と主張した．この考えは今日でも受け入れられており，質

量はこれに従って，次の実験的事実によって決められている．「2つの物体が，それら以外の物体から遠く離れているとし，それらが互いに近くあることによって慣性系に対してそれぞれ加速度をもつとき，それらの加速度は，両物体を結ぶ直線の方向に向かっていて，互いに逆向きになっており，大きさの比は，物体の運動状態によらずいつも一定である．」この定義によって質量を決めようとすれば，まず，国際度量衡局に保管してあるキログラム原器を1kgとする．これを2つの物体の一方とし，他方を対象物体としてこの実験を行えば，両者の加速度の比の逆数が対象物体の質量になる．

このようにして決めた質量を，**慣性質量**（inertia mass）という．この実験の代わりに衝突実験をして，衝突前後の速度変化から慣性質量を決めることもできる．これに対して，地球上で重さを測り原器の何倍の重さであるかによって決める質量を，**重力質量**（gravitation mass）という．通常，物理学では慣性質量を質量とするが，慣性質量と重力質量が同じものであることは，ニュートンやエートヴェシュ（Baron Roránd von Eötvös, 1848-1919）の実験によって確かめられている[7]．またアインシュタイン（Albert Einstein, 1879-1955）は，加速度をもつエレベータ内の観測者には慣性力と重力の区別がつかない（6.3.1項で詳細に説明），という思考実験から出発して，慣性質量と重力質量が同じものであることを，一般相対性理論の基礎とした[9]．

古典力学では，質量と力に関して次の前提を置いている．
1) 物体の質量は，力や速度などの状態量に関係なく一定である．
2) 2つの物体を一緒にすると，質量は各々の和になる．
3) 力は，運動量や速度の大きさだけではなく，向きの変化にも関係する．

これらの前提があって初めて，ニュートンの運動の法則 $f=M\dot{v}$ が成立する．

ニュートンの運動の法則は，質量が介在する万有引力と運動の関係として生まれた．万有引力は空間に遍在する遠隔力である．これに対して，ニュートンが運動の法則で直接対象としなかったものに，近接力がある．例えば，物体同士が接触する場合の接触力は近接力である．すべての物質は，質量と共に柔性（剛性の逆数）を有し，柔性は速度を受けて近接力を出す．したがって**力学には，ニュートンの法則に加えて，柔性が介在する運動と近接力の関係を扱う，何らかの法則が必要であり，そのような法則は実際に存在するのではないか**，と筆者は考える．これについては，第4章で述べる．

粘性については，空気や水のような流体の中を運動する物体に作用する抵抗力として，その存在が古くから認識されていた．そして粘性に関する研究は，ガリレイ（Galileo Galilei, 1564-1642）やホイヘンス（Christiaan Huygens, 1629-95）の時代以来，弾道学というきわめて地上的・現実的・軍事的な問題として重視され，論じられてきた[1]．

デカルト（René Descartes, 1596-1650）は，運動は最初に神が世界に与えた後は減りも増えもしない，という保存命題を形而上学的に語り，それを動的宇宙論の原理とした．その際，地上物体の運動に見られる摩擦や抵抗には一切目をつむった．ガリレイは，著書『新科学対話』(1638) において，「媒体の抵抗から生じるかく乱はといえば，これは著しいことですが，その影響が多様なので，一定の法則も，的確な論述も述べ与えることができません．……ゆえに問題を科学的な方法で取り扱うためには，まずこれらの困難を切り離してみることが必要です．」(文献 1, p.56) と述べ，流体媒質からの抵抗や固体摩擦の重要性は認めながら，それに関する考察を，当面の数学的科学としての動力学から追放した．

つまり，デカルトもガリレイも，かつてプラトン（Platon, 427-347 B.C.）がそこに「イデア的世界」の模範を見出した永続的・周期的運動を続ける不生不滅の天上世界と，すべての運動が必ず減衰しいつか消滅する地上の現実世界を統一するために，地上運動には必然的に付き添う空気抵抗や摩擦などの運動の減衰要因を，それらが当時の力学法則に従わないという理由で，非本質的・副次的なものとみなして捨てたのである[1]．

ニュートンは，すべての運動に対して速度に比例する減衰を生じる抵抗媒体の存在を認めており，天体の運動さえも**減衰**（damping）するものだと考えていた．そのために彼は，受動的原理としての慣性に並んで能動的原理，つまり運動を始動させ，また失われた運動を補填する原理としての重力を導入しなければならなかった．彼は著書『光学』(1704) において，「この世界に見出されるさまざまな運動はつねに減少しつつあることが明らかであるから，能動的原因によって運動を保存し回復する必要がある．たとえば，惑星や彗星にそれぞれの軌道上の運動を続けさせ，また落下する物体には大きい運動を獲得させる重力という原因である．」(文献 1, p.55) と述べている．

ニュートンは，媒質抵抗による運動の減衰を数学的法則の支配の下に置き，かつ地上物体のみならず天体にまで運動の減衰を拡大することによって，天体と地

上物体の運動の統一を回復させようとした．彼は，『プリンキピア』第2編の第1章を，速度に比例する抵抗の下での運動の解析に当てている．ここで示されている運動の法則は，微小だが有限の時間における運動量変化と力積の関係

$$\Delta(Mv) = (f - Cv)\Delta t \tag{3.1}$$

という差分方程式であった．ニュートンはこの差分方程式を幾何学的方法で解いている．これを運動方程式として現代的に表現すれば

$$M\frac{dv}{dt} = f - Cv \tag{3.2}$$

という微分方程式になる．またニュートンは，潮の満ち引きを説明する際に，流体に粘性が存在することを仮定していた．

　これらのことから理解できるように，粘性の概念は，経験的にではあるが，運動に対する抵抗として，フック（Robert Hooke, 1635-1703）による剛性の概念よりも早くから存在し認識されていた．これらの先駆的研究は，やがて，ポアズイユ（Jean Louis Marie Poiseuille, 1799-1869），レイノルズ（Osborne Reynolds, 1842-1912），プラントル（Ludwig Prandtl, 1875-1953）などに代表される粘性流体の研究へと発展していく[15]．ただしこれらの研究は，粘性自体の発生機構に関するものではなく，粘性の存在と働きをそのまま認めそれを前提とした，運動に対する粘性の影響のしかたに関するものに限られていた．粘性という力学的特性が，なぜ発生しどうして速度に比例する抵抗力を発現するかについては，筆者の知る限りでは現在に至るまで明らかにされていない．本章では，粘性の発生機構と機能がエネルギー原理を用いて定性的にではあるが説明できることを示す．

3.2　定　義　と　分　類

　在来の古典力学では，力学特性は，力が原因で運動が結果であるという観点から，状態量間の関係を表す定数として，次のように力を基準に定義されている．
　質量：単位加速度を発生する力の大きさ（運動の法則）
　剛性：単位変位を発生する力の大きさ（フックの法則）
　粘性：単位速度を発生する力の大きさ
　現在われわれが当たり前だと思っているこれらの定義に対して，あえて疑問点を挙げるとすれば，次のようになる．

1) 変位，速度，加速度は，力学特性が機能する過程あるいは結果として発現する状態量である．したがって，状態量を用いた力学特性の定義は，例えば体積膨張を用いて熱を定義するように，結果を用いた原因の定義となり，単なる現象の規定にすぎない．

2) 力学特性の働き（機能）がエネルギーと関係して明示されておらず，状態量間を関係付ける定数以外の意味をもたない．

3) 質量と剛性と粘性は，同一物質の力学特性であるにもかかわらず，各々が個別に定義され，相互関係が不明である．

4) 質量には静的と動的の両状態に対する定義（慣性の法則と運動の法則）があるが，剛性には静的状態に対する定義（フックの法則）しかない．

本章では，これらの疑問点を踏まえて，力学特性に対する新しい概念を提示することを試みる．まず，**力学の基本概念を「物体は，力学的エネルギーの均衡状態ではそれを保とうとし，均衡が乱されたときには均衡状態に復帰しようとする」という点に置き，これを演じる性質を力学特性とする**．すべての力学特性は，この基本概念に従って機能し，エネルギーを変換・流動させ，状態量を推移させるのである．

次に，力学特性を機能別に分類する．まず次の2種類に大別する．

1) **保存特性**（conservative characteristics）：保存特性は，力学的エネルギーを可逆的に吸収・保存・放出し，**力学的エネルギー保存の法則**（law of conservation of mechanical energy）が成立する**保存力**（conservative force）の場を形成する．

保存特性には，質量と柔性の2種類が存在する．力学的エネルギーを，質量は速度の形で，柔性は力の形で保存する．保存特性は，静的機能と動的機能を有し，力学的エネルギーの均衡状態では静的に，またその不均衡状態では動的に機能する．ここで，力学的エネルギーの均衡状態とは力と速度の両状態量の釣合が共に成立している状態であり，その不均衡状態とはそれらの釣合のうち少なくとも片方が成立していない状態である．そして，力学的エネルギーの不均衡が力の不釣合として現れる場合には質量が，速度の不連続として現れる場合には柔性が，それぞれ動的に機能する．

2) **非保存特性**（non-conservative characteristics）：非保存特性は，力学的エネルギーを非可逆的に吸収し，熱に変換して消散させる．非保存特性は，力学的エネルギー保存の法則が成立しない**非保存力**（non-conservative force）の場を形成

する．非保存特性は，粘性で代表される．

　非保存特性については後に詳しく述べることとし，ここではまず，保存特性である質量と柔性について説明する．

3.3　質量と柔性の機能

　第2章で述べたように，本書では，力と速度を対等に扱い，両者の間に双方向の因果関係を導入している．したがって本書では，力と質量のみが主役である従来の力学とは異なり，ニュートンが発見した**力を受けて速度を出す質量**と，フックが発見した**速度を受けて力を出す剛性**を対等に扱う．また，従来の剛性 K の概念を，その逆数である**柔性** $H = 1/K$ を用いて表現する．

　剛性の代わりにその逆数である柔性を用いる理由は，次の通りである．筆者は，物体の本質が質量のみであるとする在来の力学とは異なり，物体の本質は質量と**弾性**（elasticity）であり，これら両者は力学的エネルギーの観点から見て対等かつ双対の関係にあると考えている．弾性とは柔性と同義であり共に剛性の反意語である．すなわち，弾性が大きいことは柔性が大きく柔らかいことであり，剛性が小さく硬くないことである．

　力学特性として質量 M と対等かつ双対の関係にあるのは剛性ではなく柔性である．このことは，質量と柔性の機能に関する3.4節の説明によって理解できると思うが，その前に簡単な例を述べると，1自由度機械系の**共振**（resonance）の周期は，剛性を用いれば $2\pi\sqrt{M/K}$ であるのに対して，柔性を用いれば質量と柔性が対等の関係にある $2\pi\sqrt{HM}$ で表される．一方，電気系共振の周期は $2\pi\sqrt{LC}$ （L はインダクタンス，C は静電容量）で表現される．このように電気工学では，インダクタンスと静電容量が対等に扱われている．したがって機械力学においても，剛性よりも柔性を用いるほうが学術的には自然であると考えられる．

　ただし1章で述べたように，現在の機械力学は，力を原因とし運動を結果とするという片方向に開いた因果関係に基づく在来の力学を用いて体系化されており，現時点ではその範囲内で自己完結し実用されている．したがって，本書の内容を現時点で直ちに機械力学に反映することは，無用の混乱を招く恐れがある．事象の因果関係を双方向に閉じたものに改めるという本書の主張は，力学の根幹を変えるものであるから，もしその正当性が認められるのであれば，まずこれに

基づいて物理学としての在来の力学の一部を修正する必要がある．

　機械力学は，基本的には応用の学問であるから，古典力学のこの修正の後に，それに準じて順次修正すべきであろう．その際，本書の内容は在来の力学と全く矛盾しないから，現在の機械力学の根幹はそのままにし，それに本書の内容を付加する形で導入することが好ましいと考えられる．例えば，剛性をすべて柔性で置き換えるのではなく，両者の関係を明確に規定した後に，場合によって両者を使い分けることが望ましい．

　物体が有する力学的エネルギーには，運動（速度）として外延される**運動エネルギー**（kinetic energy）と力として内蔵される**力エネルギー**（potential energy）の2種類があり，質量は前者を，柔性は後者を，それぞれ均衡状態に保つように機能する．以下に，これまで明らかにされていなかった質量と柔性の機能を，力学的エネルギーの立場から定義する．

　質量の静的機能：力学的エネルギーの均衡状態では，力学的エネルギーを速度の形で保存する．

　柔性の静的機能：力学的エネルギーの均衡状態では，力学的エネルギーを力の形で保存する．

　質量の動的機能：力学的エネルギーの不均衡状態では，力学的エネルギーの不均衡分を力の不釣合の形で受け，それに比例した**速度変動**（加速度）に変換する．速度変動は，時間の経過と共に速度を変化させる．質量は，この速度の変化分だけの力学的エネルギーを吸収または放出することにより，力の不釣合を解消し，力学的エネルギーの均衡を回復させる．

　柔性の動的機能：力学的エネルギーの不均衡状態では，力学的エネルギーの不均衡分を速度の不連続の形で受け，それに比例した**力変動**に変換する．力変動は，時間の経過と共に力を変化させる．柔性は，この力の変化分だけの力学的エネルギーを吸収または放出することにより，速度の不連続を解消し，力学的エネルギーの均衡を回復させる．

　以上のように，質量と柔性の機能は，力と速度，釣合と連続の言葉の入替え以外には，同一の文章で記述される．このことは，質量と柔性が，力学的エネルギーを具現する2種類の状態量である速度と力に関して，対等かつ双対の関係にあることを意味する．このように，これまで相互関係が明らかでなかった質量と柔性は，力学的エネルギーの流動に伴う状態量の変換に関して，互いに双対の関係に

あることが判明した．そしてこのことは，これまで無関係とされていたニュートンの運動の法則とフックの法則に密接な関係があることを，力学特性の機能の面から明確に示している（第4章で詳述）．

　力学系では，互いに双対の関係にある質量と柔性が機能して，状態量の双方向変換を生じる．そして，質量と柔性が協調し合って，力学的エネルギーの均衡状態ではそれを維持し，力学的エネルギーの不均衡状態では均衡状態への復帰に向かって力学的エネルギーを変換し流動させ，状態量を推移させる．

3.4　質量と柔性の対比

　質量 M と柔性 H を様々な面から対比することによって，両者間に存在する対等・対称・双対の関係をさらに明解にする．なお，以下の文中に出てくる柔性力，柔性速度，力の法則，力方程式，速度の作用反作用などの新しい概念については，第4章で詳しく説明する．

　1)　**質量は，力の作用させやすさを表す．**これに対して**柔性は，速度の作用させやすさを表す．**物体は，重いほど力を作用させやすく，柔らかいほど速度を作用させやすい．

　2)　**質量は，速度の生じにくさを表す．**これに対して**柔性は，力の生じにくさを表す．**物体は，重いほど速度を生じにくく，柔らかいほど力を生じにくい．

　3)　**質量は，単位速度変動（単位加速度）を生じさせる力である．**質量が無限大であることは，単位速度変動を生じさせる力が無限大になること，すなわちいくら力を加えても速度変動を発生できないことである．これは固定を意味する．

　これに対して**柔性は，単位力変動を生じさせる速度である．**柔性が無限大であることは，単位力変動を生じさせる速度が無限大になること，すなわちいくら速度を加えても力変動を発生できないことである．これは自由を意味する．

　4)　**質量と柔性は，同じ物体の力学特性として，力学的エネルギーと状態量の両者に関して対等かつ対称である．**例えば，質量が速度の形で保有する運動エネルギーは $T = Mv^2/2$，柔性が力の形で保有する力エネルギーは $U = Hf^2/2$ であり，これら両者は，互いに双対の関係にある状態量である速度 v と力 f に関して，同形の表現になっている．

　5)　**同一の物質において，柔性が同じ場合には質量が大きいほど保存される力**

学的エネルギーが大きく，質量が同じ場合には柔性が大きいほど保存される力学的エネルギーが大きい．ここで，同じ物質で柔性が大きいことは，温度が高く物質を構成する原子・分子の微細不規則運動が激しいことを意味する．

6) 同じ速度では質量が大きいほど保存される力学的エネルギー $Mv^2/2$ が大きく，同じ力では柔性が大きいほど保存される力学的エネルギー $Hf^2/2$ が大きい．

7) **質量**は，作用を力で受け，その効果（時間積分）を運動量の変化（力積）で表す．これに対して**柔性**は，作用を速度で受け，その効果（時間積分）を位置の変化（速度積：変位）で表す．

8) **質量**は，力学的エネルギーを力で受け，それを速度に変えて，運動エネルギーとして吸収・保存・放出する．これに対して**柔性**は，力学的エネルギーを速度で受け，それを力に変えて，力エネルギーとして吸収・保存・放出する．したがって，物体に力学的エネルギーを与えることの意味は，質量に対しては不釣合力を作用させて速度を生じさせることであり，柔性に対しては不連続速度（両端間の相対速度）を作用させて力を生じさせることである．

9) **質量は，作用力による力学的エネルギーの流入に対する抵抗の大きさを表す**．質量 M が大きいときには，同一の力積（運動量）Mv を加えることによって生じる速度 v が小さく，したがって流入する力学的エネルギー $Mv \times v/2 = Mv^2/2$ が小さい．これに対して**柔性は，作用速度による力学的エネルギーの流入に対する抵抗の大きさを表す**．柔性 H が大きいときには，同一の速度積（変位）Hf を加えることによって生じる力 f が小さく，したがって流入する力学的エネルギー $Hf \times f/2 = Hf^2/2$ が小さい．

10) 質量が零（虚空）であれば運動エネルギーを保存できず，柔性が零（剛性が無限大：剛体）であれば力エネルギー（弾性エネルギーあるいはひずみエネルギー）を保存できない．

11) 質量は，作用力（不釣合力）を受けることはできるが，それ自身は変形しないから，作用速度（不連続速度＝相対速度）を受けることはできない．また質量は，力学的エネルギーを力でなく速度の形で保有するから，速度を出す，すなわち外部に対して速度を作用させることはできるが，力を出す（作用させる）ことはできない．なお，本書では質量が有する速度を**慣性速度**（inertia velocity または velocity of inertia）と呼ぶ．慣性速度は，1点の絶対速度である．

柔性は，作用速度（不連続速度：両端間の相対速度）を受けることはできるが，

他端が自由なままで一端のみに力を加えることができないから，作用力（不釣合力）を受けることはできない（互いに等しく逆向きの2力（釣合力）を両端に同時に受けることはできる）．また柔性は，力学的エネルギーを速度でなく力の形で保有するから，力を出す，すなわち外部に**復元力**（restoring force）を作用させることはできるが，速度を出す（作用させる）ことはできない．

12）質量に生じる慣性力は，外への作用力ではなく，外からの作用力に対する反作用力である．これに対して柔性に生じる**柔性速度**（compliance velocity または velocity of compliance）は，外への作用速度ではなく，外からの作用速度に対する反作用速度である．

13）慣性速度は，質量が有する速度であり，同時に外の対象に対して質量が作用する速度である．これに対して復元力は，外からの強制によって柔性が有する内力である**柔性力**（compliance force または force of compliance）に対する反作用力であり，同時に外の対象に対して柔性が作用する力である．質量は，自身が有する速度を保とうとする（慣性の法則）から，自身の速度をそのまま外に与える．一方柔性は，外から強制されて生じる内力を除去して自然の状態に復元しようとするから，自身が有する内力の反作用力である復元力を外に与える．

14）質量は，作用力（不釣合力）を受けて仕事をされ，力学的エネルギーを吸収する．これに対して柔性は，作用速度（不連続速度：両端間の相対速度）を受けて仕事をされ，力学的エネルギーを吸収する．

15）作用に対する質量からの反作用は必ず力の形（慣性力）で発生するから，質量には力しか作用させることができない．これに対して，作用に対する柔性からの反作用は必ず速度の形（柔性速度）で発生するから，柔性には速度しか作用させることができない．

16）力は，質量にしか作用できない．速度は，柔性にしか作用できない．

17）空点（質量が存在しない点）は反作用力（慣性力）を生じることができないから，空点には力を作用させることができない．これに対して剛点（柔性が存在しない点）は反作用速度（柔性速度）を生じることができないから，剛点には速度を作用させる（変形を伴う相対速度を与える）ことができない．

18）**質量は，力学的エネルギーを速度の形で保存し**，作用として慣性速度を出すことによって外に対して仕事をし，減速することによって力学的エネルギーを放出する．これに対して**柔性は，力学的エネルギーを力の形で保存し**，作用とし

て復元力を出すことによって外に対して仕事をし，減力することによって力学的エネルギーを放出する．

19) 質量は，外に対して速度を与える形でしか作用できない．これに対して柔性は，外に対して力を与える形でしか作用できない．

20) 質量 M は，力 $f(t)$ を受けると，反作用力 $-f(t)$ を慣性力 $-M\dot{v}$ の形で出しながら速度 $v(t)$ を生じることによって，パワー $-M\dot{v}v$ を吸収する．したがって，質量が吸収する力学的エネルギー T_m（負値は吸収を意味する）は

$$T_m = \int -f\,dx = \int -f\frac{dx}{dt}dt = \int -fv\,dt = \int -M\dot{v}v\,dt = -\frac{1}{2}Mv^2 \qquad (3.3)$$

これに対して柔性 H は，速度 $v(t)$ を受けると，反作用速度 $-v(t)$ を柔性速度 $-H\dot{f}$ の形で出しながら力 $f(t)$ を生じることによって，パワー $-H\dot{f}f$ を吸収する．したがって，柔性が吸収する力学的エネルギー U_h（負値は吸収を意味する）は

$$U_h = \int -v\,dp = \int -v\frac{dp}{dt}dt = \int -vf\,dt = \int -H\dot{f}f\,dt = -\frac{1}{2}Hf^2 \qquad (3.4)$$

ここで，運動量 p の変化率は力に等しい（$dp/dt = f$），というニュートンの第 2 法則を適用している．また式 (3.4) では，**力が質量に作用する場合になされる従来の仕事の定義「力×位置の変化」の双対概念である，速度が柔性に作用する場合になされる仕事の定義「速度×運動量の変化」**，という新しい概念を導入している．なお，力と速度は状態量として，運動量と位置は状態積として，それぞれ互いに双対関係にある．この定義に関しては 4.9 節で説明する．

21) **質量は，並列にしか接続できない．柔性は，直列にしか接続できない．**

図 3.1 は，力学特性の接続を示す．

まず図 3.1 (a) は，質量 M_A と質量 M_B を並列に接続した系である．図 3.1 (a) 右では，質量 M_A の接続点を 2A，質量 M_B の接続点を 2B のように個別に表示しているので，あたかも直列に接続されているように見える．しかし，4 個の点 1，2A，2B，3 の間には相対速度が存在しないので，これらの点は同一点とみなされ，図 3.1 (a) 左に示すように，両質量は 1 点で並列に接続されていることになる．並列結合では速度が共有されるから，両質量の速度は同一であり，それを v_{13} とする．図 3.1 (a) 右において，接続点 1 から外部に作用する力を f_1，外部から接続点 3 に作用する力を f_3，接続点 2B から接続点 2A に作用する力を f_2 とする．

各質量には，力の不釣合分が作用して加速度を生じる．接続点 2A において質

3.4 質量と柔性の対比

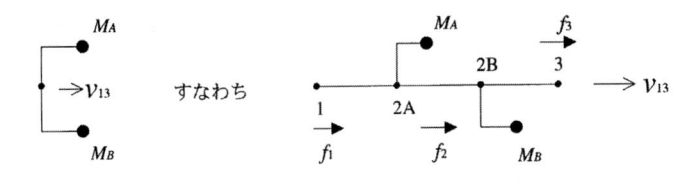

(a) 質量の並列接続 　　$M_{13} = M_A + M_B$

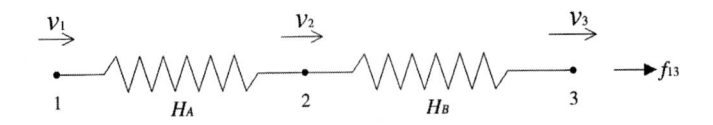

(b) 柔性の直列接続 　　$H_{13} = H_A + H_B$

図 3.1　力学特性の接続

量 M_A に作用する力の不釣合分は $f_2 - f_1$，接続点 2B において質量 M_B に作用する力の不釣合分は $f_3 - f_2$ である．運動の法則より，各質量の運動方程式は

$$f_2 - f_1 = M_A \dot{v}_{13} \tag{3.5}$$

$$f_3 - f_2 = M_B \dot{v}_{13} \tag{3.6}$$

式 (3.5) と (3.6) を加えれば，質量を並列接続した系全体の運動方程式は

$$f_3 - f_1 = (f_2 - f_1) + (f_3 - f_2) = (M_A + M_B)\dot{v}_{13} = M_{13}\dot{v}_{13} \tag{3.7}$$

ここで，M_{13} は質量 M_A と M_B を並列に接続した系の全質量である．

$$M_{13} = M_A + M_B \tag{3.8}$$

このように，複数の質量を接続した系の全質量は，各質量の和になる．

次に図 3.1 (b) は，柔性 H_A と柔性 H_B を直列に接続した系である．直列接続では力を共有するから，両柔性の力は同一であり，それを f_{13} とする．また，接続点 1，2，3 の速度をそれぞれ v_1, v_2, v_3 とする．

各柔性には，速度の不連続分すなわち相対速度が作用して力変動を生じる．柔性 H_A に作用する速度の不連続分は $v_2 - v_1$，柔性 H_B に作用する速度の不連続分は $v_3 - v_2$ である．筆者が提唱する力の法則（4.2 節で説明）すなわちフックの法則の微分を適用すれば，各柔性の力方程式は

$$v_2 - v_1 = H_A \dot{f}_{13} \tag{3.9}$$

$$v_3 - v_2 = H_B \dot{f}_{13} \tag{3.10}$$

式 (3.9) と (3.10) を加えれば，柔性を直列接続した系全体の力方程式は

$$v_3 - v_1 = (v_2 - v_1) + (v_3 - v_2) = (H_A + H_B)\dot{f}_{13} = H_{13}\dot{f}_{13} \tag{3.11}$$

ここで，H_{13} は柔性 H_A と H_B を直列に接続した系の全柔性である．

$$H_{13} = H_A + H_B \tag{3.12}$$

このように，複数の柔性を接続した系の全柔性は，各柔性の和になる．

式 (3.8) と (3.12) からわかるように，同じ種類の力学特性同士を接続することは，それらを加え合わせることである．すなわち，同じ種類の複数の力学特性は，接続によってそれらの和の大きさを有する単一の力学特性になる．

例えば図 3.1(a) では，全質量 M_{13} は外部から両作用力の和 $f_3 - f_1$ の不釣合力を受けて速度 $\dot{v}_{13}$ を生じる．式 (3.7) はこのことを表現する運動方程式である．これらの質量が空間的大きさを有する場合には，接続質量には重心運動の法則が適用でき，全質量の重心は式 (3.7) に従って運動することになる．

また，例えば図 3.1(b) では，全柔性 H_{13} は，各柔性に作用する不連続速度 $v_2 - v_1$ と $v_3 - v_2$ の和である不連続作用速度 $v_3 - v_1$ を外部から受けて，力変動 $\dot{f}_{13}$ を生じる．式 (3.11) はこのことを表現する力方程式である．

式 (3.8) と (3.12) は，質量の並列接続と柔性の直列接続が互いに双対の関係にあることを示す．

22) 2.3 節において述べたように，力学特性を結合し一体化することは，接続することとは異なる．直列接続では力が必ず釣合に，また並列接続では速度が必ず連続になる．このことからわかるように，直列に結合することは力を，並列に結合することは速度を，それぞれ共有することである．

図 3.2 は，力学特性の結合を示す．

質量を直列に結合し力を共有することは，並列に接続することとは異なる．図 3.2(a) は，質量 M_A と質量 M_B が中心力を共有し互いに作用させあっている図である．質量 M_B から質量 M_A に作用する力を f_{AB} とすれば，作用反作用の法則から，質量 M_A から質量 M_B に作用する力は $-f_{AB}$ である．そこで，質量 M_A と質量 M_B の速度をそれぞれ v_A と v_B として，各質量に運動の法則を適用すれば，各質量の運動方程式は

$$f_{AB} = M_A \dot{v}_A \tag{3.13}$$

$$-f_{AB} = M_B \dot{v}_B \tag{3.14}$$

質量 M_A と質量 M_B 間の相対速度，すなわち質量 M_B から見た質量 M_A の速度は

3.4 質量と柔性の対比

(a) 質量の直列結合（2体問題） $M_{AB} = \dfrac{M_A M_B}{M_A + M_B}$：力を共有

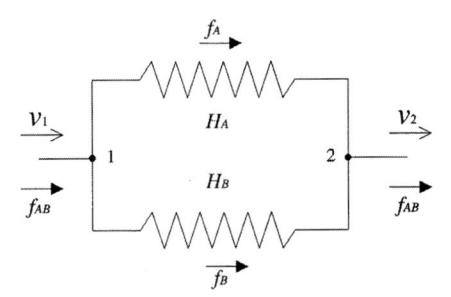

(b) 柔性の並列結合（一体化） $H_{AB} = \dfrac{H_A H_B}{H_A + H_B}$：速度を共有

図 3.2 力学特性の結合（一体化）

$v_{AB} = v_A - v_B$ であるから，式（3.13）と（3.14）から，相対速度と相互作用力の関係を表す運動方程式は

$$\dot{v}_{AB} = \dot{v}_A - \dot{v}_B = \left(\dfrac{1}{M_A} + \dfrac{1}{M_B}\right) f_{AB} = \dfrac{1}{M_{AB}} f_{AB} \quad (3.15)$$

したがって，中心力の相互作用により運動する 2 個の質量を直列に結合し一体化した場合の結合質量は

$$M_{AB} = \dfrac{M_A M_B}{M_A + M_B} \quad (3.16)$$

式（3.16）は 2 体問題における**換算質量**（reduced mass）であり，式（3.15）は質量 M_B を原点にとった運動座標系における質量 M_A の相対運動を表現している．

柔性を，並列に結合し速度を共有することは，直列に接続することとは異なる．図 3.2 (b) は，2 個の柔性 H_A と H_B を並列に結合し速度を共有させた系である．この系の点 1 と点 2 の速度をそれぞれ v_1, v_2 とする．点 1 から外部に作用する力と外部から点 2 に作用する力は同一であり，これを f_{AB} とする．また，各柔性が有する点 2 から点 1 への作用力を，それぞれ f_A, f_B とする．柔性 H_A と柔性 H_B に作用する速度の不連続分すなわち相対速度は，共に $v_{AB} = v_2 - v_1$ である．各柔性に力の法則（4.2 節で説明）を適用すれば，各柔性の力方程式は

表 3.1　質量と柔性の対比

（項目）	質量 M	柔性 H
受ける作用状態量	力（不釣合力）	速度（不連続速度）
反作用状態量	力（慣性力）	速度（柔性速度）
発生する状態量変動	速度変動（加速度）	力変動
力学的エネルギーとして蓄積される状態量	速度（慣性速度）v	力（柔性力）f
保存される力学的エネルギーの形態	運動エネルギー $\frac{1}{2}Mv^2$	力エネルギー $\frac{1}{2}Hf^2$
出す作用力状態量*	速度（慣性速度）v	力（復元力）$-f$
接続の種類	並列	直列
零の状態	虚空	剛体
無限大の状態量	固定	自由

*質量は，自身が保有する慣性速度を保とうとするから，それをそのまま外に対して作用させる．それに対して柔性は，柔性力を有さない自然の状態に復元しようとするから，その反作用力を復元力として外に作用させる．

$$v_{AB} = H_A \dot{f}_A \tag{3.17}$$

$$v_{AB} = H_B \dot{f}_B \tag{3.18}$$

この系が有する点 2 から点 1 への作用力 f_{AB} は各柔性が有する点 2 から点 1 への作用力の和であるから，この系の力方程式は

$$\dot{f}_{AB} = \dot{f}_A + \dot{f}_B = \left(\frac{1}{H_A} + \frac{1}{H_B}\right) v_{AB} = \frac{1}{H_{AB}} v_{AB} \tag{3.19}$$

したがって，2 個の柔性を結合し一体化した場合の結合柔性は

$$H_{AB} = \frac{H_A H_B}{H_A + H_B} \tag{3.20}$$

式（3.16）と（3.20）は，質量同士の直列結合による一体化と柔性同士の並列結合による一体化が，互いに双対の関係を有することを示す．

表 3.1 に，質量と柔性の対比に関する上記の内容の一部を示す．

3.5　粘性の機能

粘性 C は，不釣合速度すなわち両端間の相対速度 v を受けると，粘性抵抗力 $f_c = -Cv$ を外部に出しながら仕事をされ，力学的エネルギー E_0 を吸収する．そして，吸収した力学的エネルギーを**熱エネルギー**（thermal energy）に変えて散逸する．いったん散逸した力学的エネルギーが元に戻ることはないから，粘性のこの

機能は，質量・柔性とは異なり不可逆的である．粘性が吸収する力学的エネルギーの時間的割合（パワー）は，次式のように速度の2乗に比例する．

$$\frac{dE_0}{dt} = f_c v = -Cv \cdot v = -Cv^2 \tag{3.21}$$

ここで，負号は仕事をされパワーを吸収することを意味する．粘性は，吸収するパワーをそのまま熱として放出するから，**粘性の散逸パワー**（dissipation power by viscosity）は式（3.21）の負号を除いた正値になる．

粘性の散逸パワーの1/2をとった

$$V = \frac{1}{2} Cv^2 \tag{3.22}$$

を**粘性の散逸関数**（dissipation function by viscosity）と呼ぶ．このような量を考えれば，粘性抵抗力は

$$f_c = -\frac{\partial V}{\partial v} = -Cv \tag{3.23}$$

となり，散逸関数の速度に関する微分に負号をつけたものとして定義される．

粘性の機能をもう少し詳しく説明する．

力学的エネルギーの不均衡が存在し，それが速度の不連続すなわち相対速度（伸縮速度）の形で粘性に作用すると，粘性には相対速度に比例する抵抗力が発生する．この力が粘性抵抗力f_cである．そして粘性には，作用する相対速度と発生する力の積に相当するパワー（力学的エネルギーの瞬時値）が，外部から単位時間に流入する．式（3.23）の粘性抵抗力は抵抗であるから負値であり，したがって式（3.21）のように，パワーも形式上負値になる．これは，この力によって粘性が外部から仕事をされ，力学的エネルギーが流入することを意味する．

このように粘性は，外部から仕事をされることによって力学的エネルギーを吸収し，その仕事に対する抵抗として粘性抵抗力を外部に作用させる．**粘性抵抗力は，粘性特有の機能により発生するものであり，作用反作用の法則に従って作用速度を受ける粘性に必然的に生じる反作用速度とは異なる．粘性は，吸収した力学的エネルギーを保存することはなく，直ちに熱エネルギーに変換する．粘性は，これによって力学的エネルギーの不均衡分を吸収すると同時に散逸し，力学的エネルギーの均衡を回復させようとする．**以上が粘性の機能である．

粘性は，外部からの作用速度を受けて力学的エネルギーを吸収するだけであり，

質量・柔性とは異なりそれを蓄積し保存することはない．したがって粘性は，外からの作用速度に対する反作用速度を生じるだけであり，自ら外に作用を与えて仕事をしそれによってエネルギーを力学的エネルギーの形で放出することはない．このように粘性は，質量・柔性とは異なり力学的には受動的特性であり，すべての力学的現象の発生を抑制し，生じたら減衰させるだけで，粘性単独で力学的エネルギー保存の法則に従う動的現象を自発的に発生させることはない．

次に，粘性をモデル化する立場から，その機能を説明する．

柔性と同様に粘性は，力学的エネルギーの不均衡を不連続速度すなわち相対速度として受けるから，2端を有する特性としてモデル化され，直列接続のみが可能になる．しかし粘性では，同じく2端を有する柔性が相対速度と同時に発生する力変動を蓄積（時間積分）して力を生じるのとは異なり，相対速度の作用から時間的に遅れることはなく，作用速度と同時にそれに比例する抵抗力を発生する．したがって，作用現象とそれによる発生現象が同時刻である．そこで，少なくとも時間的には，因果関係を逆にし作用と発生を逆転させて現象を解釈することができる．すなわち，**粘性をモデル化する際には，「速度を受けて力を発生させる」代わりに「力を受けて速度を発生させる」とみなすこともできるのである**．粘性本来の機能を考慮すれば前者のほうが正しいが，粘性をモデル化する立場から見れば，これら両者の見方が成立し，両者間に正当性の差はない．したがって，粘性を動力学における解析に導入する場合には，粘性の種類によって，これら両者を次のように使い分ける．

まず「速度を受けて力を発生させる」粘性は，直列結合する種類であり，材料減衰や構造減衰のように，物体が内蔵する内部粘性が該当する．これに対して「力を受けて速度を発生させる」粘性は，並列結合する種類であり，周辺流体などによる外部粘性が該当する．前者は2端，後者は1点を有する粘性としてモデル化できる．後者のように，1点を有する粘性としてモデル化し並列結合する場合には，他端は絶対空間に固定されていると考える．粘性には，前者では2端間の不連続速度（相対速度）に比例する力が，後者では1点の作用力に比例する絶対速度が，それぞれ発生するとみなすことができる．物体の力学特性としての粘性本来の形は前者であり，後者は外からの付加特性である．

3.6 力エネルギー場と粘性

　一般に物体は，何らかの形で力学的エネルギーを熱エネルギーに変えて散逸させる性質を有し，機械力学の分野ではこれを**減衰**（damping）と総称する．質量と柔性のみからなり減衰を有しない不減衰系では，力学的エネルギー保存の法則（4.10節で後述する）が成立し，ニュートンの運動の法則がそのまま適用できて，その力学的挙動を表現する運動方程式は線形の微分方程式になる[16]．これに対して減衰を有する力学系では，力学的エネルギーが保存されないので，運動の法則をそのまま適用することができず，その力学的挙動を表現する運動方程式は，一般には非線形の微分方程式になる．

　減衰には，摩擦，流体粘性，材料粘性，複素弾性，構造減衰，磁気減衰など多くの種類がある．これらのうち粘性だけは運動方程式を線形にするので，機械力学では他の種類の減衰を近似的に粘性に置換してモデル化した上で，解析に導入することが多い[16],[18]．

　3.3節で説明したように，質量と柔性の機能は，力学的エネルギーに基づいて明確に説明できる．**線形の運動方程式は力学的エネルギー保存の法則から導かれるので，それを構成する粘性は，同じく線形運動方程式を構成する質量・柔性と同様に，その機能と発現機構を力学的エネルギーに基づいて説明できるはず**である．しかし筆者が知る限りでは，従来このような試みはまったく行われておらず，粘性の発現機構はガリレイ以来現在に至るまで不明とされている．もし粘性と力学的エネルギーの関係が明らかになれば，力学的エネルギー保存の法則によって定式化される質量や柔性と同様に，粘性を力学的エネルギーに基づいて定式化し動力学における解析に導入する糸口が見つかり，減衰の扱いが難点の一つになっている機械力学の発展に大きく貢献できるのではないかと考える．

　本節では，粘性がどのようにして発現しなぜ速度に比例する抵抗力を出すかを，弾性と同様に力エネルギーの場を用いて，定性的に説明できることを示す．ここで力エネルギーとは，位置エネルギー，弾性エネルギー，ひずみエネルギー，気体圧力エネルギーなどの総称である．従来は，これらを位置エネルギーあるいはその英語名をそのまま用いたポテンシャルエネルギーと総称していた．これに対して本書では，下記の理由でこれらを力エネルギーと総称している．

1) 力学は，力と運動という両状態間の因果関係を扱う学問であり，運動の双対状態量は力である．動力学では運動は加速度・速度・位置からなるので，運動エネルギーと双対の関係にある力学的エネルギーを運動の一種である位置の名で呼ぶのは不自然であり，力エネルギーと呼ぶのが自然だと思われる．

2) ポテンシャル場は，位置を有するからエネルギーを持つのではなく，力を有するからエネルギーを持つのである．位置は力学的エネルギーの有無にかかわらず存在するが，力は必ず力学的エネルギーを伴う形で存在し力学的エネルギーの大きさによって一義的に決まる．

3) 物体が有する力学的エネルギーは，運動エネルギーと力エネルギーからなり，後者はこれまで $Kx^2/2$ のように変位（位置）で表現されてきた．しかし，すでに説明したように，速度 v と力 f，質量 M と柔性 H が互いに双対の関係にあることから，運動エネルギー $Mv^2/2$ と双対の関係にある力エネルギーは $Hf^2/2$ （$H=1/K$, $f=Kx$）のように力で表現するほうが論理的・自然である．

4) 例えば，地球の万有引力によるポテンシャル場の存在と大きさは，位置（地球中心からの距離）を知らなくても，力（重力）を測れば特定できる．

以下に，**力エネルギー場を用いれば，弾性と粘性の発現機構を統一的に説明できる**ことを述べる．

原点 $x=0$ に関して対称性を有する，以下のような力学的エネルギーの1次元のポテンシャル（力エネルギー場）$U(x)$ を想定し，その場に物体が存在しているとする．

$$x \geq 0 \text{ では } U(x) = ax^n, \quad x < 0 \text{ では } U(x) = U(-x) \tag{3.24}$$

ここで，a は正の定数である．

場から物体に作用する力 $f(x)$ は，ポテンシャル場の位置に関する1次微分の負値に等しいことから

$$f(x) = -\frac{dU}{dx} = -nax^{n-1} \tag{3.25}$$

力は常に力エネルギーが減少する方向に作用するから，作用力は式（3.25）のように，場の勾配の負値として定義される．

式（3.25）から力の勾配は

$$\frac{df}{dx} = -n(n-1)ax^{n-2} \tag{3.26}$$

である.

　この力エネルギー場の性質は指数 n に支配され，その中に置かれた物体が外から作用を受けるときの挙動は，n の値によって次のように異なってくる.

　① $n>0$：原点 $x=0$ からの引力の場（式（3.25）の力 f が負）

　原点が場の底点（力エネルギーが最小になる点）すなわち安定位置であり，それ以外の位置に置かれた物体には，原点への復元力が作用する.

　①-1　$n>1$：弾性の場

　引力 f の大きさが位置（原点からの距離）x の増加と共に増加する．そして，式（3.26）における引力の大きさの勾配 $n(n-1)a$ が正値であり，それを剛性 K，その逆数を柔性 H という物理量として定義できる．原点から遠ざかる方向の一定外力を物体に作用させれば，物体は外力と引力が釣り合う点まで移動して停止し，外力を除けば原点に復帰する．

　①-1-1　$n>2$：硬化非線形弾性の場

　　　　原点からの距離 x の増加と共に剛性が増大する．

$$K = n(n-1)ax^{n-2} \tag{3.27}$$

　①-1-2　$n=2$：線形弾性の場

　　　　剛性が x に無関係に一定であり，フックの法則が成立する．

$$K = 2a：一定 \tag{3.28}$$

　①-1-3　$2>n>1$：軟化非線形弾性の場

　　　　x の増加と共に剛性が減少する．

$$K = \frac{n(n-1)a}{x^{2-n}} \tag{3.29}$$

　①-2　$1 \geq n > 0$：粘性の場

　式（3.26）における引力 f の大きさの勾配 $n(n-1)a$ は零か負値であり，それを剛性という物理量として定義できない．

　①-2-1　$n=1$：位置 x と引力 f が無関係な一定引力の場

$$f = -\frac{dU}{dx} = -a：一定 \tag{3.30}$$

　この性質を有する場にある物体に，原点から遠ざかる方向の一定外力を作用させてみる．このとき，外力の大きさが一定引力の大きさ a より小さい場合には，物体は初期に原点にあれば動かず，初期に原点以外の点にあれば原点に向かって

動く．外力の大きさが一定引力の大きさ a に等しい場合には，物体はどこにあろうと静止したまま動かない．外力の大きさが一定引力の大きさ a よりも大きい場合には，外力から一定引力の大きさ a を引いた力の不釣合分が物体に作用して，物体は原点から遠ざかる方向に一定の加速度で運動をする．この運動中にも大きさ a の一定引力は作用し続けるから，外力を除去すれば，物体の速度は減少してやがて反転し，その後物体は原点に向かって動き，原点の安定位置に復帰する．

①-2-2　$1 > n > 0$：位置 x が増大すると引力 f が減少する場

$$f = -\frac{dU}{dx} = -\frac{na}{x^{1-n}} \tag{3.31}$$

この性質を有する場の原点から少し離れた点に置かれた物体に，原点から遠ざかる方向の一定外力を作用させてみる．このとき，外力の大きさがその点における引力より小さい場合には，物体は原点に向かって動く．外力の大きさがその点における引力に等しい場合には，物体は静止したまま動かない．外力の大きさがその点における引力よりも大きい場合には，外力から引力を引いた力の不釣合分が物体に作用して，物体は原点から遠ざかる方向に加速度運動を開始する．外力は一定であり，引力は物体が原点から離れるに従って大きさが減少するから，外力から引力を引いた物体への作用力は，物体が原点から離れるに従って増大する．そして，それに比例する加速度も，物体が原点から離れるに従って増大する．

この場合引力は，原点から離れるに従って減少していくものの，存在し続けるから，外力を急に除去すれば，物体の速度は減少してやがて反転し，その後物体は原点に向かって復帰する方向に動き，原点の安定位置に復帰する．しかし，外力を引力の減少に合わせて，あるいはそれ以上にゆっくりと，徐々に減少させていけば，物体は原点から遠ざかる方向にゆっくり動き続ける．

②　$n = 0$：等力エネルギーの場

引力も斥力も存在せず，そこに存在する物体は，他から外作用を受けない限り自由浮遊状態にあり，慣性の法則に従う．この例として，無重力場がある．

③　$n < 0$：原点からの斥力の場

物体は，初期にどこに存在しようと，原点から遠ざかる方向に離れ去る．

以上のように，粘性を保存力場が発現する力学的性質として説明できることは，本来粘性は弾性と同様に力学的エネルギー保存の法則に従う性質であることを意味する．したがって粘性は，それ自身では力学的エネルギーの散逸を伴わないの

である．粘性によって力学的エネルギーが熱エネルギーに変換され散逸するのは，3.7.2項で説明する別の原因による．

3.7 粘性の発生機構

3.7.1 2個の原子間の力エネルギー場と粘性

すべての物質は，常に動き回って（震えてあるいは不規則に振動して）いる，およそ半径1～2Å（オングストローム：1Åは10^{-8}cm）の小さい粒で，近い距離では互いに引き合うが，あまり近づくと強烈に反発し合う，原子からできている．われわれは，この原子の不規則振動を"熱"という言葉で言い表す．

ヘリウムやアルゴンなどの電気的に中性の原子からなる希ガスや，電荷が中性である非極性分子からなる流体では，原子・分子間に，離れていれば距離の7乗に反比例する引力が，近ければ非常に強い斥力が作用する．このような原子間の力エネルギー場として

$$U(r) = \varepsilon \left\{ \left(\frac{r_0}{r}\right)^{12} - 2\left(\frac{r_0}{r}\right)^6 \right\} \tag{3.32}$$

を仮定することがある[4),10)]．ここで，rは隣接する原子間の距離である．これを**レナード・ジョンズポテンシャル**（Lennard-Jones potential：LJポテンシャル）という．

量子論によれば，原子核を周回する電子の存在は不確定であり，電子雲と呼ばれる確率的な分布を示す．異なる電子の電子雲同士は重なり合うことができないことがわかっており，これを**パウリの排他律**（Pauli exclusion principle：Wolfgang Ernst Pauli, 1900-58）という．このために，電子雲が重なり合うほどの至近距離に接近した原子同士は，r^{-10}～r^{-16}に比例する斥力を発生して，互いに激しく反発し合う．この斥力を**交換斥力**（exchange rejection）という．式（3.32）の右辺第1項は，この交換斥力が形成するエネルギー場であり，r^{-12}に比例する力エネルギーの場として表現されている．

一方，式（3.32）の右辺第2項は，r^{-6}に比例する力エネルギーからなる**ファンデルヴァールス引力**（van der Waals gravity：vW引力）の場であり，次の原因により発生する．

中性の原子において，原子核を囲む電子雲は平均的には等方向分布であり，そ

れ故に原子全体では電気的に中性である．このような原子を非極性原子という．しかし，電子雲は常に揺らいでいるために，瞬間的には，正電荷の中心（原子核の位置）と負電荷の中心が一致しなくなり，原子は電荷の偏りすなわち方向性をもつ．電荷の偏りの値にこれら両中心間の距離をかけたものを**双極子モーメント**（dipole moment）という．この双極子モーメントに誘発されて，隣接する原子でも同様な電子雲の揺らぎが起こり，両者間の揺らぎは連動して挙動し推移する．ある原子の電子雲が右に揺らぎ，原子の左側が正，右側が負の電荷を有する瞬間には，その右に隣接している原子でも同じく左側が正，右側が負の電荷を有するように，互いに連動して電子雲が同方向に揺らぐのである．

このように，隣接する原子同士の対面側は必ず逆の電荷を帯びるので，常に引き合う．そして結果的には，すべての原子間に引力が作用し合うのである．この電子雲の揺らぎによる電荷の偏りは，r^{-3} に反比例した電場を形成する．隣接原子も同様な電場を形成するから，両者間には r^{-6} に比例する力エネルギーの場（ポテンシャル）が存在することになる．これが vW 引力場である．

中性の原子間には，式（3.32）のように，交換斥力の場と vW 引力の場が重なり合った LJ ポテンシャルが存在し，これが力エネルギー場となる．この LJ ポテンシャルは，水のような中性の分子間にも存在する．またこれと類似の力エネルギー場は，共有結合やイオン結合や水素結合のような他種類の原子間結合にも存在する．あらゆる物質を構成する原子・分子間には，結合の種類によって発生原因や強弱は異なるが，これと同様な力エネルギー場が必ず存在するのである．

式（3.32）を図示すれば，図 3.3 のようになる．図 3.3 から明らかなように，LJ ポテンシャルのような力エネルギー場は，必ず 1 個の最小点すなわち底点 a を有する．この底点 a が，2 個の原子間の安定距離であり，異なる原子同士が，自然の状態で共有結合することなく互いに接近しうる最小距離になる．例えば，水の分子同士の場合には，この安定原子間距離は 0.26 nm である．外作用を受けない中性原子同士は，微小不規則振動をしながら，平均的には互いにこの安定原子間距離を保って位置し，安定している．そして，何らかの外作用あるいは自身の不規則振動が原因で，原子間距離がこの安定距離から変化した場合には，安定距離に復帰しようとする力が作用する．

この力エネルギー場のもう 1 つの特徴は，**底点より少し離れた距離に必ず 1 個の変曲点**（point of inflection）**b を有する**ことである．従来この変曲点 b の存在は

3.7 粘性の発生機構

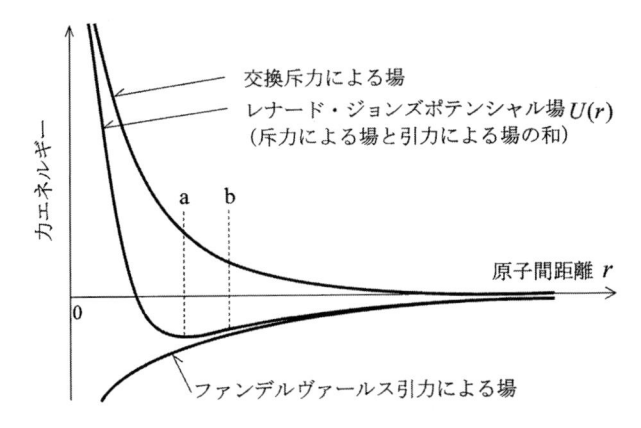

図中ラベル:
- 交換斥力による場
- レナード・ジョンズポテンシャル場 $U(r)$（斥力による場と引力による場の和）
- 力エネルギー
- a b
- 0
- 原子間距離 r
- ファンデルヴァールス引力による場

図3.3 原子間の力エネルギー場
a：力エネルギー場の底点
b：力エネルギー場の変曲点

まったく注目されておらず，これを指摘しその力学的役割を論じた研究は，筆者の知る限りではこれまでに存在しない．しかしこの**変曲点bは，3.6節で説明した弾性と粘性の境界点として，力学的にも物性的にも非常に重要な意味を有する**ことを，筆者は本書で新しく提言する．以下にその理由を説明する．

隣接する2個の原子間に作用する力は，式（3.25）のように，図3.3の力エネルギー場を位置で1回微分して負号をつけたものになる．

$$f = -\frac{\partial U(r)}{\partial r} \tag{3.33}$$

式（3.33）を図示すれば，図3.4の実線のようになり，正値が斥力，負値が引力を示す．図3.4の点線は，図3.3と同じく式（3.32）で表される力エネルギー場を図示したものであり，実線はそれを原子間距離rで1回微分し負号をつけたものである．式(3.33)の負号は，力エネルギーの場においては常に力エネルギーが減少する方向に力が作用することを意味する．

図3.4から，原子間に作用する力はエネルギー場（LJポテンシャル）の底点aにおいて零であり，原子間距離が底点以近の場合にはきわめて大きい斥力が，底点以遠の場合には引力が作用することがわかる．引力は，変曲点bまでは原子間距離の増加と共に大きさが増大し，変曲点bで大きさが最大になり，それ以遠では大きさが減少に転じている．さらに原子間距離が大きくなれば，引力は式（3.

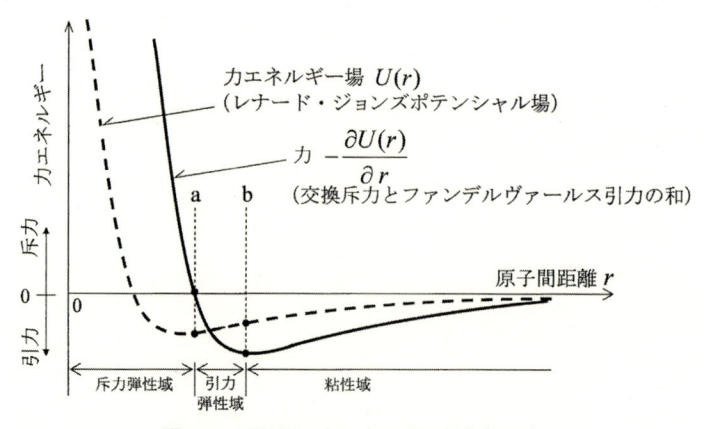

図3.4 原子間の力エネルギー場と作用力
点線：力エネルギー場，実線：作用力
a：力の零点（安定位置，力エネルギー場の底点）
b：最大引力点（力エネルギー場の変曲点）

32) の右辺第2項の1次微分，すなわち距離の7乗に反比例する大きさになり，原子間距離が無限大になると引力は零に収斂する．これがvW引力である．

以下に，従来不明とされていた**粘性の発生機構が，この変曲点を用いて定性的に説明できること**を述べる．

① 変曲点以近の原子間距離は弾性域

図3.4の実線で示される力は，点線で示される力エネルギーの最小点である底点 a では零であり，その近傍では，原子間距離の増加と共に斥力から引力に直線的に変化しているとみなされる．したがって，原子同士を押し付けたり引っ張ったりするときの安定位置である底点からの移動距離（変位）が，底点の位置に比べて小さい場合には，底点近傍の作用力とこの移動距離に関して，微視的なフックの法則が成立する．

底点 a を含めた変曲点 b 以近の原子間距離では，力エネルギーを表現する曲線（図3.4の点線）は上に凹であり，その曲率は正であるから，力エネルギー曲線を位置で2回微分した値は正であり，それを物理的に有意な力学特性である剛性，その逆数を柔性として定義できる．したがって，安定位置である底点 a より大きい原子間距離に位置する原子間に作用する引力の大きさは，変曲点以近の原子間距離では，底点からの距離の増加と共に増大する．

原子同士を底点の安定距離から離す方向に外力が作用する場合に，その大きさが，変曲点 b における引力の大きさである最大値よりも小さければ，外力と同じ大きさの引力の位置で力が釣り合い，停止する．その状態で外力を除くと，引力だけが残って復元力として作用し，原子間距離は底点に復帰する．

一方，原子間距離を減少させ原子間同士を底点の安定位置から近づける方向に外力が作用する場合には，交換斥力と外力が釣り合う位置で停止する．交換斥力は非常に大きいから，この場合の原点からの移動距離はきわめて小さい．外力を除くと，残った斥力が復元力として作用し，原子間距離は底点に復帰する．

以上のことから，変曲点 b 以近の原子間距離は，底点 a を安定中立点とする弾性域であることがわかる．すなわち，$0<r<a$ は斥力弾性域，$a<r<b$ は引力弾性域である．物体は，それを構成する無数の原子がすべて，力エネルギーの底点 a の距離に平均的に位置することによって構成されている．すべての原子間の安定距離 a はもちろんこの弾性域内にあるから，物体は微小柔性（弾性）の無数の直列連結と考えることができ，この微小柔性の膨大な積重ねによって，巨視的な力学的性質としての**接触柔性**（contact compliance）が発現する．

② 変曲点以遠の距離は粘性域

図 3.4 で力エネルギーを表現する点線の曲線は，変曲点 b において曲率が零になるから，この曲線を 1 回微分した同図の実線の力（この変曲点近傍では引力）は，この点で大きさが最大になり，かつ距離によって変化しない一定値になる．そして変曲点以遠では，点線は上に凸であり，力エネルギーの場の曲線（点線）を位置で 2 回微分した曲率の値が負になるから，それを物理的に有意な実体の特性値としては定義できない（弾性域では，この値が正であり，これを剛性またはその逆数である柔性として定義できた）．そして変曲点以遠では，引力の大きさは，原子間距離の増加と共に減少していく．

原子間距離を底点から増加させる方向の外力が作用し，その大きさが変曲点における引力の大きさである最大値よりも大きければ，原子間距離は変曲点を越えて増大していく．引力の大きさは，変曲点までは増加し，変曲点で最大値をとり，さらに原子間距離が増大すると減少に転じる．したがって，変曲点の引力よりも大きい一定外力を受ける原子同士は，変曲点を通過した後に，最初は微速度で少しずつ加速しながら，ずるずると離れていく．また変曲点以遠で，引力の減少に合わせて外力を徐々に減少させていけば，原子間距離は一定の速度でゆっくりず

るずると増大し続ける．しかし外力を急に除くと，変曲点以遠でも引力は存在するから，それが復元力となり，原子は減速しやがて反転して原子間距離が減少する方向に動き始め，変曲点を先ほどとは逆方向に通過し，底点の安定距離へと復帰する．これらが，「粘い」という言葉で表現される巨視的かつ総合的感覚の原因となる一連の現象であり，粘性という力学特性の発現機構である．

以上のことから，変曲点 b とそれ以遠で引力が零になる無限遠までの原子間距離（$b \leq r < \infty$）は，すべて粘性域であることがわかる．粘性域は，中性原子間の LJ ポテンシャルに限らず，図 3.3 に示したような変曲点を有するすべての種類の力エネルギー場に存在し，粘性域に比べてはるかに狭い弾性域と必ず共存する．

変曲点以遠の粘性域でも，引力は減少するものの存在し，作用力を急に除去すれば力エネルギー場の安定位置である底点にまで復帰するから，粘性域は不安定領域ではない．しかし，作用力を引力の減少に合わせて徐々に減少させると原子同士は離れ続けるから，安定域でもない．このように粘性域は，力学的に中途半端な領域なのである．

力エネルギー場の変曲点を越えるのに十分な一定の大きさの引張外力を受ける原子同士は，原子間距離が粘性域に入ると互いに離れていき，やがて引力が零に収斂し相互の影響域から解放される．その間に外力がなす仕事のうち，力エネルギー場の坂を上るのに費やされる部分は，力エネルギーとして蓄積されていく．このことは，原子間距離が大きくなり変曲点を越えて互いの影響域から脱出するまで変わらない．しかし粘性域では，原子間距離の増加と共に力エネルギー場の坂の勾配が減少し，それを上るのに必要な力エネルギーの量が減少していく．そこで，一定外力によってなされる一定仕事のうち力エネルギーに変換されない部分が生じ，しだいに増加していく．その部分は運動エネルギーに変換され，原子同士が互いの影響域から脱出する際の離反速度を生む．

この段階までのすべての挙動は，力エネルギーと運動エネルギーの和である全力学的エネルギー保存の法則に支配されながら推移する．したがって，粘性という力学的性質が存在しても力学的エネルギーは保存され，この段階までの挙動によって力学的エネルギーの散逸が生じることはない．

3.7.2 粘性による力学的エネルギーの散逸

図 3.5 は，ある対象原子が，その左右に隣接して存在する別の 2 個の原子の間を，左から右へと移動する様子を表す．なお，これら別の 2 個の原子間距離は変化しないとする．図 3.5 は，図 3.3 に示した 2 個の原子間の力エネルギー場を 2 つ取り出し，互いに対向させて足し合せた図であり，左右対称の力エネルギー場からなる．この図 3.5 を用いて，力学的エネルギーの散逸機構を説明する．

対象原子が左端の旧相手原子から離れていくことは，右端の新相手原子に近づいていくことである．左端に存在する旧相手原子との力エネルギー場の底点 a' に安定的に存在していた対象原子が，一定の外力を受けて右方向に動き出し，旧相手原子からの左方向の引力に逆らいながら，変曲点 b' を通り越して旧原子との力エネルギー場の粘性域（旧粘性域）の距離に入り，さらに離れていくとする．旧粘性域では，旧相手原子からの左方向の引力が減少し続けると同時に，新相手原子からの右方向の引力が増大し続ける．

そして，旧・新両相手原子からの左右への引力の大きさが等しくなる中央点 c で，新相手原子との相互作用によって形成される力エネルギー場である新粘性域に移り，それから後は，新相手原子からの右方向への引力に捉えられる．中央点 c では，力エネルギーは極大となり，力エネルギー場は頂点を形成する．この中央点 c は，力エネルギーが最も大きく，同時に左右から作用する同じ大きさの引力が釣り合って力が作用しなくなる不安定点である．

中央点 c までの旧粘性域では，左からの引力は減少し続け，同時にそれよりも大きさが小さい右からの引力は増大し続ける．そこで，これらの両引力が互いに

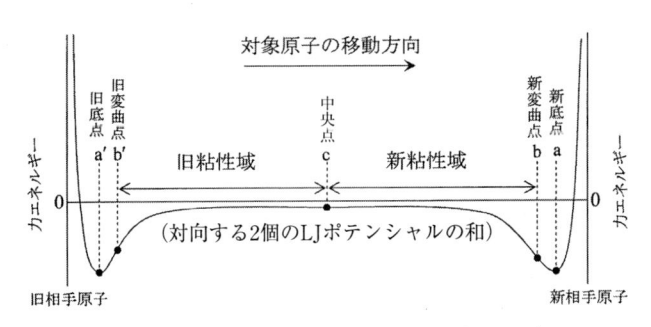

図 3.5 2 個の原子間の力エネルギー場を移動する対象原子
　　　旧・新底点：安定位置，中央点：不安定位置（頂点）
　　　旧・新変曲点：旧・新相手原子からの引力の最大位置

打ち消し合って，対象原子の右方向への運動に対する抵抗力は急速に減少する．対象原子は一定の外力を受けて運動しているから，抵抗力の減少と共に加速度は増大し続け，中央点 c に到達した瞬間の対象原子の右方向の速度は，かなり成長している．

　その速度で中央点 c を越えた対象原子は，新相手原子からの引力に引っ張られ始める．新相手原子からの引力の方向と対象原子の運動方向は共に右であり，両方向は一致する．そのために対象原子は，さらに急加速されながら新粘性域を右に向かって通過し，新変曲点 b を経て新安定点 a へと自発的に落ち込み，力エネルギー場の新底点に衝突する．外部から仕事をされながら旧安定点 a′ から旧変曲点 b′ を経て中央点 c に至るまでの力エネルギー場の坂を上ることによって，対象原子に蓄積された力エネルギーは，この新安定点 a への落ち込みと衝突によって一気に解放される．そして，少なくともその一部は共に弾性体である対象原子と新相手原子の両者の不規則微小振動（震え），すなわち対象原子が有する熱エネルギーに変換され，残りは対象原子が次の力エネルギー場を上る右方向への移動のための運動エネルギーになる．**熱エネルギーへの変換による力学的エネルギーの散逸は，このようにして発生する**のである．

　物質は，2 個ではなく無数の原子から構成されており，互いに近傍に存在する原子同士はすべて図 3.3 のような力エネルギー場を形成する．そこで，物質内の原子間における力エネルギー場は，無数の安定点（底点）と無数の不安定点（頂点）が交互に連なって形成される．図 3.5 の旧底点 a′ から頂点 c を経て新底点 a に至るまでの曲線が繰り返し無数につながった連続の力エネルギー場が無数に存在して，物質が構成されているのである．これらの場が秩序正しく整然と配列されているのが固体の結晶構造であり，不規則に配列されているのが流体である．

　2 個の原子が，それらが形成する相互間の力エネルギー場から解放されて互いに離れていく際には，周辺の他の多くの原子との位置関係も，同時に変化する．こうして，1 箇所における原子配列の変化の影響は周辺に広がり，広範囲にわたる原子配列の再構成が連動して生じる．その際に，無数の原子について上記の粘性による力学的エネルギーの散逸現象が同時に発生し，外力がなす仕事は，いったん力学的エネルギーとして吸収されるが，直ちに熱エネルギーに変換されて拡散し，物質の温度がかすかに上昇する．

　1 箇所の原子再配列の影響が広範囲に広がり，すべての原子が新しい安定位置

の状態を再び取り戻して物質が再構成されるためには，時間の経過が必要である．そこで，粘性を有する物質では，力学的作用によって生じる応答現象の出現には，作用からの時間遅れを伴う．**この時間遅れと，無数の安定状態間の移動中に力エネルギー場の頂点を越えて底点に落ち込むことを繰り返す際の，抵抗力の増減の繰返しが，「粘性があるとずるずるとすべりながら変形していく」という感覚を生む．** この時間遅れは，強制振動の場合には，加振力に対する変位応答の位相遅れになる．

図 3.6 は，原子が等間隔に配置されている上下 2 本の原子列と，それらの間に存在する力エネルギー場を図示している．この上下原子列間の力エネルギー場は，図 3.5 に示した 2 個の原子間に存在する力エネルギー場のうちで両底点 a′ と a に挟まれた部分を，繰り返しつないだものになる．これを図示したのが，図 3.6 の力エネルギー場であり，これは，水平方向に配列する同列内の原子間の力エネルギー場ではなく，上列原子と下列原子の間の関係として，上下方向に存在する 2 原子列間の力エネルギーの水平方向の分布状態を示している．そして，上列と下列のすべての原子が鉛直方向に並び，上下の原子間距離が最も近くなる位置が，力エネルギー場の底点であり，外作用がない場合には，この位置で上下の原子列は安定配置されている．

この力エネルギー場の底点両側の変曲点に挟まれたきわめて狭い領域は弾性域，その他の広い領域はすべて粘性域であり，この粘性域の中央に不安定点である頂点（図 3.5 の点 c）が存在する．図 3.6 には，下列の原子間の 2 等分点である中間中央の鉛直上方に，上列の原子が位置する場合が描かれており，この位置は図 3.5 における力エネルギー場の頂点 c に対応する不安定位置である．

上下の原子配列間にすべりの外力が作用して，下の原子列は静止したままで，

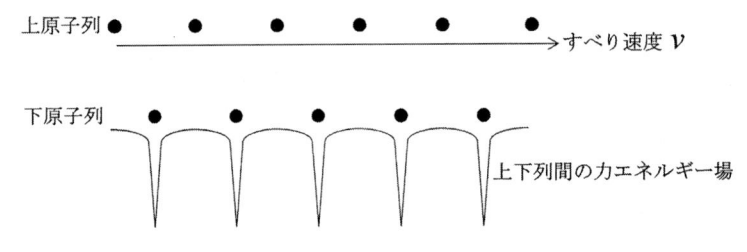

図 3.6 上下 2 本の等間隔原子配列間の力エネルギー場とすべり

上の原子列のみが水平右方向に移動することによって，上下の原子列間にすべりの相対速度が生じる場合を考える．外作用は，横方向のすべりを生じることによって，この系に仕事をする．上列内の原子の，力エネルギー場の底点の安定位置から頂点の不安定位置に至るまでの移動中は，系は外作用がなすこの仕事を吸収し，力エネルギー場を登るのに必要な力学的エネルギーに変える．

上列の原子が，不安定位置である力エネルギー場の頂点を左から右へ越えると，下列の原子からの引力の水平成分の方向が逆転して右向きになり，上列の原子の運動方向と一致するようになる．これによって上列の原子は加速され，速度を増しながらさらに水平右方向に移動し，それまでに吸収した力エネルギーを自発的に放出しながら力エネルギーの場を下っていき，最初の底点から見て1つ右隣の底点（次の安定位置）に落ち込み衝突する．その際に上列の原子は，それまでに蓄積された力学的エネルギーを放出する．こうして解放された力学的エネルギーは，原子の不規則微小振動の運動エネルギーすなわち熱エネルギーに変わる．このようにして外からの仕事によっていったん押し込まれた力学的エネルギーが，熱エネルギーに変換されるのである．これを「原子が熱励起される」という．

これによって1個の原子が得た不規則微小振動の運動エネルギーは，その一部が隣接する原子を熱励起する形で周囲の原子に広がっていき，希釈されながら広領域に拡散していく．その結果，物質の巨視的微小範囲に含まれる原子の不規則振動がかすかに激しくなる．これが，物質の熱エネルギーの増加と，それによって生じるわずかな温度上昇になる．このようにして，外作用が系になす仕事は，力学的エネルギーとして系内に蓄積され続けることはなく，直ちに熱エネルギーに変換され，散逸する．

このように，粘性の機能は力学的エネルギーの不均衡分の散逸を伴う．そして，力学的エネルギーが均衡状態に復帰した後に，原子配列や結晶構造のような内部組織の再編成と温度の上昇という，2種類の痕跡を残す．内部組織の再編成は，物質が形を形成しない流体やゲル状物体の場合には，表に現れず形としては残存しない．しかし，金属のように原子が規則的に配列し形を形成している固体の場合には，不可逆変形として残存し，形として表に現れる．この不可逆変形が塑性変形である．このように，**粘性と塑性（plasticity）の発生機構は同一**なのである．

3.7.3 粘性が速度に比例する抵抗力を生じる理由

図 3.6 の原子 1 個分のすべりを単位すべりとし,この単位すべりで熱エネルギーに変換され失われる力学的エネルギーを,原子 1 個当たり一定値 E_c とする.水平方向の原子列において隣接する原子間の距離を l,上原子列のすべり速度を v とすれば,上列の原子 1 個が単位時間に v/l 個の下列の原子とすれ違うから,上列の原子 1 個が失う力学的エネルギーは,単位時間に $(E_c/l)v$ である.そしてこの現象が,単位時間に v/l 個の上列の原子について同時に起こるから,原子列同士の相対すべりによって失われる単位時間当たりの力学的エネルギー(パワー)は,$(E_c/l^2)v^2$ になり,速度の 2 乗に比例する.

この相対すべりに対する粘性抵抗力 f_c に抗して相対すべりを続けさせるための外作用力 $-f_c$ が単位時間になす仕事は,この失われる力学的エネルギーに等しいから,

$$-f_c v = \frac{E_c}{l^2} v^2 \tag{3.34}$$

この式から,粘性抵抗力は

$$f_c = -\frac{E_c}{l^2} v = -Cv \tag{3.35}$$

になり,速度に比例する.ここで,定数 C は粘性の抵抗係数であり

$$C = \frac{E_c}{l^2} \tag{3.36}$$

である.

ここまでは,原子が等間隔に配列されている固体内の原子間すべりについて述べてきたが,流体のように原子が不規則に配列されている場合にも,同様の現象が起こる.すなわち,静止流体中に 1 個の原子を速度 v で打ち込めば,その原子が単位時間に衝突する静止流体の原子数は,打ち込まれた原子の速度 v に比例する.静止流体と速度 v で流れる流体が混合される際,あるいは互いに相対速度 v を有する流体同士が出合って混合される際には,互いに単位時間に相手の流体中に速度 v に比例する個数の原子が相対速度 v で打ち込まれる.そしてこれらの原子同士の衝突に際しては,図 3.6 の原子間力エネルギー場を用いて説明した過程と同様の過程により,力学的エネルギーが熱エネルギーに変換され散逸される.つまり,単位時間に速度 v に比例する個数の原子が,1 個ごとに速度 v

に比例する回数の衝突を生じるのである．

　1個の原子が他の1個の原子との1回の衝突で失われる力学的エネルギーは，上記と同じ E_c であるから，相対速度 v で流れる2流体の衝突・混合によって，単位時間に熱エネルギーに変換され失われる力学的エネルギーは，上記と同様に $E_c v^2$ になる．これが粘性抵抗力 f_c に抗して作用源が単位時間に系になす仕事 $-f_c v$ に等しいから，流体の場合にも粘性抵抗力 f_c は速度 v に比例するのである．ただし，この説明は層流に対してのみ有効であり，乱流には適用できない．

　こうして，**粘性が発生し，それが速度の2乗に比例する力学的エネルギーの散逸を生じ，それによって速度に比例する粘性抵抗力を発生するからくりを，原子間力エネルギー場を用いた原子物理学の立場から定性的に説明できた**．

3.8　固体・液体・気体の物性

　固体（solid）に対する基本的なイメージは，隣接する原子同士が同一の電子を共有し合う共有結合の場合のように，互いに電気力でしっかり結び付けられている構成原子が整然と並び，結晶構造を組み上げている，ということである．これを力学の立場で見れば，このような**結晶構造**（crystal structure）における原子の安定存在位置は，図3.3のような原子間力エネルギーの安定平衡点である底点に対応している．そして，このような規則正しい原子配列で組み立てられている固体を変形させようとすれば，隣り合う原子の原子核や電子の間に作用している電気力による強い抵抗を受ける．そのため，原子の位置は力エネルギーの底点近傍の弾性域から容易に抜け出ることができず，固体に塑性変形を生じさせるにはきわめて大きい力を必要とする．そして，この抵抗力が材料の巨視的な変形を抑え，固体の弾性と強度を作り出すのである．

　液体と気体は，固体とは違った物性と挙動を示す．**液体**（liquid）は，分子・原子を集合させようとする分子・原子間力が固体のそれよりも非常に弱いので，体積は形成するが形は形成しない．**気体**（gas）は，個々の分子・原子が固体や液体に比べて互いにはるかに離れていて，分子・原子の間に作用する電気力があまりにも弱いので，各分子・原子は互いに拘束し合うことなく自由に運動する結果，体積も形も形成せず，外からの影響によって自由自在に変化する．気体を閉じ込めた容器の内壁に作用する圧力は，分子・原子の質量と数と，それらが内壁

に衝突する際のはね返りの平均的速さなどから，正確に計算できる．

　固体，液体，気体間で分子・原子間に作用する力の性質に大きい差がある理由は，筆者の知る限りでは，現在の物理学ではまだよく説明されていない．しかし，筆者が本書でその発生機構を初めて明らかにした粘性の概念を用いれば，定性的ではあるが，これらの原子間力の差を生じる理由を説明する1つの仮説（力学モデル）を導くことができる．以下にこの仮説を紹介し，それに基づけば，**固体，液体，気体間の物性の違いが**，上記の電気力による分子・原子間力エネルギーに**よって説明できる**ことを述べる．

　まず固体について述べる．すべての物質を構成している原子は，図3.3における力エネルギー場の底点である平衡安定位置にじっと静止しているわけではない．固体に力学的な作用を加えない自由な状態では，その温度が絶対零度でない限り，図3.3における変曲点以近の範囲内で常に不規則に微小振動して（震えて）いる．固体の格子点における原子のこのような微小不規則振動を**格子振動**(lattice oscillation) といい，この状態を，熱励起されているという．

　固体中を音波が伝わるのは，この格子点の振動が波の形で固体中に広がっていくからである．われわれの耳には聞こえないが，固体は絶えず格子振動に起因する微弱な音を出し続けている．金属の電気抵抗は温度が高くなると大きくなるが，これは温度の上昇に伴い熱励起による格子振動が激しくなり，電子がより強く散乱され，電子の規則正しい移動が生じにくく（電流が流れにくく）なるためである．また固体の低温における比熱は絶対温度の3乗に比例するが，これも格子振動に起因する．さらに，格子振動は超伝導が起きる原因になっている．このように格子振動は，固体の物性と深いかかわりをもつ．

　原子の熱励起は温度が低いときには弱く，原子は，わずかに不規則振動しながら，原子間力エネルギー場の変曲点以近の狭い弾性域内で底点のきわめて近傍に存在する．そのために，隣接する原子は互いに力エネルギー場の底である格子点の距離と位置に拘束され，原子は整然と配列されている．これを結晶と呼ぶ．その結果，物質の体積と形の両者が正確に形成される．これが固体である．

　固体における原子間の力エネルギー場は，主に原子が電子を共有し合う共有結合により形成されるから，電気的に中性な原子同士が形成する図3.3のLJポテンシャルに起因する力エネルギー場よりもはるかに強力であるが，本質的にはこれと同種であり，同様の分布形状を有する．

この物質に対して，原子間を押し付けたり引っ張ったりする外力が作用する場合を考える．この外力による図 3.6 の安定中立点（底点）からの移動距離（変位）が格子点間の距離に比べて非常に小さければ，力エネルギー場の一次微分で表される力－変位曲線は近似的に直線とみなされる．これが微視的なフックの法則である．そして，外力が原子間を引き離す方向に作用する場合に，その外力が原子間力エネルギー場の変曲点以遠の距離まで原子を引き離すほど大きくないときには，原子間距離は変曲点以近の範囲内の変化に留まる．そしてその外力を取り去った後には，安定中立点である元の格子点に復帰し，原子配列は変化しない．これが**弾性変形**（elastic deformation）である．

外力がそれよりも大きい場合には，原子同士は，力エネルギー場の変曲点を越えて粘性域に入り，互いにすべり始める．そして，図 3.6 の不安定頂点を越えて，隣の格子点による力エネルギー場の支配域に入り，格子点 1 個分ずれた新しい安定位置（底）に自ら落ち込む．このずれが**塑性変形**（plastic deformation）である．

その途中で，元の力エネルギー場と新しい力エネルギー場の接続点である不安定頂点を越えるまでの間に，外力からなされた仕事により得られた力エネルギーは，新しい力エネルギー場の底点に落ち込むときに，原子の微小不規則振動のエネルギーに変わる．このようにして，外力によってなされた仕事が，原子を熱励起するのである．この熱励起は，周辺の原子に伝播し広がっていく．これを巨視的に見れば，外力仕事によって得られた力学的エネルギーが熱エネルギーに変換され，散逸することになる．このように，塑性変形はわずかな温度上昇を伴う．

図 3.4 の実線からわかるように，底点以近では原子間距離のわずかな減少に対して斥力が急増し，強い硬化非線形弾性になる．一方底点以遠では，原子間距離の増加と共に引力が増大する割合は減少していくから，軟化非線形弾性になる．すなわち，原子同士は近づきにくく遠ざかりやすいのである．このような場で温度が上昇し不規則微小振動が増大すると，原子の平均位置は底点以遠に移動する．こうして，物質を構成する全原子間距離は一様に増大し，その結果物質の巨視的体積がわずかに増加する．これが物質の**熱膨張**（thermal expansion）である．

この平均位置が力エネルギー場の変曲点 b の距離を越えると，原子を支配する力学特性は，弾性ではなく粘性になる．このような状態の物質は，わずかな作用力をきっかけに自発的に原子間のすべりを生じ，原子の相対位置が容易かつ自由に変化するようになる．したがって，もはや物質は形を形成できず，自由に流

動し変形し，常に最も存在しやすい形に自在に変化する．これが**溶解**（melting）である．1か所が溶解すると，原子間力の均衡が崩れてなだれ現象が生じ，溶解は一気に拡大する．その際に物質は，それを構成する全原子の不規則振動を，この自発的原子間すべりに必要な平均振幅にまで急成長させるために必要な熱エネルギーを吸収する．これが**溶解熱**（melting heat）である．

しかし，この段階における**熱励起振動の平均振幅は，周辺の原子間力エネルギーによる拘束をすべて振り切るほど大きくはないので，原子間引力による距離の相互拘束は存在する**．そして，固体のときよりも平均の原子間距離が増大し，弾性域を越えて粘性域に入るから，巨視的に見ると固体のときよりも若干膨張するものの，体積は保持し続ける．これが**液体**（liquid）である．

このように**液体は，形は形成しないが体積は保持するので，一定体積のまま自由に移動し変形する**．例えば重力下では，自身の重さのために高度の低いほうに自発的に流れ落ちる．そして，静止状態における表面は，重力が形成する力エネルギー場の等力エネルギー面である水平面を保つ．

個々の原子が有する微小振動の運動エネルギーの大きさは，統計的性質を有し確率分布に従っており，不規則振動によって生じる原子間距離の増加はあくまでも平均的なものである．したがって，**全体的には原子が力エネルギーの粘性域内に距離拘束されている液体においても，不規則振動の振幅が平均値よりもはるかに大きく熱励起されている原子は，確率的には必ず存在し，それらは原子間引力から解放されて離れ去る**．これが液体表面からの**蒸発**（evaporation）である．

原子間結合力が，中性原子間のvW引力のように弱い場合には，物質は常温でも液体や気体になるが，極性原子間の共有結合のように強い場合には，多くは常温では固体であり，高温で初めて溶解し液体となる．

液体の状態にある物質から熱を奪って温度を下げると，分子・原子の熱励起による不規則振動は弱くなり，その平均振幅が減少して力エネルギー場の弾性範囲内に収まる．これが**凍結**（freezing）である．結晶が成長する時間がないほど速く凍結すれば，例えば氷のような非結晶の**ガラス状態**（glassy state）の固体になる．ガラス状態にある液体に，原子間距離を引き離す方向に何らかの外力が作用し，その外力が力エネルギーの影響域から原子を解放させるのに十分な大きさになると，もともと**液体は固体のように格子結晶構造をもたず，またガラス状態では原子同士の再配列ができないので，原子同士は塑性変形を経ることなく分離し**

てしまう．これが非結晶構造の**脆性破壊**（brittle fracture）である．また蒸発現象は，結晶による原子・分子間拘束がない凍結液体表面でも生じる．

　温度がさらに上昇して，ほとんどすべての原子が図 3.3 に示す力エネルギー場の底点から無限遠点に至るまでのエネルギーの差以上の運動エネルギーをもつようになると，**微小不規則振動の平均振幅が原子間引力の支配域を越えて不規則運動に変わるため，原子は互いの拘束から解放され，勝手な方向に自由に飛び去って離れていってしまう．したがって物質は，形も形成せず体積も保持しなくなり，限りなく拡散する．**これが**気体**（gas）である．ただし気体といえども，外圧力によって有限空間内に閉じ込められているか，または地球表面の空気層のように自重の圧力によって拘束されている場合には，原子間の平均距離は力エネルギー場の粘性域内に保たれ，粘性を有する．

　固体・液体・気体の物性の違いは，固体が弾性に，液体が粘性に，気体が不規則運動に支配されていることに由来する．弾性と粘性は，共に原子間力エネルギーが有する力学的性質であるが，両者の違いは，**分子・原子間の平均距離の違いであり，平均距離が図 3.3 の変曲点を越えなければ弾性，越えれば粘性となる．**

　これまでは主に，物質が原子群によって構成されている場合について述べてきたが，分子群によって構成されている場合にも，同様な現象が現れる．ただし，**高分子**（polymer）のように 1 個の分子を構成する原子数が非常に多い場合には，非結晶部分と微結晶部分の混在や分子鎖のもつれによる物理架橋などの高分子特有の力学的性質を生じ，それが粘性に大きい影響を与えるために，ガラス転移領域やゴム領域のように，粘性の発生機構が低分子よりも複雑になる．また弾性も，**エネルギー弾性**（energy elasticity）と**エントロピー弾性**（entropy elasticity）が混在して，複雑な物性を発現する．ここでエントロピー弾性とは，高分子鎖が最も存在確率の高い形状である球形になろうとするために生じる弾性である．例えば，1 本の長く軽くしなやかな糸に無数の蝉をつなぎ，糸を直線に伸ばした状態から離すと，蝉はそれぞれ互いに無関係に勝手な方向に飛び去ろうとして不規則に暴れる結果，全体的には必ず球形になる．しかし，粘性の発生機構は，高分子の場合にも原子や低分子の場合と本質的には変わらない．

　このように，**筆者が本章で提示する粘性の発生機構を用いれば，固体・液体・気体間の物性の相違や相変換が，**定性的にではあるが，明解に説明できる．

4. 力学法則

4.1 ニュートンの法則

　ニュートン（Sir Isaac Newton, 1642-1727）は，著書『プリンキピア』（1687）において，次の3法則を「力学の公理または運動の法則」として提唱した[1]．
　（法則1）　すべての物体は，その静止状態を，あるいは直線上の一様な運動状態を，外力によってその状態を変えられない限り，そのまま続ける．
　（法則2）　運動の変化は，及ぼされる駆動力に比例し，その力が及ぼされる直線の方向に行われる．
　（法則3）　作用（力）に対し反作用（力）は常に逆向きで相等しい，あるいは2物体間の相互の作用（力）は常に相等しく逆向きである．
　これらは，当時の力学認識のもとに行われたものであり，それなりの未完成さが見えるが，この提唱こそが**古典力学**（classical mechanics）の出発点であり，後にニュートンの法則と呼ばれるようになった3法則である．以下にこれらについて，現在の立場から説明を加える．
　法則1は，**慣性の法則**（law of inertia）と呼ばれるものである．ここで，直線上の一様な運動状態とは，大きさと方向の両者に関して一定の速度を意味する．
　法則1は，すでにガリレイ（Galileo Galilei, 1564-1642）が，斜面上の物体の運動と振子の運動に関する実験的・理論的研究から得ていたものであり，ガリレイの慣性の法則ともいう．また，ガリレイよりも100年も前のレオナルド・ダ・ヴィンチ（Leonardo Da Vinci, 1452-1519）は，すでにこの法則を知っていたといわれている．ガリレイは，これを単なる運動の実験的事実として認識し，その原因については考察しなかった．これに対してニュートンは，この原因がすべての物体に内在する固有力という力にあるとし，これを力と運動の関係を表す力学的法則のうちの法則1として位置付けた．
　ニュートンは，**絶対空間**（absolute space）の存在を前提として，法則1を提唱

した．一方マッハ（Ernst Mach, 1838-1916）は，「物理学で扱う概念や法則には，それらを見出すための方法と実際にそれを確認する手段が与えられることが必要である」と指摘した．絶対空間についてはこのような方法も手段もないので，現在の力学では絶対空間というものは考えない．そして物体の運動（位置・速度・加速度）は，天体や地表の固定物のような他の物体に固定した基準の座標系を考え，それからの相対運動によって決められる．基準となる物体は，どの座標系を作用すれば力学現象がより簡潔・明快に記述できるかによって選ぶ．これが**慣性座標系**（inertia coordinate system）または**慣性系**（inertia system）または**ガリレイ系**（Galilei system）であり，自然界のどの物体が慣性座標系の基準であるかを具体的に決めて，初めてこの慣性の法則が実験法則として成立するのである．慣性の法則を，慣性座標系の存在の根拠と考えるべきではない．

　法則2は，**運動の法則**（law of motion）と呼ばれるものである．ここで運動の変化とは，大きさと方向のうちどちらか一方または両方の速度変動を意味する．

　ニュートンは，力というものを，外からの作用に抗して物体の静止または定速度運動の状態を保存しようとする固有力（外からの作用力ではなく，物体が元来内蔵しているか，あるいは作用力によって物体内に注入され作用力を取り去った後も保存される力）と，外から作用し物体の運動状態を変化させようとする駆動力の2種類に分けられると考えていた．したがって，この法則2では駆動力という言葉を使用し，固有力による法則1と駆動力による法則2は，互いに異なる2種類の力による別の法則であるとして，両者を個別に提唱したのである．表4.1に，ニュートンが提唱した力の概念とそれを支配する力学法則の関係を示す．

　後にオイラー（Leonhard Euler, 1707-83）は，力に対するこの見方を否定し，状態維持の原因は力ではなく物体本来の性質（慣性）であり，駆動力だけが力であるとすることによって，法則2を力と加速度の関係を表す法則として確立した．そして，法則1は法則2に含まれ，力が零である場合の法則2の特例であるとした．しかし，法則1でいう慣性という物質の性質の話は法則2には出てこないから，法則1が法則2とは別に必要であることに変わりはない，とした．

表4.1　ニュートンによる力の種類と力学法則

力の種類	力の働き	該当する力学法則
固有力	物体に内在し状態を保つ	慣性の法則
駆動力	外から作用し状態を変える	運動の法則

力というものの正体は，現在ではわかっていない．古典力学では，結果として生じる加速度を用いて法則 2 を解釈することによって，力を次のように考えている．「物体が慣性系に対して加速度をもつときには，必ずその物体に接触して，またはその付近に，他の物体（地球や太陽や電気を帯びた物質や磁石など）がある．このとき，他の物体から考えている物体に力が作用している，という．そして，力の方向は加速度の方向に一致しているものとし，力の大きさは加速度の大きさに比例するように決めるものとする．」これは，力という原因を加速度という結果で規定することを意味する．例えば，温度を液体の体積膨張で測ったり，応力をひずみゲージを用いて測ったりするのと同じことである．しかし，運動の法則を，力を定義するもの，と考えるべきではない．力の正体は，運動の法則とは別に存在するのである．

法則 3 は，**作用反作用の法則**（law of action and reaction）と呼ばれるものである．2.2 節で記述したように，在来の古典力学は「力が作用して運動が生じる」という片方向の因果関係のみを前提として構成されている．したがって，法則 3 の作用と反作用は共に力であることを，暗黙の前提としている．この法則 3 については，4.5 節で詳しく説明する．

4.2　筆者が提唱する法則

4.2.1　力学法則の対称性

先にも述べたように，**物理法則の正当性は，まず実験と合うかどうかを基準として判断される．もう 1 つの判断基準は，法則の対称性**（symmetry of law）である．自然界は対称であるように思われる．例えば，ベクトルの理論では，座標軸を回転しても運動の基本法則は変わらない．また，特殊相対性理論において，**ローレンツ変換**（Lorentz transformation, 1904：Hendrik Antoon Lorentz, 1853-1928）に従って空間変数と時間変数を変えても，基本法則は変わらない[4]．

ニュートンの法則は，物質を質量（力を受けて速度を出す力学特性）とみなし，「力が原因として作用し運動が結果として生じる」という，物理事象の因果関係に対する有史以来現在まで誰も疑問をもたなかった一般認識に基づいて，質量と状態量の関係を規定する法則である．

これに対して筆者は 2.2 節で，この片方向のみの因果関係に対する疑問を呈し，

自然界が対称であるならば力学も対称であり,「速度が原因として作用し力が結果として生じる」という従来とは逆の因果関係も同時に力学の中に存在し,両者が結びついて因果関係が閉じるはずである,ことを主張した．この主張が正しければ,質量とは逆に速度を受けて力を出すことによってこの新しい因果関係を演じる力学特性が,物体には存在するはずである．さらに,ニュートンの法則を中核とする在来の古典力学は自然界の対称性から見て不完全であり,従来とは逆の因果関係に基づいて自然界を支配する力学法則が,ニュートンの法則とは別に存在するはずである．

2.2 節で述べたように,**物体に運動が原因として作用し力が結果として発生するというような概念は在来の力学には存在せず,当然それに関する法則もない**,と一般には思われている．しかしこれは間違っており,フックの法則（Hooke's law：Robert Hooke, 1635-1703）こそが,このような因果関係の世界の扉を開こうとした萌芽であった,と筆者は考えている．

フック自身はもちろん,現在に至るまでのすべての力学者は,フックの法則に対してこのような認識はまったくもっていなかった．そしてこれまで,フックの法則はニュートンの法則とは無関係であり,それは基本的には静力学を支配する法則であり,動力学はもっぱらニュートンの法則が支配する世界である,と見られていた．また,フックの法則を演じる剛性（本書ではこの逆数である柔性を採用している）は,基本的には静的現象を演じる特性であり,動的現象の主役は質量であり剛性（柔性）は脇役,とされていた．

このように,これまで,質量の静的機能に関するニュートンの第 1 法則とその動的機能に関するニュートンの第 2 法則に対応する,柔性の静的機能と動的機能に関する明確な概念や法則が存在しなかったことが,物体の本質は柔性ではなく質量である,という現在の力学における一般常識を生んだ．

本書では,物体の力学的性質に関する基本概念を「**物体は,力学的エネルギーの均衡状態ではそれを保とうとし,またその均衡が乱されたときには均衡状態に復帰しようとする**」としている．そしてこのことが,力学的エネルギーの瞬時値であるパワーを構成する力と速度に関して双方向に成立することから,**力と速度という 2 種類の状態量,および質量と柔性という 2 種類の力学特性は共に,力学的エネルギーに関して対等・対称・双対の関係にある**,としている（2 章と 3 章で既述）．

4.2 筆者が提唱する法則　　　　　　　　　　　71

　この考えを力学法則に拡張して適用し，「力学を支配する法則は力学的エネルギーに関して対等・対称・双対である」とみなすことは，自然であろう．この観点からすれば，質量が主役で力が原因で運動が結果のニュートンの法則だけが支配法則ではなく，**柔性が主役で運動が原因で力が結果の法則が，必ず存在するはずである**．また，従来互いに無関係とされていたフックの法則とニュートンの法則の間には何らかの関係があり，両者を統一する法則の体系化が可能なはずである．これが力学に対する筆者の基本的認識である．

4.2.2　新しい法則

　以上の理由から，**筆者は本書において，「速度が作用して力が生じる」という従来とは逆の因果関係が力学に存在することを主張し，この因果関係を有し慣性の法則および運動の法則とそれぞれ双対関係にある，2つの新しい力学法則を提唱する．また同時に，作用反作用の法則が力のみではなく速度に対しても成立することを主張し，これを第3の新しい法則として提唱する．**

　筆者は，すでに誰でも知っており正当性を認めているが，これまでは誰も力学の法則であるという認識はまったくもっていなかった，当たり前の一般常識をあえて取り上げ，それが力学法則である，と主張しているだけであり，フックやニュートンのように，未知現象や新原理を発見し法則として確立しようとしているのでは毛頭ない．筆者が法則であると主張する当たり前のことを発見したのは，もちろん筆者ではなく過去の偉大な諸学者である．

　筆者が提唱するのは，次の3つの法則である．

　（法則1）　**柔性の法則**（law of compliance）：**速度が作用しない物体は力を保有しないか一定の力を保有する．**

　（法則2）　**力の法則**（law of force）：**速度が作用する物体は作用速度に比例する力変動を生じる．**

　（法則3）　**速度の作用反作用の法則**（law of action and reaction of velocity）：**作用速度に対し反作用速度は常に逆向きで大きさが等しい，あるいは2物体間の相互の作用速度は常に大きさが等しく方向が逆である．**

　ここで比較のために，ニュートンの3法則を再び記述する．

　（法則1）　**慣性の法則：力が作用しない物体は速度を保有しないか一定の速度を保有する．**

（法則 2）　**運動の法則：力が作用する物体は作用力に比例する速度変動（加速度）を生じる．**

（法則 3）　**力の作用反作用の法則：作用力に対し反作用力は常に逆向きで大きさが等しい，あるいは 2 物体間の相互の作用力は常に大きさが等しく方向が逆である．**

　筆者が提唱する 3 法則において力と速度の言葉を互いに入れ替えれば，そのままニュートンの 3 法則になる．これは，力と速度という互いに双対の関係にある 2 状態量に関して，両 3 法則が互いに双対の関係にあることを，意味する（表 4.2 参照）．

　筆者が提唱する 3 法則は，ニュートンの法則が支配する「力が作用して速度が生じる」という在来の力学における因果関係とは逆の，「速度が作用して力が生じる」という新しい因果関係を支配する法則である．これら両 3 法則が共に存在し互いに補完しあって初めて，力学の対称性が確保され，物理事象の因果関係が閉じ，「原因のない結果はない」という自然法則が成立するのである．

　筆者が提唱する 3 法則のうち，**柔性の法則は，質量の静的機能を表す慣性の法則**（law of inertia）**と双対の関係にあり，柔性の静的機能を表すものである．**また，**力の法則は，質量の動的機能を表す運動の法則**（law of motion）**と双対の関係にあり，柔性の動的機能を表すものである．**力の法則において作用速度を零とすれば柔性の法則になるから，柔性の法則は力の法則の一部とみなすこともできる．しかし，力の法則は柔性の静的機能には言及していないから，このことによって柔性の法則の必要性が損なわれることはない．

　本節で筆者が提唱する柔性の法則と力の法則は，いずれもまったく当たり前の事実であり，物理法則の正当性の判断基準である実験結果との合致は，当然成立する．これらをあえて法則と呼ぶのは，これらがそれぞれ慣性の法則および運動の法則と双対の関係にあるからである．外力を受けない物体は止まったままか等速直線運動を続ける，という慣性の法則がまったく当たり前の事実であることからわかるように，法則というものは当たり前の事実なのである．

　ニュートンの慣性の法則と運動の法則は，力から速度への因果関係を表す法則であり，物体を質量とみなしている．これに対して筆者が提唱する柔性の法則と力の法則は，速度から力への因果関係を表す法則であり，物体を柔性とみなしている．これらニュートンの法則と筆者の法則の両者が存在し補完し合って初めて，

4.2 筆者が提唱する法則

表 4.2 力学の基本法則

	ニュートンの法則		筆者が提唱する法則
法則 1	慣性の法則	←(双対)→	柔性の法則
法則 2	運動の法則	←(双対)→	力の法則
法則 3	力の作用反作用の法則	←(双対)→	速度の作用反作用の法則

質量と柔性からなる物体の力学的挙動を完全に記述でき，物理事象の閉じた因果関係を完全に表現できるのである．

表 4.2 に，ニュートンの法則と筆者が提唱する法則の相互関係をまとめて示す．

質量 M を用いて，ニュートンの運動の法則を式で表せば

$$f = M\dot{v} \tag{4.1}$$

であり，柔性 H を用いて，筆者が提唱する力の法則を式で表せば

$$v = H\dot{f} \tag{4.2}$$

である．一方，剛性 K を用いたフックの法則

$$f = Kx \tag{4.3}$$

を時間で微分すれば

$$\dot{f} = K\dot{x} = Kv \tag{4.4}$$

であり，これに剛性と柔性の関係である $K = 1/H$ を代入すれば，力の法則である式 (4.2) を得る．このように，**筆者が提唱する力の法則は，フックの法則を時間で微分したものにほかならない．**

式 (4.3) のフックの法則を，柔性を用いて表せば

$$x = Hf \tag{4.5}$$

一方，古典力学における**運動量** (momentum) の定義式は

$$p = Mv \tag{4.6}$$

力 f と速度 v という状態量は互いに双対関係にあるから，それらを時間で積分した運動量（力積）p と位置（速度積）x という**状態積** (state integral) も，互いに双対関係にある．また，3.3 節で述べたように，質量 M と柔性 H は互いに双対の関係にある．したがって式 (4.5) と (4.6) は互いに双対の式であり，**フックの法則と運動量の定義式は互いに双対の関係にあることがわかる．**

このように，筆者による 3 つの新しい力学法則の提唱によって，これまで無関係とされていたフックの法則とニュートンの法則を互いに関係付けることがで

き，また力学の諸法則を対称性・相補性・双対性を有し調和のある形に整理できる．そして，従来の力学に欠けていた所が新たに補完され，力学の筋を通し，それを本来あるべき自然な姿に変えることができるのである．

ここで「作用」の意味について説明する．ニュートンの法則1と2中の作用は力が不釣合で力学的エネルギーが流動する場合にのみ成立するのに対し，法則3中の作用は力の釣合の成否とエネルギー流動の有無には関係なく力が存在するあらゆる場合に成立する．例えば，質量に加わる2力が釣り合って和が零になる場合には，質量には力が作用せず，質量は法則1に従って等速直線運動をするが，法則3中の作用力と反作用力はこれら2力の各々に存在する．

速度についても同様のことが言える．筆者の法則1と2中の作用は速度が不連続で力学的エネルギーが流動する場合にのみ成立するのに対し，法則3中の作用は速度の連続の成否とエネルギー流動の有無には関係なく速度が存在するあらゆる場合に成立する（4.7節参照）．例えば，柔性両端の速度が同一である剛体運動では，柔性には（相対）速度が作用せず，柔性は法則1に従って一定の力を保有するが，法則3中の作用速度と反作用速度は両端の速度ごとに存在する．

4.3 運動量の法則と位置の法則

4.3.1 歴史的背景

運動量に関する歴史的背景の概要は，およそ次のようなものである．

運動量の概念はデカルト（René Descartes, 1596-1650）によって提唱されたといわれている[1]が，明文化された形で残っているものとしては，ニュートンの『プリンキピア』に記述されている次の定義が初めてであると思われる．「運動量とは，速度と物質量をかけて得られる，運動の測度である．」（文献2, p.64）

一方，本章の冒頭に記したように，ニュートンの法則2には運動の変化とあり，変化率とは述べられていない．ニュートンの時代には微分という概念がまだはっきり確立されていなかったので，ニュートンの法則2は微分方程式

$$M\frac{dv}{dt} = f \tag{4.7}$$

ではなく，現代用語でいえば力積と運動量の関係式

$$\Delta(Mv) = f\Delta t \tag{4.8}$$

に質量は一定不変であるという古典力学の仮定を導入したものであるといえる．このことから，本章の冒頭に記したニュートンの法則2は「運動量の変化は力積に等しい」ことであると解釈できる．これは，式（4.7）の積分形で表現される**運動量の法則**（law of momentum）にほかならない．

現在一般的には，ニュートンは運動の法則を提唱し，後にそれを積分することによって運動量の法則が生まれた，と考えられている．しかし式(4.8)は，ニュートンが提唱した法則2は運動量の法則そのものである，とみなすことができることを示している．

これに関してマクスウェル（James Clerk Maxwell, 1831-79）は，著書『物体と運動』（1877）において，「ニュートンの言う駆動力は現在言う撃力（impulse＝力積）であり，力の強さだけではなく，力が働く持続時間も考慮に入れられている．」（文献1, p.12）と述べている．またラグランジュ（Joseph Louis Lagrange, 1736-1813）は，著書『解析力学』（1788）において，「一般に力とは，どのようなやり方であれ，その力が作用していると考えられる物体を運動させる原因，もしくは運動させようとする原因のことと解される．それゆえ力は，その生成された運動ないし生成されようとする運動の量によって評価されるべきである．」（文献2, p.296）とした．これは，**力の効果は運動量によって評価される**，という意味である．力と速度，運動量と位置はそれぞれ双対関係にあるから，これは，**速度の効果は位置によって評価される**，ことと双対の概念である．

アインシュタイン（Albert Einstein, 1879-1955）の相対性理論によれば[4]，速度 v が変化すると質量 M は次式のように変化する（式（2.3））．

$$M = M_0 \left(1 - \frac{v^2}{c^2}\right)^{-1/2} \tag{4.9}$$

ここで，M_0 は速度が零のときの質量であり，c は**光の速さ**（speed of light ＝ 299792458 ms^{-1}）である．力とは運動量 p の変化である，というニュートンの法則2を式で表現すれば

$$f = \frac{dp}{dt} = \frac{d(Mv)}{dt} \tag{4.10}$$

したがって相対性理論における運動量は，式（4.9）を用いて

$$p = Mv = M_0 v \left(1 - \frac{v^2}{c^2}\right)^{-1/2} \tag{4.11}$$

式 (4.11) が，ニュートンの法則に対するアインシュタインの修正式であり，作用と反作用が等しいなら，このように修正した質量を用いた運動量保存の法則は，相対性理論においても成立する．このように**質量は，相対性理論では速度の関数であり状態量に依存する量であることから明らかなように，物質の本質を表現する基本量ではない．質量は状態量に影響されない物質の基本量であるというのは，古典力学における近似である．**

量子力学では，質量の意味は古典力学とまったく異なったものになる[4]が，運動量の概念は存在する．すなわち，粒子を粒子と考えれば運動量は Mv であるが，粒子を波動と考えれば運動量は 1 cm 当たりの波数で測定され，波数が大きいほど運動量は大きい．また量子力学では，$F=M\dot{v}$ の関係は成立せず，ニュートンが運動量保存について導き出したことはすべてが正しくはないが，それでも運動量保存の法則は成立する[4]．例えば，電子のように小さい粒子と，X 線のようないわゆる電磁波との相互作用では，X 線は粒子として働く．そして，その振動数を λ とすれば，X 線の粒子すなわち光子は，次式で表される運動量をもつ[7]．

$$p_c = \frac{h\lambda}{c} \tag{4.12}$$

ここで，h は**プランク定数**（Planck's constant $= 6.6260755 \times 10^{-34}$ [Js]）である．そして，電子の運動量と光子の運動量を加えたものは保存される．ただし，電子の速度は大きく，古典力学がそのまま適用できないので，この場合の運動量は相対性理論によって決めなければならない．このように，量子力学においても運動量保存の法則は成立するのである．

4.3.2 運動量保存の法則

古典力学では，**運動量保存の法則**（law of momentum conservation）は，次のように運動の法則と作用反作用の法則から導くことができる．

物体 1 と 2 が互いに力を及ぼし合っており，他から何の力も受けていないとする．物体 1 と 2 の質量を M_1 と M_2，速度を v_1 と v_2 とし，物体 2 から物体 1 に及ぼす力を f_{21}，物体 1 から物体 2 に及ぼす力を f_{12} とすれば，運動の法則は

$$M_1 \frac{dv_1}{dt} = f_{21}, \quad M_2 \frac{dv_2}{dt} = f_{12} \tag{4.13}$$

これら 2 力は同一力の表裏であり，作用反作用の法則から $f_{21} = -f_{12}$ であるから

4.3 運動量の法則と位置の法則

$$M_1 \frac{dv_1}{dt} + M_2 \frac{dv_2}{dt} = 0 \tag{4.14}$$

質量が時間によって変化しないとして，この式を時間で積分すれば，運動量保存の法則が次のように得られる．

$$M_1 v_1 + M_2 v_2 = \text{一定} \quad \text{すなわち} \quad p_1 + p_2 = \text{一定} \tag{4.15}$$

多数の物体間の相互作用においても，それらを1つの系と見るときには，系を構成する物体間に作用するすべての内力は互いに打ち消し合うので，外から系に働く外力が存在しない限り，系の全運動量は変化しない．外力が存在する場合には，すべての外力の和は全運動量の変化率に等しい．

前にも述べたように，質量の保存は古典力学における近似概念であり，相対性理論と量子力学では成立しない．**質量は古典力学では不変の基本量とされているが，物理学では保存される量ではないのである．**それに対して運動量の保存は，相対性理論と量子力学の両方においても古典力学と同様に成立する．

一般に物理学では，保存される量が大切な役目をもつ．力学で現在知られている保存される量は，エネルギーと運動量と角運動量である．エネルギーの保存はいつ実験しても同じ結果が得られるという力学の基本原理，運動量の保存はどこで実験しても同じ結果が得られるという力学の基本原理，角運動量の保存はどちらを向いて実験しても同じ結果が得られるという力学の基本原理と，それぞれ密接に関係している．

古典力学では一般に，基本法則はニュートンの3法則であり，式(4.13)～(4.15)に示したように，運動量保存の法則はニュートンの運動の法則と力の作用反作用の法則から導かれる法則である，として説明されている．もちろんこのことは正しいが，**運動量保存の法則は，エネルギー保存の法則と同様に，ニュートンの運動の法則よりも基本的かつ一般的な法則なのである．**

従来われわれは，運動量すなわち速度，と考えているが，これは，質量が物質の基本量であり状態量に関係なく不変の定値をとる，という暗黙の認識からきている．しかしこれは古典力学における近似であり，例えば式(4.9)のように，質量は速度に依存して変化する量であるから，**運動量と速度は必ずしも同じものではない．**したがって**運動量を，質量×速度とみなすよりも，「力は，生成された運動ないし生成されようとする運動の量によって評価されるべきである．」**(文献2, p.296)というラグランジュの主張に従って，**力の蓄積（効果）を示す測度**と

みなすほうが物理学の観点からはより普遍的である，と考えられる．

このようにすれば，速度の蓄積（速度の時間積分＝速度積）である位置（変位）と，力の蓄積（力の時間積分＝力積）である運動量という2種類の状態積を，互いに双対関係にあるとして，対等に扱うことができる．そしてこのことは，速度と力を対等に扱うべきである，という筆者の提案と適合する．

一例として，質量 M と柔性 $H = 1/K$（K は剛性）からなる1自由度系の自由振動における力学的エネルギー保存の法則を，位置 x と運動量 $p = Mv$ で表現すれば

$$\frac{1}{2}Kx^2 + \frac{1}{2}Mv^2 = \frac{x^2}{2H} + \frac{(Mv)^2}{2M} = \frac{x^2}{2H} + \frac{p^2}{2M} = E \qquad (4.16)$$

ここで，E はこの系が有する全力学的エネルギーである．この式を変形して

$$\frac{x^2}{(\sqrt{2HE})^2} + \frac{p^2}{(\sqrt{2ME})^2} = 1 \qquad (4.17)$$

したがって，力学的エネルギー保存の法則は，位置 x を横軸に，運動量 p を縦軸にとった平面内において楕円として図示できる．また式（4.17）のように，力学的エネルギー保存の法則を位置と運動量を用いて表現すれば，質量と柔性に関しても対称性を有する形で記述できる．

量子論において，ハイゼンベルグの不確定性原理として一般に知られている式（2.1）は，より基本的な式（2.2）に，質量は定数である，という古典力学における近似概念を導入した式であった．これと同様なことが，力学的エネルギーを表現する式（4.17）についてもいえる．すなわち，質量は定数であるという古典力学における近似概念と式（4.6）の関係を式（4.17）に導入すれば，位置を横軸，速度を縦軸にとった位相平面における力学的エネルギー保存の法則の表現式

$$\frac{x^2}{(\sqrt{2E/K})^2} + \frac{v^2}{(\sqrt{2E/M})^2} = 1 \qquad (4.18)$$

になる．式（4.18）は，在来の工学系力学におけるおなじみの式である．

このように古典力学でも，位置と運動量を使って物体の状態を表したほうが，位置と速度を使うよりも，一般的な扱いができることがある．

4.3.3 新しい単位系

以上のことに関連して，力学における**単位系**（unit system）に関する筆者の新

しい考え方を述べる．在来の力学における基本量は時間と空間と質量であることから，現在の国際標準（SI）では，基本単位系が s（秒），m（メートル），kg（キログラム）と決められている．これらを用いれば，力学における他の主要量の単位は，状態量としては力が $N = kgm/s^2$，速度が m/s，モーメントが kgm^2/s^2，角速度が $1/s$ になり，状態積としては運動量が kgm/s，位置が m，角運動量が kgm^2/s，角が無単位になり，力学特性としては質量が kg，柔性が s^2/kg，剛性が kg/s^2，粘性が kg/s，慣性モーメントが kgm^2 になり，パワーが kgm^2/s^3，エネルギーが $Nm = kgm^2/s^2$ になる．

一般に単位系は，力学を構成する物理量の位置付けと相互関係を明確かつ容易に理解できる形に規定することが，学術的観点からは望ましい．しかし，上記のような従来の単位系からは，必ずしもこのことがはっきり見えていないように感じられる．これは，現在の国際単位系の基となっている基本物理量として，必ずしも最適なものを採用していないためではなかろうか，と筆者は考える．もしそうだとすれば，少なくとも時間と空間の独立性を前提とする古典力学の範囲内では，時間と空間を力学における基本量として採用するのは当然であるから，質量が基本量として最適なものではないのではなかろうか．

前述のように，質量が状態量に関係ない不変の定数であるというのは，古典力学における近似である．そこで，**質量の代わりに，それよりも本質的な量である運動量を基本量に選ぶ**ことを筆者は提案する．運動量は，力の効果を表す量であり，速度の効果を表し空間を代表する位置と双対の関係にある．したがって，基本物理量として用いることを疑う余地のない時間のほかに，同じ状態積として互いに双対である位置と運動量を基本単位量として選ぶことは，自然界の対称性の立場から見て，より正当であると考える．

これに従い，運動量の基本単位を仮に d（デカルト）としてみる．ここで，運動量の単位を d としたのは，運動量の発見者といわれているデカルトにちなんだ筆者のまったくの独断であり，単位として何らかの記号を用いる必要があるための行為以外には，何の意図も意味もない．このデカルト d を，現在の国際単位系を用いて定量化すれば，1 m/s の速度で移動しつつある 1 kg の質量が有する運動量が 1 d であり，1 d = 1 kgm/s になる．

このようにして，力学の基本単位系を s（秒），m（メートル），d（デカルト）とした上で，これらを用いて他の主要量の単位を記述してみると，状態量として

表 4.3　主要物理量の単位

		国際単位系	筆者が提案する新単位系
時間		*s（秒）	*s（秒）
状態量	力	kgm/s²（＝N）	d/s
	速度	m/s	m/s
	モーメント	kgm²/s²	md/s
	角速度	1/s	1/s
状態積	運動量	kgm/s	*d
	位置	*m	*m
	角運動量	kgm²	md
	角	—	—
力学特性	質量	*kg	ds/m
	柔性	s²/kg	ms/d
	剛性	kg/s²	d/ms
	粘性	kg/s	d/m
	慣性モーメント	kgm²	mds
パワー		kgm²/s³	md/s²
エネルギー		kgm²/s²（＝Nm)	md/s

s：秒, m：メートル, kg：キログラム, d：デカルト(新基本単位量：d＝kgm/s)
*基本単位量

は力が d/s, 速度が m/s, モーメントが md/s, 角速度が 1/s になり, 状態積としては運動量が d, 位置が m, 角運動量が md, 角が無単位になり, 力学特性としては質量が ds/m, 柔性が ms/d, 剛性が d/ms, 粘性が d/m, 慣性モーメントが mds になり, パワーが md/s², エネルギーが md/s になる.

表 4.3 に, 主要物理量の単位を, 国際単位系と筆者が提案する新しい単位系で表現し, 両者を対比する.

これらの新しい単位系を見ればわかるように, 質量の代わりに運動量を基本物理量に選べば, 単位の上で位置 m と運動量 d に関して対称性が保たれ, また力学における諸物理量の相互関係が単位として明確に現れる. このように, 質量の代わりに運動量を力学の基本量にとることによって, 現在の国際標準よりも自然界の対称性を素直に表現した, すっきりした単位系が得られる. ただし本論は, 現行の国際単位系の実用上の優位性を否定するものではない.

4.3.4　位置の法則

式 (4.8) に関して記述したように, ニュートンの原点に返って, 運動の法則

を「運動量の変化は力積に等しい」または「運動量の時間変化率は力に等しい」と表現し，これを式の形に表せば

$$p(t_2) - p(t_1) = \int_{t_1}^{t_2} f\,dt \quad \text{または} \quad \frac{dp}{dt} = f \tag{4.19}$$

ここで，$p = \int f\,dt$ は力積すなわち運動量である．

すでに述べたように，運動量と双対の関係にある量は位置であり，力積と双対の関係にある量は速度積である．したがって，ニュートンの運動の法則と双対の関係にある力の法則は，「位置の変化は速度積に等しい」または「位置の時間変化率は速度に等しい」という当たり前の言葉で表現できる．これを式の形に表せば

$$x(t_2) - x(t_1) = \int_{t_1}^{t_2} v\,dt \quad \text{または} \quad \frac{dx}{dt} = v \tag{4.20}$$

ここで，$x = \int v\,dt$ は速度積すなわち位置（変位）である．

一方，式（4.2）は

$$H\frac{df}{dt} = v \tag{4.21}$$

または

$$\Delta(Hf) = v\Delta t \tag{4.22}$$

と表現できる．式（4.21）は式（4.7）と，また式（4.22）は式（4.8）と，それぞれ双対の関係にある．

式（4.20）は，法則と呼ぶにはあまりにも当たり前の式であるが，同じく当たり前の式である式（4.19）が運動量の法則と呼ばれることから，それと双対関係にある式（4.20）を**位置の法則**（law of position）と呼ぶことにする．

「運動量の時間変化率は力に等しい」という式（4.19）の運動量保存の法則は，「位置の時間変化率は速度に等しい」という式（4.20）と同じ位自明で当たり前のことであり，質量が一定不変ではなく運動量が式（4.6）のように単純な形では表せない場合でも，もちろん成立する．

また，「外から速度が作用しない柔性系では位置は変化しない」という当たり前のことを**位置保存の法則**（law of position conservation）と呼べば，これは「外から力が作用しない質点系では運動量は変化しない」という運動量保存の法則と双対の概念になる．

このように運動量の法則・運動量保存の法則・位置の法則・位置保存の法則はすべて，力の作用反作用の法則・速度の作用反作用の法則（4.7節参照）と同様に，力学的エネルギー保存の法則の成立・不成立とは無関係に，力・速度が存在する場では常に成立する，自明で当たり前のことなのである．

4.4 衝突と連結

4.4.1 現象の対比

本節では，2物体間の相互作用について述べる．物体は，質量と柔性という2種類の力学特性を有する．質量は，速度を保有することはできるが，力を保有することはできないので，物体を質量とみなすときに，物体間の相互作用前後において問題になるのは，速度の変化のみである．したがって，この場合の物体間の相互作用は**衝突**（collision）として扱われる．

一方柔性は，力を保有することはできるが，柔性に対しては速度（一様移動速度）は力学的意味をもたないので，物体を柔性とみなすときに，物体間の相互作用前後において問題になるのは，力の変化のみである．したがって，この場合の物体間の相互作用は**連結**（connection）として扱われる．

そこで本節では，衝突と連結という2種類の現象を詳細に論じ，従来は無関係とされていたこれら両者が互いに双対関係にあることを示す．

まず衝突について述べる．在来の力学では物体を質量としているので，物体間の相互作用をもっぱら質量同士の衝突として扱っていた．

ニュートンは，球を壁にぶつけるときの衝突前後の速度比が，衝突速度にはほとんど関係なく，壁と球の性質によって決まることを発見した．このことは彼の著書『プリンキピア』に記されており，これをニュートンの衝突の法則という[7]．この比を**反発係数**（coefficient of restitution）といい，はね返り係数または回復係数ということもある．衝突の前と後の速さをそれぞれ v，v' とすれば，反発係数 e_{v0} は次式のように定義される．

$$e_{v0} = \frac{v'}{v} \qquad (4.23)$$

一般には $0 \leq e_{v0} \leq 1$ である．衝突前後の速度の大きさが変わらない $e_{v0} = 1$ の場合を**完全弾性衝突**（perfect elastic collision），球が壁と一体になりはね返らない e_{v0}

図 4.1 銃の発射 ($v_1>0$, $v_2<0$)

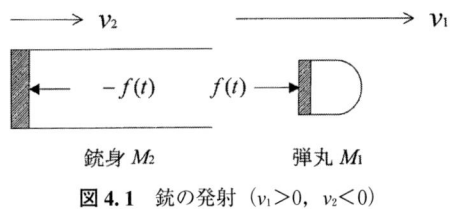

$=0$ の場合を**完全非弾性衝突**（perfect non-elastic collision）という．完全弾性衝突以外では，球だけを考えると衝突によって運動量は失われるように見えるが，壁を質量の大きい物体と考えれば，衝突前後で運動量は保存される．完全弾性衝突以外では，衝突によって力学的エネルギーは失われるが，壁と球の熱学的変化を考慮すれば，全エネルギーは保存される．

原子や分子の衝突は，完全弾性衝突にきわめて近い．衝突の際に爆発などが起きエネルギーが外から流入する場合には，$e_{v0}>1$ になることもある．これを第2種の衝突という．この場合には，力学的エネルギーは衝突によって増加する．

衝突のように，きわめて短い時間に質点に力が作用するときには，力が作用する時間内の各瞬間の運動状態を細かく考えることをせず，作用前後の運動量の変化だけを考えることが多い．以下に，その簡単な例として銃の発射を述べ，またそれと双対の関係にある2個の柔性（ばね）の連結の現象を紹介する．

図4.1に示すように，質量 M_1 の弾丸が装てんされ静止状態にある質量 M_2 の銃身からなる銃を発射する．これは，質量 M_1 と M_2 の2個の物体同士の衝突（第2種の衝突）に相当する．弾丸と銃の接触面に両者を放す**撃力**（impulse force）$f(t)$ を，銃から弾丸に与え，それを終えた直後に，弾丸の速度が v_1，銃身の速度が v_2 であったとする．撃力は内力であり外作用力は存在しないから，系全体の運動量は保存され，$M_1v_1+M_2v_2=0$．しかし，系を構成する各質量には撃力による運動量を生じる．運動量の法則から，両者に生じる運動量の大きさ p は

$$p = M_1v_1 = -M_2v_2 = \int f\,dt \tag{4.24}$$

となる．撃力終了後の自由状態における弾丸と銃身間の相対速度 v_r は

$$v_r = v_1 - v_2 \tag{4.25}$$

この現象と双対関係にある現象は，次の通りである．

図4.2に示すように，共に自由状態にあり力を有しない2個の柔性 H_1 と H_2 が，

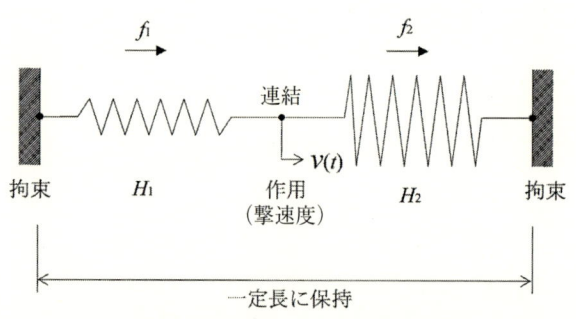

図 4.2 柔性の連結点に作用させる撃速度 ($f_1>0$, $f_2<0$)

連結（直列接続）されている．連結された柔性の両端を拘束（固定）し，全体を一定の長さに保ったままの状態で，中央の連結点に撃速度 $v(t)$ を与え，それを終えた直後に，柔性 H_1 の力が f_1，柔性 H_2 の力が f_2 であったとする．**撃速度**（impulse velocity）は内速度であり外作用速度は存在しないから，系全体の位置は保存され，$H_1 f_1 + H_2 f_2 = 0$．しかし，系を構成する各柔性には，撃速度による変位が生じる．位置の法則から，連結点に生じる変位の大きさすなわち連結点の位置変化 x は

$$x = H_1 f_1 = -H_2 f_2 = \int v\, dt \tag{4.26}$$

となる．撃速度終了後には作用速度が存在しないから，両柔性は共に拘束（固定）状態になる．このとき，連結点に作用し両柔性の拘束状態を保持する合力 f_r は

$$f_r = f_1 - f_2 \tag{4.27}$$

式 (4.24) と (4.26)，および式 (4.25) と (4.27) を比べれば，**質量の衝突と柔性の連結という一見無関係な 2 種類の現象が，互いに双対の関係にあること**が理解できる．

4.4.2 衝突の力学

図 4.3 に示すように，右端が自由な柔性の左端に接続した質量 M_1 と，左端が自由な柔性の右端に接続した質量 M_2 という，2 個の物体がある．これらが互いに独立した状態で，M_1 が M_2 を追いかけるように一直線上を運動しているとする．各物体の速度を v_1, v_2 ($v_1 > v_2$) とすれば，各物体の質量が衝突前に有する運動量は，それぞれ $M_1 v_1$, $M_2 v_2$ である．

図 4.3 2 個の物体の衝突

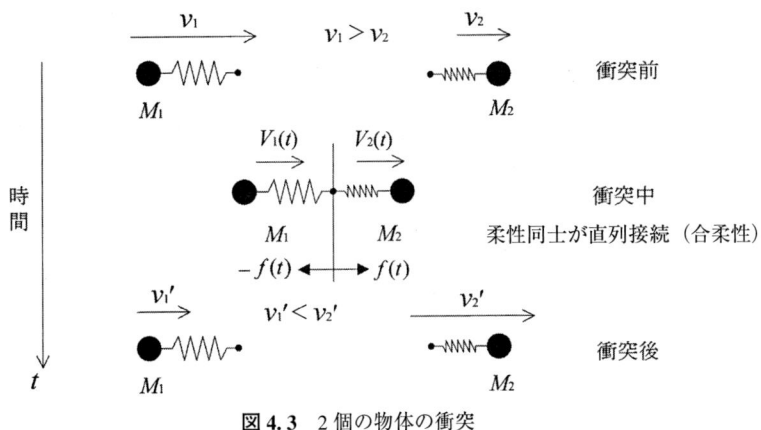

　以下に，衝突の開始から終了までの現象の推移を，図 4.3 を参照しながら，詳細に記述する．

　これら 2 物体は，互いに接近しやがて接触する．接触する瞬間には，両物体の柔性の自由端同士が接触し連結(直列接続)される．両柔性はこの直列接続によって同一の力を共有するから，両物体間では力が釣合になる．この接続され一体になった両柔性を合柔性と呼ぶことにする．両柔性が接続された瞬間には，合柔性の両端に結合されている両質量 M_1 と M_2 の速度は共に衝突前の v_1, v_2 のままである．したがって合柔性には，両質量からそれらの速度差に等しい相対速度 v_{12} $=v_2-v_1$（縮みであるから負値）が作用し，圧縮の力変動が発生する．

　接触後の時間経過と共に，合柔性の力変動は蓄積されて圧縮の柔性力を生じる．そうすると，合柔性の柔性力の反作用である復元力が両質量に作用して，両質量は互いに逆方向の速度変動（加速度）を生じる．この速度変動が蓄積されるにつれて，質量 M_1 は減速し，質量 M_2 は増速する．そして，両質量間の速度差が減少し，それにつれて合柔性に作用する相対速度の大きさが減少していく．

　やがて，両質量間には速度差がなくなり，合柔性の両端間の相対速度が零になる．その瞬間には，両物体は一体となって，全体が同一の速度 v_c で運動する．このとき合柔性は最も大きく縮み，圧縮柔性力の大きさが最大になる．

　両物体が接触している間は常に，大きさが等しく方向が互いに逆の復元力が，合柔性からその両端に結合されている両質量に作用し続ける．そして，両質量が同一速度 v_c になった直後から，両質量間にはそれまでの負とは逆の正の相対速

度が生じ，両質量間の距離はこれまでの減少から増大に転じる．そして，合柔性の力変動は圧縮から引張に逆転し，圧縮柔性力の大きさは増大から減少に転じる．両質量間の速度差の増大と共に，合柔性の圧縮力の大きさは減少していき，合柔性から両質量に作用する復元力も減少していく．

やがて合柔性の柔性力が零になり，その反作用力である復元力も零になる．その瞬間に両柔性は接続（直列接続すなわち連結）を解かれ，柔性は再び2個に分離する．こうして衝突は終了し，両物体は共に自由になり，互いに離れていく．

次に，この衝突現象を定式化する．

両物体の柔性同士が接続してから離れるまでの時間内の時刻 t における両質量の速度を，それぞれ $V_1(t)$，$V_2(t)$ とする．接続中に合柔性から質量 M_2 に作用する復元力を $f(t)$ とすれば，作用反作用の法則によって，質量 M_2 から合柔性に作用する力は $-f(t)$ であり，合柔性の直列接続における力の釣合によって，合柔性から質量 M_1 に作用する復元力は $-f(t)$ である．したがって運動の法則から，質量 M_1 と M_2 の運動方程式はそれぞれ

$$M_1 \frac{dV_1}{dt} = -f, \quad M_2 \frac{dV_2}{dt} = f \tag{4.28}$$

両質量は衝突中に変化しないとして，式（4.28）の両式を足し合わせれば

$$\frac{d}{dt}(M_1 V_1 + M_2 V_2) = 0 \tag{4.29}$$

両物体が接触した瞬間には，両質量の速度は衝突前のままであり $V_1 = v_1$，$V_2 = v_2$ である．この瞬間の状態を初期条件として，式（4.29）を時間積分すれば

$$M_1 V_1(t) + M_2 V_2(t) = M_1 v_1 + M_2 v_2 = 一定 \tag{4.30}$$

式（4.30）は，両物体が接触している間は，両物体の運動量の和である全運動量が，接触前の全運動量に等しい値に保存され続けることを意味する．式（4.28）〜（4.30）は，式（4.13）〜（4.15）と同一の式である．

衝突中に，両質量が同一の速度 v_c になり，両物体が一体化される瞬間には，$V_1 = V_2 = v_c$ であるから，式（4.30）から

$$v_c = \frac{M_1 v_1 + M_2 v_2}{M_1 + M_2} \tag{4.31}$$

衝突終了後の両物体の速度をそれぞれ v_1'，v_2' とすれば，それらは式（4.30）が適用できる最後の瞬間である接触終了時の速度に等しいから，式（4.30）に $V_1 =$

v_1', $V_2=v_2'$ を代入して

$$M_1v_1' + M_2v_2' = M_1v_1 + M_2v_2 \tag{4.32}$$

式（4.32）は，衝突の前後で運動量が保存されることを意味し，運動量保存の法則を表現している．

運動量に関する式（4.32）を，別の方法で導いてみよう．両物体の柔性同士が接触する瞬間を時間の開始点 $t=0$ とし，接触してから分離するまでの時間を τ とする．両質量に関する運動方程式（4.28）を，各々接触時間 τ にわたって積分すれば，左辺は衝突前後において各質量が有する運動量の変化になり，右辺は各質量に作用する力の力積になるから

$$\int_0^\tau M_1 \frac{dV_1}{dt} dt = \int_0^\tau M_1 dV_1 = \left[M_1 V_1\right]_0^\tau = M_1v_1' - M_1v_1 = -\int_0^\tau f\, dt \tag{4.33}$$

$$\int_0^\tau M_2 \frac{dV_2}{dt} dt = \int_0^\tau M_2 dV_2 = \left[M_2 V_2\right]_0^\tau = M_2v_2' - M_2v_2 = \int_0^\tau f\, dt \tag{4.34}$$

これら両式を足し合わせれば

$$(M_1v_1' - M_1v_1) + (M_2v_2' - M_2v_2) = 0 \tag{4.35}$$

式（4.35）は式（4.32）と同一である．

次に，衝突前の速度 v_1 と v_2 を与えて，衝突終了後の速度 v_1' と v_2' を求める．1 つの式（4.32）だけでは，これら 2 つの未知数は決まらない．そこで，ニュートンが玉を壁に衝突させる問題を考える際に提案した式（4.23）の反発係数の概念を，共に運動している 2 個の物体同士の衝突に拡張し，衝突前後の両物体間の相対速度の比の負値として，次式で定義される反発係数 e_v を導入する．

$$e_v = -\frac{v_2' - v_1'}{v_2 - v_1} \tag{4.36}$$

6.1.1 項で後述するガリレイの相対性原理によれば，衝突において力学的意味を有するのは相対運動のみであるから，この概念の拡張は力学的には何の問題も生じない．

両物体が有する柔性が完全弾性の場合には，$e_v=1$ になり，衝突前後で力学的エネルギーが保存される．完全弾性ではなく，片方または両方の柔性に何らかの力学的エネルギーの散逸機構が含まれる場合には，$1 > e_v \geq 0$ になる．

式（4.32）と（4.36）から，衝突終了後の速度は次のように求められる．

$$\left.\begin{array}{l}v_1'=\dfrac{M_1v_1+M_2v_2-e_vM_2(v_1-v_2)}{M_1+M_2}\\[2mm] v_2'=\dfrac{M_1v_1+M_2v_2-e_vM_1(v_2-v_1)}{M_1+M_2}\end{array}\right\} \quad (4.37)$$

柔性が完全弾性ではない場合には，衝突によって力学的エネルギーの一部が熱エネルギーに変換され散逸される．衝突による力学的エネルギーの損失 E_l は，各物体が有する運動エネルギーの損失の和になるから，式 (4.37) を用いて次のようになる．

$$E_l=\frac{1}{2}M_1(v_1^2-v_1'^2)+\frac{1}{2}M_2(v_2^2-v_2'^2)=\frac{M_1M_2}{2(M_1+M_2)}(v_1-v_2)^2(1-e_v^2) \quad (4.38)$$

これら 2 物体が共に，まったく柔性（弾性）をもたず質量のみからなる完全非弾性体である場合には，$e_v=0$ になる．そして，両物体は衝突によって一体となり，共に式 (4.31) で示される同一の速度 v_c で運動するから，$v_1'=v_2'=v_c$ になる．このとき力学的エネルギーの損失は最大になり，式 (4.38) に $e_v=0$ を代入して

$$E_l=\frac{M_1M_2}{2(M_1+M_2)}(v_1-v_2)^2 \quad (4.39)$$

となる．

完全非弾性衝突終了後に残存する力学的エネルギー E_r を求める．E_r は，衝突前の全運動エネルギーから衝突による力学的エネルギーの損失 E_l を引いたものであるから

$$E_r=\left(\frac{1}{2}M_1v_1^2+\frac{1}{2}M_2v_2^2\right)-E_l \quad (4.40)$$

式 (4.40) に式 (4.39) を代入すれば

$$E_r=\frac{(M_1v_1+M_2v_2)^2}{2(M_1+M_2)} \quad (4.41)$$

一方 E_r は，質量 M_1 と M_2 が完全非弾性衝突によって一体化して速度 v_c で動くときの運動エネルギーであるから

$$E_r=\frac{1}{2}(M_1+M_2)v_c^2 \quad (4.42)$$

式 (4.42) に式 (4.31) を代入すれば，式 (4.41) を得る．

完全非弾性衝突時の両質量の一体化による力学的エネルギーの損失 E_l を示す

式 (4.39) を，別の方法で求めてみる．

2つの質量 M_1 と M_2 の間の相対運動だけを対象にするときの換算質量 M_{12} は，すでに2体問題として式 (3.16) のように求められているから，この場合には

$$M_{12} = \frac{M_1 M_2}{M_1 + M_2} \tag{4.43}$$

一方，衝突する前のこれら2物体間の相対速度 v_{12} は

$$v_{12} = v_2 - v_1 \tag{4.44}$$

衝突前の相対運動だけによって両質量が有する力学的エネルギー E_{12} は

$$E_{12} = \frac{M_{12}}{2} v_{12}^2 \tag{4.45}$$

完全非弾性衝突によって質量が一体化することは，両質量間の相対速度が零になることであり，この力学的エネルギー E_{12} がすべて失われることである．式(4.45)に式 (4.43) と (4.44) を代入すれば，式 (4.39) になることは明らかである．

物体同士の衝突では，一般には式 (4.38) で表現される力学的エネルギーの損失を伴うが，式 (4.30) と (4.32) のように，全運動量は衝突中も衝突終了後も保存される．このように衝突現象では，一般には力学的エネルギー保存の法則は成立しないが，運動量保存の法則は必ず成立する．

式 (4.28)～(4.30) に示したように，運動量保存の法則は，接触中の両質量間に作用する力の作用反作用の法則と両質量の運動の法則を用いて得られるものである．したがって，運動量保存の法則は力の作用反作用の法則と同一の法則であり，力学的エネルギー保存の法則とは別の法則である（4.5節で詳述）．

式 (4.38) で表現される力学的エネルギーの損失は，力学的エネルギーが熱エネルギーに変換されたために生じたのであり，力学的エネルギーと熱エネルギーを加えた全エネルギーは，完全弾性衝突以外の衝突においても，もちろん保存される．

4.4.3 連結の力学

これまでに論じた2個の物体の衝突現象では，両物体の質量に注目し，これらの質量が保有する運動量を対象に検討した．次に，2個の物体の連結現象を，両物体の柔性に注目し，これらの柔性が保有する変位を対象に検討してみよう．

連結前の各物体が有する柔性には，外からの作用速度である両端間の相対速度

が存在しないとすれば，柔性の法則により両柔性は一定の力（零すなわち自由状態を含む）を保持し，一定変位（零すなわち自然長を含む）の状態にある．柔性は，動いていようと静止していようと，力が同一であれば保有する力学的エネルギーが同一であるから，柔性に対しては，変形を伴わない一様移動速度は力学的意味をもたない．そこで連結前の両柔性は，一端同士が互いに接触し他端が固定された拘束状態で，共に静止しているとしてもよい．そうすれば柔性同士の連結（直列接続）は，互いに異なる一定力を有する両柔性の一端同士をあらかじめ接触させながら個別に拘束しておき，両柔性の他端を共に固定拘束したままで，接触点における拘束のみを解除して一体化し自由にする問題になる．

このことを前提にして，2個の物体を連結する際に生じる現象を，もう少し詳しく論じる．

図4.4に示すように，連結する2個の物体を，右端に質量を接続した柔性 H_1 と，左端に質量を接続した柔性 H_2 と考える．

連結前の両柔性は，それぞれ外部からの拘束力すなわち柔性が有する内力（柔性力）が f_1, f_2（共に正（伸張力）で $f_1 > f_2$）になるように，外部から個別に拘束されているとする．連結前の各柔性の変位はそれぞれ $H_1 f_1$, $H_2 f_2$（共に正）であり，両柔性は共に伸びた状態にある．図中の矢印——→は，柔性から外部に作用する復元力，すなわち外からの拘束力に対する反作用力を表す．

連結前には，図4.4 (a) に示すように，これら2個の物体が個別に拘束された

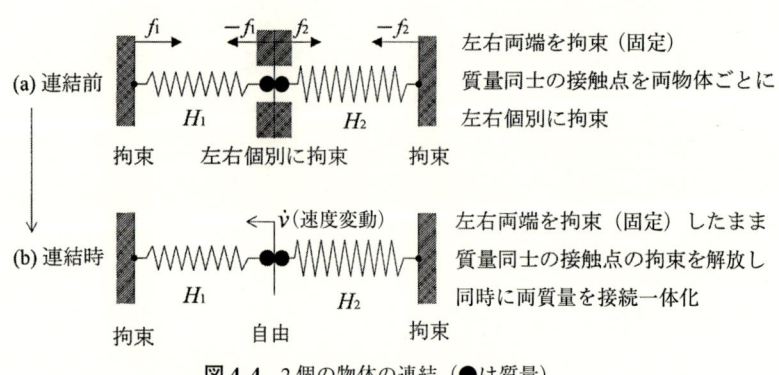

図4.4 2個の物体の連結（●は質量）
f_1：連結前の柔性 H_1 への拘束力（伸張力：正）
f_2：連結前の柔性 H_2 への拘束力（伸張力：正）
$f_1 > f_2 > 0$
矢印——→は柔性からの復元力（拘束力に対する反作用力）

ままで,両質量同士を接触させた状態で,一直線上に隣接して置いてあるとする.これを,図 4.4 (b) に示すように,両柔性共に,質量と結合していないほうの端(柔性 H_1 は左端,柔性 H_2 は右端)を拘束(固定)したままで,両質量を接続し,同時に接続点における両質量に対する個別拘束を共に外して自由にする.両質量は接続によって速度を共有し,一体となる.この質量を合質量と呼ぶことにする.このようにして,左右の 2 物体は連結される.なお,この段階の一体化は質量のみであり,両柔性はそれぞれ個別の内力(柔性力)を有するから,2 物体が連結されることはそれらが直ちに一体化されることではない.

以下に,連結後に生じる現象の推移を,図 4.4 を参照しながら詳細に記述する.

両質量が連結される瞬間には,合質量に接続されている両柔性 H_1 と H_2 の柔性力は共に連結前の拘束力(伸張力)のままである.そこで合質量には,これら両柔性の柔性力に対する反作用力すなわち復元力の和(両復元力は互いに逆方向であるから大きさの差)f_2-f_1 が,柔性 H_2 から柔性 H_1 に向かう方向(図 4.4 中で左方向:負方向)に作用し,その方向に速度変動(加速度)が発生する.

連結後の時間経過と共に,合質量の速度変動は蓄積されて,左方向の速度(慣性速度)を生じる.合質量の速度は,それに接続されている両柔性に作用して,互いに逆方向の力変動を生じる.これらの力変動が蓄積されるにつれて,柔性力(伸張力)の大きさは,柔性 H_1 では減少し,柔性 H_2 では増加していく.その結果,両柔性が有する柔性力に対する反作用力すなわち両柔性からの復元力の和(大きさの差)である合質量への負の作用力の大きさは,減少していく.

やがて,両柔性間が有する柔性力の間に差がなくなり,両者が同一の伸張力 f_c になった瞬間には,両柔性から合質量に作用する復元力は,互いに逆方向(柔性 H_1 からは負方向,柔性 H_2 からは正方向)で同一の大きさになって,合質量に作用する力の釣合が成立する.この瞬間には,合質量への作用力がなくなり速度変動(加速度)がなくなる.このとき合質量の速度は負方向で最も大きくなる.

両柔性は,合質量に対して互いに逆位置に配置され接続されているから,両柔性には常に,合質量の速度と同じ大きさで互いに逆符号の相対速度を発生する.すなわち,両物体が連結されている間は常に,大きさが等しく正負が互いに逆の相対速度が,合質量から両柔性に作用し続ける.したがって,両柔性が同一の力 f_c になった後にも,伸張力の大きさは,柔性 H_1 では減少し柔性 H_2 では増加し続ける.そこで,柔性 H_1 の伸張力の大きさは,柔性 H_2 の伸張力の大きさよりも小

さくなり，両柔性からの合質量への作用力（復元力）の和（大きさの差）は，負（図 4.4 中で左方向）から正（図 4.4 中で右方向）へと逆転し，その大きさは増大していく．それに伴い合質量には，それまでとは逆（図 4.4 中で右方向）の速度変動（加速度）が発生し，それまで増加し続けていた合質量の慣性速度は減少に転じる．そして，両柔性から作用する復元力の大きさの差の増加と共に，合質量の図 4.4 中で左方向の速度は減少し続ける．

やがて合質量の速度は零になり，同時に両柔性からの復元力の大きさの差は極大になる．そのとき両柔性から合質量に作用する力（図 4.4 中で右方向）は，連結開始の瞬間の力（図 4.4 中で左方向）とは逆方向の極大値をとり，合質量には連結開始の瞬間とは逆方向の極大の速度変動が発生する．連結時に外部抵抗力が存在しない場合には，これらの作用力と速度変動の大きさは，連結開始時と同一になる．

その後 2 物体は，合質量といずれも他端を拘束された両柔性からなる 1 自由度系として，連結された状態のままで自由振動を続ける．

次に，この連結現象を定式化する．

両物体の質量同士が並列接続され合質量になった時点を初期 $t=0$ とし，その後の時刻 t における両柔性の内力を，それぞれ $F_1(t)$，$F_2(t)$ とする．合質量から柔性 H_2 に作用する相対速度を $v(t)$ とすれば，柔性 H_2 とは逆方向に配置されている柔性 H_1 には，合質量から $v(t)$ と逆方向で同じ大きさの相対速度 $-v(t)$ が作用することになる．そこで力の法則から，柔性 H_1 と H_2 の力方程式は

$$H_1 \frac{dF_1}{dt} = -v, \quad H_2 \frac{dF_2}{dt} = v \tag{4.46}$$

両柔性は連結中に変化しないとして，式（4.46）の両式を足し合わせれば

$$\frac{d}{dt}(H_1 F_1 + H_2 F_2) = 0 \tag{4.47}$$

両物体が連結された瞬間には，両柔性の力は連結前のままであり，$F_1 = f_1$，$F_2 = f_2$ である．この瞬間の状態を初期条件として，式（4.47）を時間積分すれば

$$H_1 F_1(t) + H_2 F_2(t) = H_1 f_1 + H_2 f_2 = 一定 \tag{4.48}$$

式（4.48）は，両端が固定されたまま両物体が連結された後に，両物体の変位の和である全変位が，連結前の全変位に等しい値に保存され続けることを意味する．これは，図 4.4 において，柔性 H_1 の左端と柔性 H_2 の右端を拘束し固定したまま，中央のみで拘束を解いて連結したのであるから，自明の事項である．

連結中に，両柔性の力が同一の値 f_c になる瞬間には，$F_1=F_2=f_c$ であるから，式 (4.48) から

$$f_c = \frac{H_1 f_1 + H_2 f_2}{H_1 + H_2} \tag{4.49}$$

初期に静止状態で連結された合質量の速度が，連結後に再び零になるときの，両柔性の力をそれぞれ f_1', f_2' とする．このときには，式 (4.48) に $F_1=f_1'$, $F_2=f_2'$ を代入して

$$H_1 f_1' + H_2 f_2' = H_1 f_1 + H_2 f_2 \tag{4.50}$$

式 (4.50) は，合質量の速度が，初期の零からいったん増大して最大になった後に減少に転じ再び零になったときに，両物体の初期の全変位が保存されていることを意味する．これも自明の事項である．

両物体は柔性と共に質量を有するから，両物体が連結された後は，他端が固定された2個の柔性に両方向から支持された1個の合質量からなる1自由度系を形成し，連結と同時に自由振動を開始する．合質量の速度が再び零になるのは，この自由振動の開始から半周期後である．

変位に関する式 (4.50) を，別の方法で導いてみよう．両物体の質量同士が共に静止状態で一体化され合質量になる瞬間を，時間の始点 $t=0$ とし，一体化されてから合質量の速度が再び零になる瞬間までの自由振動の半周期の時間を τ とする．両柔性に関する力方程式 (4.46) を，各々時間 τ にわたって積分すれば，左辺は連結開始の瞬間から再び全質量の速度が零になるまでの間に変化した各柔性の長さになり，右辺は各柔性の速度積すなわち変位になるから

$$\int_0^\tau H_1 \frac{dF_1}{dt} dt = \int_0^\tau H_1 dF_1 = \left[H_1 F_1\right]_0^\tau = H_1 f_1' - H_1 f_1 = -\int_0^\tau v\, dt \tag{4.51}$$

$$\int_0^\tau H_2 \frac{dF_2}{dt} dt = \int_0^\tau H_2 dF_2 = \left[H_2 F_2\right]_0^\tau = H_2 f_2' - H_2 f_2 = \int_0^\tau v\, dt \tag{4.52}$$

これら両式を足し合わせれば

$$(H_1 f_1' - H_1 f_1) + (H_2 f_2' - H_2 f_2) = 0 \tag{4.53}$$

式 (4.53) は式 (4.50) と同一である．

式 (4.50) は，外速度を作用させない左右端固定のままで2個の柔性を連結するときには，連結の前と半周期後で2個の柔性の全変位は保存されることを意味している．そしてこのことは，外力を作用させない自由状態で2個の質量を衝突

させるときには，運動量が保存されることと対応している．したがって式(4.50)は，質量同士の衝突における運動量保存の法則を表す式（4.32）と双対の関係にある，柔性同士の連結における位置保存を表す式とみなすことができる．

運動量保存の法則は法則であるから，それと双対の関係にある位置保存も強いて法則と呼べば，式（4.50）は位置保存の法則を表現している，ということもできる．前にも述べたように，法則とはこのように自明な事実なのである．このようなものを法則と呼ぶ価値があるかについては問題があるかもしれないが，本書では力学概念の整合をとるために，一応これを「**位置保存の法則**（law of position conservation）」と呼ぶことにする．

次に，連結前の静止状態で両柔性が有していた力 f_1 と f_2 を与えて，連結後に合質量の速度が再び零になるときすなわち連結開始と共に発生する自由振動の半周期後に，両柔性が有する力 f'_1 と f'_2 を求める．1つの式（4.50）だけではこれら2つの未知数は決まらない．そこで次式のように，連結瞬間から半周期後に両柔性から合質量への作用力と連結瞬間の作用力の比として定義される係数 e_f を導入する．

$$e_f = -\frac{f'_2 - f'_1}{f_2 - f_1} \tag{4.54}$$

この e_f は，式（4.36）で表される衝突における反発係数 e_v と双対の関係にある係数である．両物体が連結された後の合質量の運動に対して，粘性や摩擦などの抵抗がまったく働かない場合には $e_f = 1$ であり，連結後に力学的エネルギーは保存される．そしてこの場合には連結後の運動は不減衰自由振動になる．これに対して，抵抗が働く場合には $1 > e_f \geq 0$ であり，抵抗が小さく $e_f \neq 0$ であれば減衰自由振動，抵抗が十分大きく $e_f = 0$ であれば無周期単調減衰運動になる[16]．運動の法則により，両柔性から合質量への作用力と合質量の速度変動（加速度）は比例し，また速度変動とそれを2回時間積分した変位は比例する．したがって，連結によって減衰自由振動が生じる場合の e_f は，連結瞬間の初期変位と連続による自由振動開始から半周期後の変位の比でもある．

式（4.50）と（4.54）を用いれば，連結から半周期後の力は

$$\left. \begin{array}{l} f'_1 = \dfrac{H_1 f_1 + H_2 f_2 - e_f H_2 (f_1 - f_2)}{M_1 + M_2} \\[2mm] f'_2 = \dfrac{H_1 f_1 + H_2 f_2 - e_f H_1 (f_2 - f_1)}{H_1 + H_2} \end{array} \right\} \tag{4.55}$$

合質量の運動に対して抵抗が働く場合には，連結後に力学的エネルギーの一部が熱エネルギーに変換され散逸される．連結後に生じる自由振動の半周期間に生じる力学的エネルギーの損失 E_l は，両柔性が有する力エネルギーの損失の和になるから，式（4.55）を用いて

$$E_l = \frac{1}{2} H_1(f_1^2 - f_1'^2) + \frac{1}{2} H_2(f_2^2 - f_2'^2) = \frac{H_1 H_2}{2(H_1 + H_2)} (f_1 - f_2)^2 (1 - e_f^2) \qquad (4.56)$$

合質量の運動に対する抵抗が存在する場合には，自由振動は減衰し，やがて系は静止する．抵抗が十分大きく自由振動が発生しない場合には，合質量の速度は連結直後にいったん増加し，その後に単調に減少して，やがて零になり静止する．
静止後の両柔性は，直列結合されて一体となり同一の力 f_c（式（4.49））を保有するから，$f_1' = f_2' = f_c$ になる．力 f_c は両柔性に残存し，抵抗力と釣り合う．このときには，式（4.54）より $e_f = 0$ になるから，静止までの力学的エネルギーの損失は最大になり，式（4.56）に $e_f = 0$ を代入して

$$E_l = \frac{H_1 H_2}{2(H_1 + H_2)} (f_1 - f_2)^2 \qquad (4.57)$$

静止後に残存する力学的エネルギー E_r を求める．E_r は，連結前の全力エネルギーから力エネルギーの損失 E_l を引いたものであるから

$$E_r = \left(\frac{1}{2} H_1 f_1^2 + \frac{1}{2} H_2 f_2^2 \right) - E_l \qquad (4.58)$$

式（4.58）に式（4.57）を代入すれば

$$E_r = \frac{(H_1 f_1 + H_2 f_2)^2}{2(H_1 + H_2)} \qquad (4.59)$$

一方 E_r は，柔性 H_1 と H_2 が連結によって同一の力 f_c を有するときの力エネルギーであるから

$$E_r = \frac{1}{2} H_1 f_c^2 + \frac{1}{2} H_2 f_c^2 = \frac{1}{2} (H_1 + H_2) f_c^2 \qquad (4.60)$$

式（4.60）に式（4.49）を代入すれば，式（4.59）を得る．
式（4.57）を，別の方法で求めてみる．
図 4.4 に示すように，2 つの柔性 H_1 と H_2 において，各質量が接続されていない側の左右端は，いずれも拘束され固定端になっている．柔性 H_2 を逆向きにすることによって柔性 H_1 と H_2 を同方向並列に置き，図 4.4 の左右の固定端を左 1

箇所に変更すれば，これら2つの柔性は連結によって並列結合されるとみなすことができる．これを図示すれば，図4.5のようになる．ここで柔性 H_2 は，図4.4では伸張されているが，図4.5では圧縮されていることに注意する必要がある．これは，図4.4と4.5において柔性 H_2 を互いに逆向きに表示したためであるが，力学的エネルギーの観点からは，両図は等価である．

図4.5 (b) に示すように，2つの柔性 H_1 と H_2 を並列結合した後の結合柔性 H_{12} は，式 (3.20) における H_{AB}, H_A, H_B をそれぞれ H_{12}, H_1, H_2 と書き換えて

$$H_{12} = \frac{H_1 H_2}{H_1 + H_2} \tag{4.61}$$

図4.5において2物体を連結することは，右端の両質量を連結して合質量にすると同時に，次式の拘束力 f_{12} を除去して自由状態にすることである．

$$f_{12} = f_1 - f_2 \tag{4.62}$$

図4.5 (b) は，合質量に対して柔性 H_1 と H_2 からそれぞれ復元力 $-f_c$ と f_c（式 (4.49) 参照）が作用してそれらの合計が零になり力が釣り合う（$\dot{v}=0$）瞬間を示す．合質量の運動に対する抵抗が小さい $e_f \neq 0$ の場合には，この瞬間は連結後に発生する自由振動の中立点であり，このとき合質量の速さが最大になる．

一方抵抗が大きい $e_f = 0$ の場合には，この瞬間に連結後に発生する単調減衰運動が終了し系が自由状態で静止する．この自由静止時には，連結前の拘束力 f_{12} によって柔性 H_1 と H_2 に蓄えられていた力エネルギー

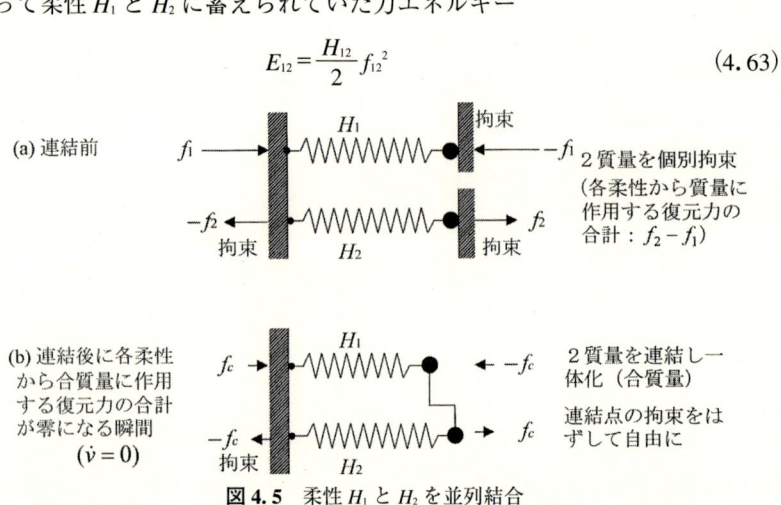

$$E_{12} = \frac{H_{12}}{2} f_{12}^2 \tag{4.63}$$

図 4.5 柔性 H_1 と H_2 を並列結合
柔性 H_2 を図4.4と逆向きに配置した図4.4と等価な系（矢印 ——▶ は復元力）

がすべて消滅する．式 (4.63) に式 (4.61) と (4.62) を代入すれば，式 (4.57) が得られる．

物体同士の連結では，一般には式 (4.56) で表現される力学的エネルギーの損失を伴うが，連結は左右端を拘束したままで行われるから，当然のことながら，式 (4.48) と (4.50) のように，全変位 (位置) は連結によって変化せず，連結後も保存される．すなわち，**連結現象では，一般には力学的エネルギー保存の法則は成立しないが，位置保存の法則は必ず成立する．**

式 (4.46)～(4.48) に示したように，**位置保存の法則は，接触中の両柔性間に作用する速度の作用反作用の法則（後述）と両柔性に対する力の法則を用いて得られるものである．式 (4.28)～(4.30) に示したように，これは，運動量保存の法則が，衝突中の両質量に作用する力の作用反作用の法則と両質量に対する運動の法則を用いて得られるのと，双対の関係にある．したがって，運動量保存の法則は力の作用反作用と同一，位置保存の法則は速度の作用反作用の法則と同一の法則であり，両法則は共に力学的エネルギー保存の法則とは別の法則である．**

式 (4.56) で表現される力学的エネルギーの損失は，力学的エネルギーが熱エネルギーに変換されたために生じたものであり，力学的エネルギーと熱エネルギーを加えた全エネルギーは，いかなる連結においても，もちろん保存される．

式 (4.28)～(4.45) と式 (4.46)～(4.63) を比較すれば，これら両式群はすべて，互いに双対の関係を有しながら 1 対 1 で対応していることがわかる．このことは，**外環境から力が作用しない自由状態にある 2 つの物体（質量）同士の衝突における「物体の衝突前後で運動量が保存される」という運動量保存の法則と，外環境から速度が作用しない拘束状態にある物体（柔性）同士の連結における「物体の連結前後で位置が保存される」という位置保存の法則（自明の概念）は，互いに双対の関係にあることを意味している．そしてこのことは，力と速度，運動量（力の時間積分）と位置（速度の時間積分），質量と柔性の各量が，それぞれ互いに双対の関係にあることに対応している．**

図 4.6 に，力学における概念と法則の相互関係を示す．本図上部上段は在来の古典力学の法則であり，力が原因で運動が結果の因果関係に基づいた質量の働きを規定している．一方下段は，筆者が提唱する新しい法則であり，上段とは逆に運動が原因で力が結果の因果関係に基づいた柔性の働きを規定している．上段と下段は互いに双対の関係にある．

図 4.6

```
                          時間積分
      ┌─────────────────────────────────────────────────────────────┐
      │                                                             │
   $\dot{v}=0$      $f=M\dot{v}$   $\int_{t_0}^{t} f\,dt(=Mv-Mv_0)=p-p_0$   $Mv=$ 一定
   ─────────  作用力なし  ───────  時間微分  ───────────  作用力なし  ──────────
   慣性の法則  ←──────  運動の法則  ←──────  運動量の法則  ──────→  運動量保存の法則
      ↑                   ↑         位置積分   ↑                        ↑
    (双対)              (双対)    力学的エネルギー (双対)                (双対)
      ↓                   ↓        保存の法則   ↓                        ↓
                                   運動量積分
   柔性の法則  ──────→  力の法則  ←──────  位置の法則  ──────→  位置保存の法則
   $\dot{f}=0$      $v=Hf$    $\int_{t_0}^{t} v\,dt(=Hf-Hf_0)=x-x_0$    $Hf=$ 一定
                作用速度なし        時間微分            作用速度なし
      │                                                             │
      └─────────────────────────────────────────────────────────────┘
                          時間積分
```

```
                        時間積分
   力 $f$  ─────→  運動量 $p$    質量 $M$     $p=Mv$         力の作用反作用の法則
    ↑              ↑              ↑         運動量の定義             ↑
  (双対)         (双対)          (双対)        (双対)              (双対)
    ↓              ↓              ↓             ↓                   ↓
  速度 $v$ ─────→ 位置 $x$       柔性 $H$    フックの法則      速度の作用反作用の法則
              時間積分                         $x=Hf$                ↑
                                                              ガリレイの相対性原理
```

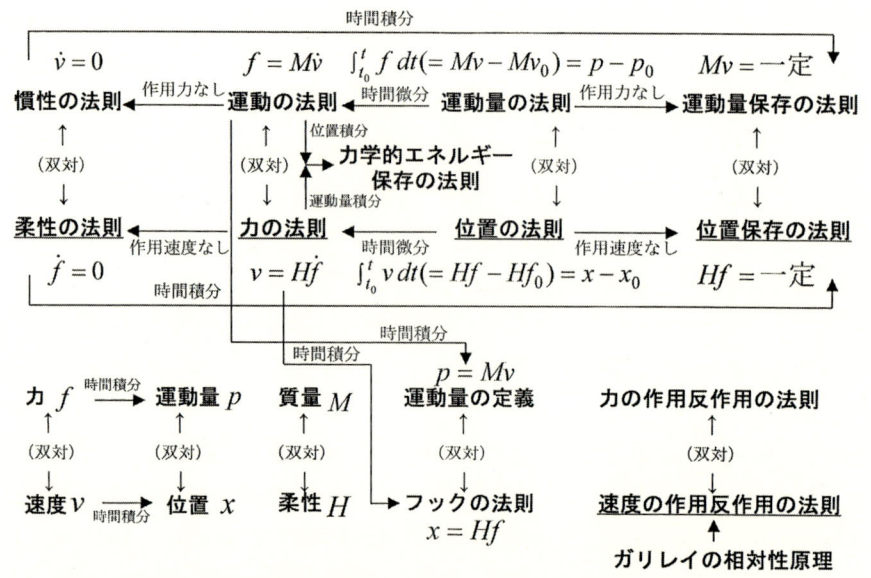

図 4.6 力学における概念と法則の相互関係（下線付法則は筆者が提唱するもの）

本図下部左は，力と速度，運動量と位置，質量と柔性，運動量の定義とフックの法則がそれぞれ双対の関係にあることを示す．ここで，運動量の定義は運動量の法則と，またフックの法則は位置の法則と，本質的には同じものである．

本図下部右に，作用反作用の法則は力のみではなく速度についても存在し，それはガリレイの相対性原理に由来するものであることを，筆者が提唱している．従来の力の作用反作用の法則と新しく提唱する速度の作用反作用の法則は，互いに双対の関係にある．

図 4.6 に示すように，従来の法則に筆者が本書で提唱する新しい法則を加えることにより，古典力学における法則群が整然と統一された対称・双対の世界を構成していることが理解できる．この図によって，物理事象の因果関係が閉じているという筆者の主張の正当性が裏付けられ，すっきりと美しく整った自然界の片鱗が，読者にも見えると思う．

4.5 力の作用反作用の法則

4.1 節で述べたように，ニュートンは，慣性の法則，運動の法則に次ぐ力学の

4.5 力の作用反作用の法則

第3法則として，(力の)**作用反作用の法則**（law of action and reaction (of force)）を提案した．本章冒頭に述べたように，ニュートンの著書『プリンキピア』には，作用は力によって行われることを暗黙の前提にした上で，「**作用**（action）に対し**反作用**（reaction）は常に逆向きで相等しい，あるいは2物体間の相互の作用は常に相等しく逆向きである．」と書かれている．これを別の言葉で表現すれば，「2つの質点の一方が他方に力をおよぼしているときには，必ず他方も前者に力をおよぼしており，それらの力は両質点を結ぶ直線の方向に沿って逆の向きに作用し，その大きさは等しい．」（文献8，p.22）となる．

これは一見「力が働くときには必ず2つの別の力が対で現れる」ことを意味すると誤解釈しがちである．しかし，力の作用反作用の法則は「力は，作用と反作用の2つを，別々に分けることも，個別に定義することも，互いに独立して存在することもできず，両者を合わせたものが1つの力である」という意味であり，「力を加えることは加えられること」と表現するほうがわかりやすい．**作用力**（action force）と**反作用力**（reaction force）は1つの力の表裏2面であり，両者が共にあって初めて1つの力が存在できる．力とはそういうものなのである．これを2つの力の対と表現するのは，誤解を招きやすいので注意を要する．

以下に，力の作用反作用の法則に関する筆者の考え方を記述する．

1) 力の作用反作用と力学的エネルギー

力の作用反作用の法則は，力学的エネルギー保存の法則とは別の法則であるから，力学的エネルギーの流動の有無とは無関係に，力が存在するあらゆる場合に成立し，反作用力は作用力が仕事をするか否かにかかわらず必ず存在する．したがって，**力の作用反作用の法則は，力学的エネルギーが均衡である静的と不均衡である動的という力学の両状態において，共に成立する．**

2.3.4項で述べたように，力学における因果関係は力学的エネルギーの流動の方向に従って決められる．作用力と反作用力は，力学的エネルギーとは無関係であるから，両者の間に因果関係は存在しない．そこで，どちらが作用力でどちらが反作用力であるかという区別は，力学的（エネルギー的）にはできない．**作用力と反作用力は，どちら側を作用源と見るかによってのみ決められ，互換性があって入れ替えが可能である．**そして，反作用力の反作用力は作用力である．

当然のことながら，仕事はする側とされる側の両者が存在しないとできない．また，力学的エネルギーの流動はそれを出す側と入れる側の両者が存在しないと

生じない．そこで，作用が仕事を伴い力学的エネルギーが流動する場合に，強いて作用力と反作用力を区別するとすれば，仕事をする側が作用力で仕事をされる側が反作用力になる．すなわち，力学的エネルギーの流れの方向と同方向の力が作用力であり，逆方向の力が反作用力，とすることが自然であろう．作用力が仕事を伴わない静的な場合には，作用力と反作用力は完全に対等であり，区別できない．なお，力の作用反作用は，力の方向や正負とは無関係である．

2) 力の作用反作用と力の釣合

力の作用反作用の法則は，力学的エネルギーとは無関係であるから，**力学的エネルギーの均衡・不均衡を表す力の釣合・不釣合とは異なる概念である**．力の釣合・不釣合は，互いに独立した複数の作用源から1つの物体に作用する，互いに独立した複数の力の間の関係である．これに対して力の作用と反作用は，2つの物体間の相互作用として存在する1つの力の表裏であり，互いに独立ではなく，両者を合わせて初めて1つの力なのである．力の作用反作用の法則を形成する力の数は1つであり，力の作用反作用の法則は単一の力に関する法則である．

したがって，**力の作用反作用の法則は，力の釣合が成立するか否かには関係なく，力が存在するすべての場合において必ず成立する**．なお，5.1節において後述するように，ダランベールやラグランジュの時代には，作用反作用の法則と(現在の)力の釣合の概念が未分化であったから，彼らはこれら両者を合わせたものを「力の釣合」と呼んでいた．

力の作用反作用の法則と力の釣合は，現象としては，静力学では同一になり，動力学では一般に異なる．以下にその理由を説明する．

ある物体Aから力f_Aが，別の物体Bから力f_Bが，さらに別の物体Mに作用し，これら2力は互いに独立であるとする．これらの力が釣り合っていれば

$$f_A + f_B = 0 \tag{4.64}$$

このとき物体Mは静的状態にあり，慣性の法則に従って，静止しているか等速直線運動を続けている．静的状態では力学的エネルギーは流動しないから，物体Mは力の伝達経路以外には何の存在意味をももたず，物体Aと物体Bの2物体が直接力を及ぼし合っているのと，何ら変わりはない．このときには，式(4.64)より$f_B = -f_A$であり，物体Aから物体Bへの力f_Aを作用とすれば，物体Bから物体Aへの力f_Bはその反作用にほかならない．力f_Aと力f_Bは，1つの力の表裏なのである．こうして，力学的エネルギーの流動を伴わない静的状態を扱う静力

学では，力の作用反作用の法則と力の釣合は共に常に成立し，両者は現象として同一になる．

これに対して，2.3.2項で述べたように，動的状態では力の釣合が成立せず，
$$f_A + f_B \neq 0 \tag{4.65}$$
になる．このときには，物体Mが単なる力の伝達経路以外の力学的な存在意味をもち，物体Mの質量Mが動的に機能する．すなわち物体Mが，物体Aと物体Bの両方からの作用力$f_A + f_B$を受けて加速度$\dot{v}$を発生し，それに対する反作用力$-M\dot{v}$を生じながら，力学的エネルギーを吸収する．その結果，作用力と反作用力の和は零になる，という次式のような力の作用反作用の法則が成立する．
$$(f_A + f_B) + (-M\dot{v}) = 0 \tag{4.66}$$
式（4.66）のように，力の釣合が成立せずエネルギーの流動を伴う動的状態を扱う動力学でも，力の作用反作用の法則は力f_Aとf_Bの各々に対して常に成立する．このように動力学では，力の作用反作用の法則は，力の釣合とは，力学法則としても現象としても異なる．

従来の力学では，動力学においても力の釣合は成立し，式（4.66）は**力の釣合式**（equation of force equilibrium）であるとされている．これは，奇妙な言い方であるが，半分正しく半分正しくない，といえる．すなわち，動力学においては力の釣合は成立せず，したがって式（4.66）は，実際には力の釣合式ではない．しかし，それにもかかわらず，式（4.66）を静力学における力の釣合式とみなしてもよいのである．**動力学における運動方程式は，力の釣合式ではなく不釣合式であり，同時に作用反作用の法則を表す式であるが，それを静力学における力の釣合式に帰着させることができるのである．** その理由は，5.4節で説明する．

4.6 慣　性　力

作用源が質量に作用力を加えることを，質量上にいる観測者から見れば，作用源からの作用力と逆方向で同じ大きさの力を，作用源に対して加えることになる．この力が反作用力である．作用源からの質量への作用力（不釣合力）は仕事をし，質量に力学的エネルギーを流入させる．作用力を受ける質量は，自身に速度変動（加速度）を生じることによって，反作用力を生じる．われわれは，質量が生じるこの反作用力を，**慣性力**（inertia forceまたはforce of inertia）と呼んでいる．

慣性力は，質量に不釣合力が作用すると同時に必ず生じ，力が作用しなくなるか作用力が釣り合うと同時に必ず消滅し，不釣合力が作用しないと決して生じず，大きさと方向が不釣合力によって一義的に決まる（不釣合力と同値で逆方向）．これらのことから理解できるように，**慣性力は，不釣合力から独立した力ではなく，質量が作用力を不釣合力の形で受けるときの質量の動的機能**（3.3節参照）**に基づく，質量特有の反作用力なのである**．

作用力が実在する以上，反作用力も実在する．このことは，慣性力が実在する力であることを意味している．これは実現象であり，従来一般にいわれているように「慣性力は見かけの力」であるというのは正しくない．動的作用力を受けた質量は，反作用力として慣性力を生じることによって動的に機能し，力学的エネルギーを吸収する．このように，**慣性力は，実際の力学的エネルギーの変換・流動に伴って生じる実在の力である**．

在来の力学では「慣性力は見かけの力であるから反作用力をもたない」とされていたが，この表現は曖昧である．そしてこの曖昧さは，実在の慣性力と見かけの擬似反力（後述）を区別せず混同し，両者を共に慣性力と呼んでいることに起因する．非慣性系のみにおいてあたかも生じているように見える擬似反力は，見かけの力であり，それ故に反作用力をもたない．しかし，質量に不釣合力が作用する場合には，その場が慣性系であろうと非慣性系であろうと，必ず反作用力である慣性力が実在の力として発生する．このように，**慣性力は実在する力であるから，必ず反作用力をもつ**．反作用の反作用は作用であることから，慣性力の反作用は，もちろん作用力すなわち不釣合力である．

慣性力は，質量に作用する不釣合力に対する質量からの抵抗力である，とも解釈できる．質量は，現在置かれている運動エネルギーの状態に慣れ一定の速度（零を含む）を維持しようとする性質，すなわち慣性の大きさであるから，力学的エネルギーの吸収により速度が変化することを嫌い，速度の変化に抵抗する．慣性力は，反作用力であると同時に，この抵抗力なのである．

質量 M に力 f が作用するときの式

$$f + (-M\dot{v}) = 0 \tag{4.67}$$

に対しては，次の2通りの解釈が存在する．

1) ニュートンの法則が成立する慣性系において速度変動（加速度）$\dot{v}$ で運動している質点を，質点と同じ加速度 $\dot{v}$ で運動している運動座標系（非慣性系）に

いる観測者から見るときの，見かけの力の釣合式

　観測者と同じ加速度で運動する質点は，この観測者にはあたかも，実際に存在する力 f とは別に，大きさが同一で反対方向の力 $-M\dot{v}$ が存在して質点に作用し，これら2力が互いに打ち消し合って力の釣合が成立し，そのために質点は静止しているように見える．しかし実際には，質量 M に作用する力は f のみであり，それから独立した他の作用力はどこにも存在しないから，力の釣合は成立しておらず，したがって力 f の作用源から質点にエネルギーが流入し続け，質量は慣性系において加速度 $\dot{v}$ で速度が増大し続けている．

　非慣性系においてあたかも存在するように見えるが，実際にはどこにも存在しないこの見かけの力は，従来は慣性力と呼ばれていた．しかしこの慣性力という呼称は，質量に作用する力の反作用力として実在する力に対する呼称と同一であり，誤解と混乱を招きやすい．また，慣性系では現れず慣性の法則が成立しない非慣性系においてのみ現れるこの見かけの力を慣性力と呼ぶのは，筆者には若干の違和感が伴い，必ずしもふさわしくないように思われる．そこで本書では，この見かけの力が実在の力 f と方向が逆であり，あたかも反力のように見えることから，これを**擬似反力**（pseudo-reaction force）と呼ぶことにする．

　見かけの力である擬似反力を含む式（4.67）は，加速度 $\dot{v}$ で運動している観測者自身にあたかも成立するように見える見かけの式であり，非慣性系に対してしか適用できない式である．一般に法則や原理は，少なくともニュートンの法則が成立する慣性系では必ず成立しなければならないから，この場合の式（4.67）は，従来一般にいわれているダランベールの原理のような，法則や原理などを表現する式ではない．また，法則や原理は必ず実在する物理現象を表しているべきであるから，見かけ上でしか存在しない力を含み，数式上でしか成立しない式（4.67）は，法則や原理にはなりえない．この見かけの力に関しては，第6章において詳しく説明する．

2) ニュートンの運動の法則を移項して得られる式

　ニュートンの運動の法則は，法則である以上実現象を記述しており，その表現式 $f = M\dot{v}$ の左辺は実在する作用力であるから，右辺も実在する量である．これを左辺に移項しただけで，実在する量が実在しない見かけの量に変わるわけがない．また，実在する量と実在しない見かけの量を加えることは，数式の上でのみ形式的には可能であるが，実際には不可能である．「実在の力と実際には存在し

ない見かけの力を足して零にする」というようなことは，慣性系で実際に生じている実現象に対してはできないのである．

このように，この場合の式 (4.67) は，実現象を表現し慣性系で成立する力学法則であるから，この式を構成する全項は実在しなければならない．したがって，右辺第2項 $-M\dot{v}$ も当然実在する力である．質量への作用力は f 以外には存在しないから，この右辺第2項は f から独立した力ではなく，f に対する反作用力，すなわち f そのものの裏の表現である．したがって，**この場合の式 (4.67) は，作用力と反作用力を足せば零になる，という自明の式であり，力の不釣合状態における作用反作用の法則を表す式である．**このことは，座標系が慣性系か非慣性系かに関係なく，現実の世界で常に成立する真実かつ事実なのである．上記のように本書では，質量特有のこの実在の反作用力を従来通り慣性力と呼んでいる．

この場合の式 (4.67) は運動の法則である．したがって運動の法則は，作用力が質量に仕事をして作用源から質量に力学的エネルギーが移動しつつある動的状態における，力の作用反作用の法則なのである．このことから，ニュートンの第3法則を力の作用対象が質量である場合に適用すれば第2法則になり，第2法則を作用力が零である場合に適用すれば第1法則になる，という解釈が成り立つ．

力の釣合という概念は，現在では次のように定義されている．「一つの物体に（互いに独立している）複数の力が加わっていても物体が静止しているか，動いても物体の速度が変化しないとき，力は釣り合っているという．」(文献 14, p. 124) この力の釣合の定義を逆に見れば，物体に力 f が作用し加速度 $\dot{v}$ が発生している場合には力は釣り合っていないことになる．したがって，ニュートンの法則が成立する慣性系においては，式 (4.67) は，力の釣合式ではなく力の不釣合式なのである．この式の右辺が零であるのは，力が釣り合っているからではなく，同じ力である作用力 f とその反作用力 $-M\dot{v}$ を加え合わせているからであり，同じ力を2度持ち出し，片方の符号を逆転させて加えれば，零になるのは当然である．

前述の非慣性系では，擬似反力 $-M\dot{v}$ が，実際に存在する慣性力 $-M\dot{v}$ とは別の力として，あたかも存在して作用し，力の釣合を実現しているように見えるのである．

慣性系において成立する式 (4.67) は，力の不釣合状態すなわちエネルギーの不均衡状態にあり，作用源から質量にエネルギーが移動しつつある状態における作用反作用の法則を表す式である．動力学が対象とし運動の法則が成立する動的

4.6 慣 性 力

状態は，エネルギーの不均衡状態であり，力の不釣合状態なのである．

式（4.67）が力の不釣合状態を表現している，というこの筆者の主張は，この式が力の釣合を表現する式であるという，従来から一般にいわれているいわゆるダランベールの原理と明らかに矛盾する．運動方程式 $f+(-M\dot{v})=0$（式（4.67））が力の釣合式ではない，などということは，読者には到底受け入れられないことであろう．この点については5.4節において詳しく説明し，この疑問を解消する．

在来の力学には，慣性力の概念に関する不明確さが存在していた．例えば，現在の代表的な物理学書[4]には，次のように記されている．「一つの箱の中に何かの方法で物体が支えられているとし，そしてこの箱もそれに入っているものもみな加速度を受けているとする．この加速しつつある箱に対して静止している人から見ると，慣性によるみかけの力があらわれる．すなわち，物体を箱といっしょに運動させるためには，まず加速させるためにそれを押してやらなければならない．そしてこの力が"慣性力"とつりあうのであって，この慣性力は，質量かける箱の加速度というみかけの力である．」（『ファインマン物理学』p.264）

この表現は，そのまま読めば誤解を生む恐れがある，次のような曖昧さを含んでいる．加速させるために物体を押してやる力は，当然のことながら実際に存在する実在の力である．慣性力がそれと釣り合うならば，慣性力も実在の力であるはずである．もし，上記のように慣性力が実際には存在しない見かけ（擬似あるいは仮想）の力であれば，実際に存在する力と実際には存在しない力が，この記述で対象としている実現象において釣り合うわけがない．上記の表現は，数式上の問題と現実の問題を混同している．すなわち，数式上は力の釣合が成立しているように見えるが，実現象としては力は決して釣り合っていないのである．

上記引用文における実際の現象は，次のようなものである．すなわち，人も物体も共に箱から力を受けて加速度運動をしている．そして慣性力は，箱から受ける作用力に対する反作用力であり，見かけの力ではなく実在する力であり，作用力そのものである．これを同一の加速度運動をしている非慣性系から見ると，この実在する慣性力とは別に，それと同じ大きさ・方向の力が，あたかも作用力から独立した別の力として物体に作用し，そのために物体は静止しているように見えるのである．

見かけの力を理解するには，作用力をまったく受けず慣性系において宙に浮いて静止している物体を，外が見えず加速度を有する箱の中にいて自身も同じ加速

106　　　　　　　　　　　　4. 力 学 法 則

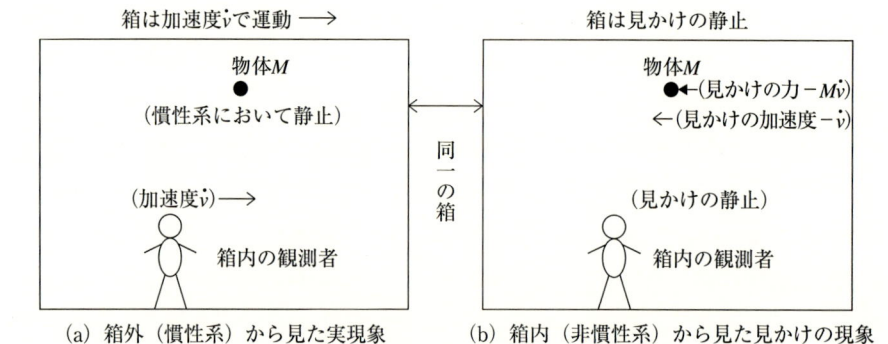

箱は加速度$\dot{v}$で運動 ⟶　　　　　　　　　箱は見かけの静止

(a) 箱外（慣性系）から見た実現象　　　(b) 箱内（非慣性系）から見た見かけの現象

図 4.7　慣性系における静止物体（質量 M）に生じる見かけの力

度を有し運動している観測者から見る場合を考えるとよい．この様子を表せば，図 4.7 のようになる．このとき箱内の観測者は，慣性系に置かれた静止物体が，箱が有する加速度と逆方向に加速されているように見え，あたかもこの物体に観測者自身の加速度とは逆向きの力が作用して，この物体を動かしているように感じる．この力が，実在しない見かけの力であり，前に述べた擬似反力なのである．

われわれは，質量 M とばね K からなる 1 自由度系における運動方程式

$$M\ddot{x} + Kx = f \tag{4.68}$$

を，慣性力 $-M\ddot{x}$ と復元力 $-Kx$ と外力 f の 3 個の作用力の和が零になる，という力の釣合式である，と常識的に考えている．これは在来の力学における既成概念であり，筆者自身も，無用の混乱を避けるために，学生にこれまで長年このように教えてきたし，現在もこのように教えている[16]．

しかし，これは厳密に言うと少し曖昧な表現であり，正しい表現は次の通りである．慣性力 $-M\ddot{x}$ は，ばねからの復元力 $-Kx$ と外部作用源からの外力 f という，2 つの作用力を受ける質量が生じる反作用力である．そして，2 つの作用力とそれらに対する反作用力の和が零になることから

$$(-Kx + f) + (-M\ddot{x}) = 0 \tag{4.69}$$

すなわち式 (4.68) が成立する．このように式 (4.68) は，外力と復元力という 2 つの作用力の間に力の釣合が成立していないために，質量が動的に機能し速度変動（加速度）を生じている状態を表現する，力の不釣合式なのである．

このように，**一般に，動力学における運動方程式は，力の釣合が成立していないことを表す式であり，したがって力の釣合から導かれる式ではなく，作用反作**

用の法則から導かれる式である．運動方程式（4.68）が表現する現象では力が釣り合っていないから，質量に速度変動（加速度）が周期的に生じ続ける"振動"という運動が生じるのである．

ただし，作用反作用の法則は力学をあまねく支配し常に成立するから，「**古典力学における運動方程式は力の釣合の表現式ではなく作用反作用の法則の表現式である**」という本書の新しい解釈によって，「力の釣合は静力学と動力学を問わず力学をあまねく支配し常に成立する」という，従来の工学系力学における誤った見方に基づく理論展開によって得られる諸事項の普遍性と有効性が，影響を受けることはまったくない．そして，動力学における運動方程式そのものは力の釣合式ではないが，それを静力学における力の釣合式に帰着させて導き，静力学と同じ手法で処理することは，可能であり完全な正当性を有するのである．このことに関しては，5.4 節で詳しく説明する．

4.7　速度の作用反作用の法則

複数の物体の間を力学的エネルギーが流動する動的状態では，必ずそれが流出する側と流入する側が存在し，互いに動的に作用し合っている．在来の力学では，物体を質量と考え，外部から力が作用して質量に力学的エネルギーが流入する場合のみを対象としていた．これに対して本書では，物体を質量と柔性からなると考え，力学的エネルギーの流動に関してこれら両者を対等に扱っている．

3.4 節で述べたように，柔性が作用を受けて仕事をされ，柔性に力学的エネルギーが流入する場合には，作用状態量は，質量の場合の力とは異なり，速度になる．力と速度を対等に扱うなら，速度に対しても作用は双方向になされるべきであり，このことから必然的に，速度の反作用という概念が生まれる．

ニュートンの第 3 法則である従来の作用反作用の法則は，力の作用反作用を意味している．本節では，**作用反作用の法則は力のみではなく速度についても成立することを述べ，速度の作用反作用の法則**（law of action and reaction of velocity）**を提唱する**．そして，力の作用と反作用をそれぞれ作用力と反作用力と呼ぶことから，**速度の作用と反作用をそれぞれ作用速度**（action velocity）**と反作用速度**（reaction velocity）**と呼ぶ**．

速度は相対的なものであり，速度を与えることは速度を与えられることである．

例えば，場 P において速度 v を与えることは，場 P に対して相対速度 v を有する場 Q を既存の場 P とは別に作り出すことである．このことを場 Q から見れば，v と逆方向で同じ大きさの速度 $-v$ を有する場 P を作り出すことになる．これにより場 P は，場 Q から逆方向で同じ大きさの速度 $-v$ を与えられる．

対象に速度を与える（作用させる）とき，われわれがいま置かれている場から見てこの作用速度に等しい相対速度を有する場である対象の上にいる観測者からわれわれを見れば，このことは，われわれがいま置かれている場に，作用速度と逆方向で同じ大きさの速度すなわち反作用速度を与えることにほかならない．

これが本章で提唱する速度の作用反作用の法則である．この法則は「互いに一定速度を有する場どうしでは力学系は変化しない」というガリレイの相対性原理から由来する法則であり，ガリレイの相対性原理の別解釈と見ることもできる．

速度の作用反作用の法則も，力の作用反作用の法則およびガリレイの相対性原理と同様に，速度が仕事をするか否かに関係なく，また静的状態と動的状態を問わず，速度が存在するあらゆる場合において成立する．

まず，柔性の法則が成立する静的状態について説明する．柔性の両端の速度が等しく両端間に相対速度が存在しない場合を，柔性を介する直列結合において速度が等しく速度は連続状態にある，という．この場合の作用速度は一様移動速度であり，作用速度が仕事をせず力学的エネルギーの流動を伴わないから，柔性に対しては力学的・エネルギー的な意味をもたない．そしてこの場合の反作用速度は，作用速度と同じ大きさで逆方向の一様移動速度である．

次に，力の法則が成立する動的状態について説明する．柔性を介する直列接続において速度が等しくならないとき，すなわち柔性両端の速度が異なることによって柔性が相対速度を有するとき，その柔性に作用する速度が不連続状態にあるという．これが柔性の動的状態であり，速度の不連続分が柔性への作用速度となり，この作用速度は柔性に対して仕事をする．

質量に力が作用し仕事をする場合には，質量特有の力の作用反作用の法則が成立するように，柔性に速度が作用し仕事をする場合には，柔性特有の速度の作用反作用の法則が成立する．運動の法則と双対関係にある力の法則における作用速度は仕事をし，力学的エネルギーの移動を伴う．力の不釣合状態では，質量が動的に機能して速度変動を生じ，これによって力学的エネルギーが運動エネルギーとして質量に吸収されるように，速度の不連続状態では，柔性が動的に機能して

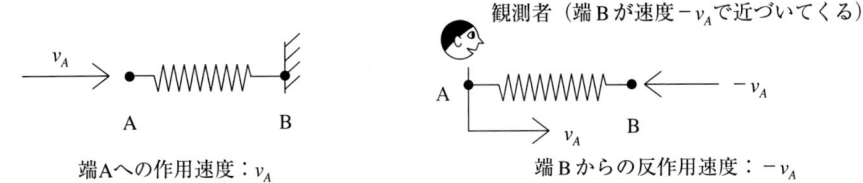

端Aへの作用速度：v_A　　　　　　　　　端Bからの反作用速度：$-v_A$

図4.8　柔性に対する速度の作用反作用の法則

作用源の場（外部すなわち固定端Bが存在する場）において端Aに速度v_Aを与える（左図）ことを，端Aにいる観測者（被作用端Aが存在する場）から見れば（右図），端B（作用源の場）に速度$-v_A$を与えることになる．

力変動を生じ，これによって力学的エネルギーが力エネルギーとして柔性に吸収される．このときの反作用速度は，以下のようになる．

　柔性の両端AとBのうち，端Bを固定（$v_B=0$）して端Aに速度v_Aを与えるとする．これを端A上にいる観測者から見れば，端Bが存在する場，すなわちわれわれがいま置かれている場に速度$-v_A$を与えることになる．この速度が動的状態における反作用速度である．これを図示すれば，図4.8のようになる．

　また，柔性の両端AとBに同時に速度v_Aとv_Bを作用させるとする．この作用は，端Bを固定して端Aに速度v_Aを与えた後に，端Bに速度v_Bを与えるという，2段階の作用に分けられる．柔性は，相対速度のみによって機能し，一様移動速度は力学的意味をもたないから，端Bに速度v_Bを与える後段階の作用は，端Bを固定して端Aに速度$-v_B$を与えることと力学的に等価である．したがって，これら2段階の作用は，端Bを固定したままで，端Aにまず速度v_Aを与え，続いて端Aに速度$-v_B$を与えること，すなわち端Aに速度v_A-v_Bを与えることと，力学的に等価である．そこで，この場合の反作用速度はv_B-v_Aである．ここで，柔性において力学的に等価であるとは，柔性の両端間の相対速度（伸縮速度）が同一であることを意味する．

4.8　柔 性 速 度

　上述のように，他端を固定した柔性の一端に接続された作用源から柔性に作用速度を加えることを，柔性の作用を受ける端の上にいる観測者から見れば，作用速度と逆方向で同じ大きさの速度を作用源に加えることになる．この速度が反作用速度である．この反作用速度を**柔性速度**（compliance velocity または velocity of compliance）と呼ぶことにする．柔性は，作用速度を受けると，この柔性速度を出しながら，自身に力変動を生じるのである．

柔性速度は，柔性に速度が作用する（柔性の両端間に相対速度を与える）と同時に必ず生じ，速度が作用しなくなるか速度が連続する（柔性両端の速度が同一になる）と同時に必ず消滅し，作用速度が存在しないと決して生じず，大きさと方向が作用速度によって一義的に決まる（作用速度と同値で逆方向）．このことから理解できるように，柔性速度は，作用速度から独立した速度ではなく，作用を速度の形で受けて力学的エネルギーを吸収しつつある柔性の場から速度の作用源の場に対して出す，柔性特有の反作用速度なのである．

柔性速度は，われわれの場から見て作用速度に等しい相対速度を有する場に，柔性に対する作用速度と表裏一体として存在する実在の速度である．作用が実在する以上，反作用も実在する．このことは，力のみではなく速度に関しても成立する．作用速度 v を受ける柔性は，反作用速度として柔性速度を生じることによって動的に機能し，力学的エネルギーを吸収する．このように柔性速度は，実際の力学的エネルギーの変動に伴って柔性に生じる実在の速度である．

筆者が提唱する力の法則

$$v = Hf \tag{4.70}$$

を移項して得られる式

$$v + (-H\dot{f}) = 0 \tag{4.71}$$

の左辺第2項の $-H\dot{f}$ は，作用速度（柔性両端間の相対速度）v に対する柔性特有の動的機能に基づく反作用速度であり，これが柔性速度である．

式（4.71）を，「速度 v が作用している柔性に，柔性速度 $-H\dot{f}$ を与えれば，これら両速度が打ち消し合って，柔性は相対速度を有しない状態にある．しかし，実際には v 以外には速度が存在しないから，柔性速度は実在しない見かけの速度である．」というように解釈してはいけない．実在の速度と実在しない見かけの速度が打ち消し合う，などということは，式の上では可能であるが，現実の世界では起こりえない．柔性速度は実在の速度であり，それ故に式（4.71）のように，2つの速度を実現象として足し合わせることができるのである．

しかし柔性速度は，作用速度 v から独立した別の速度ではなく，作用速度 v の反作用速度であり，作用速度 v そのものの裏表現である．したがって式（4.71）は，別々の2個の速度の和が零になることを表現する式ではなく，「柔性に対す

る作用速度と柔性からの反作用速度を加えれば零になる」という，1つの速度の作用反作用の法則を表す式である．そして，運動の法則が動的状態における力の作用反作用の法則であるように，式（4.70）の力の法則は動的状態における速度の作用反作用の法則（式（4.71））の別表現なのである．

作用速度 v を受けて力学的エネルギーを吸収しつつある柔性が作用源に与える，柔性特有の反作用速度である柔性速度 $-H\dot{f}$ は，作用力 f を受けて力学的エネルギーを吸収しつつある質量が作用源に与える，質量特有の反作用力である慣性力 $-M\dot{v}$ と，双対の関係にある．

以下に，これまでの概念をまとめて記述する．

質量は，作用力が不釣合状態 $f \neq 0$ になると動的に機能し，自身に速度変動 $\dot{v}$ を発生させることによって反作用力である慣性力 $-M\dot{v}$ を生み出し，不釣合作用力に対する力の作用反作用の法則 $f + (-M\dot{v}) = 0$ すなわち運動の法則 $f = M\dot{v}$ を満足させる．

柔性は，作用速度が不連続状態 $v \neq 0$ になると動的に機能し，自身に力変動 $\dot{f}$ を発生させることによって反作用速度である柔性速度 $-H\dot{f}$ を生み出し，不連続作用速度に対する速度の作用反作用の法則 $v + (-H\dot{f}) = 0$ すなわち力の法則 $v = H\dot{f}$ を満足させる．

次に，質量と柔性における作用と反作用を比較する．

（作用）
- **慣性速度**：質量が有し質量から外部に作用する速度
  力学的エネルギーを速度の形で保有している質量が能動的に出す作用速度（保有速度＝作用速度）
- **復元力**　：柔性から外部に作用する力
  外部からの作用によって柔性に生じ，柔性が保有する柔性力に対する反作用力
  力学的エネルギーを柔性力の形で保有している柔性が能動的に出す作用力（保有力の反力＝作用力）

質量は，自身が置かれている速度状態に慣れ，常にそのままの速度状態を維持しようとするから，自身が有する慣性速度をそのまま外部に作用させる．これに対して柔性は，自身が置かれている力状態を嫌い，常に力を有しない本来の自然状態に復元しようとするから，外部によって強制的に持たされている柔性力と逆

方向で同じ大きさの復元力を，外部に作用させる．

（反作用）
　慣性力　：外部からの作用を力の形で受ける質量が受動的に出す反作用力
　柔性速度：外部からの作用を速度の形で受ける柔性が受動的に出す反作用速度であり，柔性内の作用を受ける側の端から見た外部の速度

　質量と柔性は共に，外部への作用によって力学的エネルギーを放出し，外部への反作用によって力学的エネルギーを吸収する．質量の慣性速度が外部（例えば柔性）に正の仕事をする場合と，柔性の復元力が外部（例えば質量）に正の仕事をする場合には，これらは作用とみなされる．ただし，反作用の反作用は作用であることから，作用と反作用は常に互換性を有する．

4.9　エ ネ ル ギ ー

4.9.1　エネルギーとは

　エネルギー（energy）とはどういうものかについて，筆者の手元にある物理学書を参照し引用しながら，論じてみよう．

　英語の energy はギリシャ語の energeia から由来する．この言葉の中の en は英語の in，ergon は英語の work の意味である．そして，energeia は in work を意味する．この言葉から理解できるように，エネルギーの定義を「物体が他に対して**仕事**（work）をする能力を持つとき，物体はエネルギーを持つという」とする場合が多い[7]．したがって，エネルギーの単位は仕事の単位：$1 \text{ Nm} = 1 \text{ kgm}^2/\text{s}^2 = 1 \text{ J}$（ジュール）と同一である．また，エネルギーは仕事をする方向からされる方向へと流動する，と考えるのが自然である．

　エネルギーとは数学的な抽象量である．エネルギーとは何だろうか，ということについては，現在の物理学では何もいえない[4]．古典力学では，エネルギーと物質は別物であり後者が前者を保有する，と考えられているが，アインシュタインの相対性理論によれば，これら両者は同一であり，運動エネルギーを保有することは質量が増加することそのものである[4]，とされている．

　エネルギーには違った形がある．弾性，重力，運動，熱，核，輻射，電気，化学，質量などである[4]（図4.9）．

　物体を透過し空間に遍在する重力の場では，エネルギーは質点がもつというよ

4.9 エネルギー

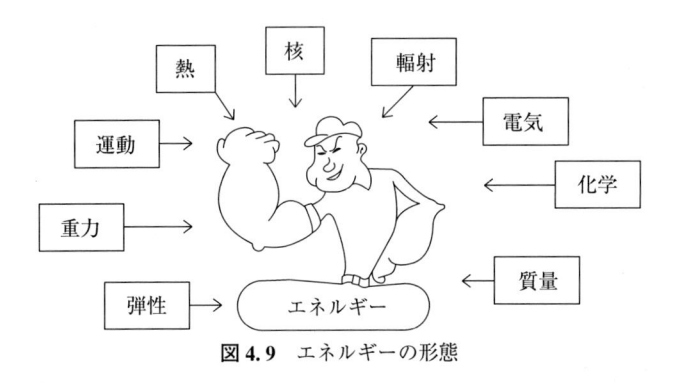

図 4.9 エネルギーの形態

りも，空間に宿るすなわち力場（ポテンシャル場）という場がもつ，としたほうがよいと考えられる．しかし，その場に存在する質点がもつとしてもよい[4]．

物質を動かせば，それに伴って，物質を構成する原子・分子に勝手な不規則運動が起こり，それが周辺に伝播され拡散される．こうして，巨視的運動である運動エネルギーは，微視的不規則運動である熱エネルギーに変わって消散され，周辺の温度が上昇する[4]．3.5 節で説明した粘性は，この役目を果たす性質の一つである．また摩擦も，巨視的運動エネルギーを原子の微視的運動エネルギーに変える役割を演じる．このように熱エネルギーは，基本的にはこの原子・分子の微視的不規則運動（不規則振動あるいはふるえ）の運動エネルギーである．

しかし，温度が高いと，激しく微視的運動をする原子・分子同士が衝突し合うために，物質を構成するすべての原子・分子間の平均距離が，静的な安定点である原子・分子間のポテンシャル場（例えば図 3.3 のレナード・ジョーンズポテンシャル場）の安定位置である底点よりもわずかに離れてくる（3.8 節参照）．これは原子・分子間に力エネルギー（位置エネルギー）が存在することを意味する．またこれを巨視的に見ると，温度上昇に伴う物質の体積膨張を意味する．このように，熱には力エネルギーが少し入ってくるので，すべてを運動エネルギーとして扱うことはできない[4]．

電気エネルギーは，電荷の斥力や引力に関係するものである．光は，電磁場の振動であり，電気エネルギーの一つの形である．電場・磁場の場合には，電波の存在からもわかるように，真空中にもエネルギーが宿ると考えられる[4]．

化学エネルギーには 2 つの部分がある．主なものは電子と陽子の相互作用の電気エネルギーであり，基本的には電気力による力エネルギー（位置エネルギー）

である.他は原子中の電子の運動エネルギーである.例えば,油を燃やすことを考える.油の1箇所を熱すると,その部分の構成原子は,激しい微視的不規則振動を生じ,共有結合という隣接する原子が共有する最外周の電子と陽子の相互作用の電気エネルギーによる強力な力エネルギーの場から解放される.油という物質を構成する高分子の原子間共有結合が切れ,ばらばらの低分子または原子(油の場合には主に炭素原子)になるのである.

このようにして原子間を結合する力エネルギーの場は消滅し,炭素原子は気体となって散っていく.気体となった炭素原子は,その瞬時に周囲の空気中の酸素原子と結合し,二酸化炭素という低分子になる.このように,多数の共有結合を有する高分子から小数の共有結合を有する低分子に変わる際に,余った大量のエネルギーが放出される.

放出されたエネルギーの一部は,隣接する領域に存在する油の構成高分子群に激しい微視的不規則振動を励起し,それらを共有結合から解放してばらばらに分解する.これを巨視的に見れば,燃焼が伝播し拡大するのである.

放出された残りのエネルギーは,周辺を囲む空気分子の激しい微視的不規則振動を励起する.これを巨視的に見れば,燃焼する油が熱エネルギーを放出し,周辺を囲む空気を高温にするのである.油の構成原子の激しい微視的不規則振動は,余った膨大な熱エネルギーを放出しながら,急速に周辺の油に伝播し,巨視的領域にまで拡大する.これが油の燃焼という現象である[4].

このように化学エネルギーには,原子・分子の微視的不規則振動の運動エネルギーが少し入ってくるので,すべてを力エネルギーとしては扱えない.したがって,運動エネルギーと力エネルギーを一緒にした物質の内部エネルギーは,一部が熱エネルギーであり,一部が化学エネルギーである[4].

原子核エネルギーは,原子核の中における粒子の配列によるエネルギーであり,電気的でもなく,重力的でもなく,化学的でもない別の形であるが,その基本法則はわかっていない.量子力学では,最も自然な概念はエネルギーであり,力の概念はなじまない.核子・原子・分子間の複雑な場においては,力とか速度というものはばらばらになったり消えてなくなったりするが,エネルギーという考えはそのまま残る.光子1個のエネルギーは,プランク定数と周波数をかけ合わせたものである[4].

4.9.2 エネルギーの保存

古代から人類は，実用的な欲望から，現在私たちがしているように石油を燃やしたりウラニウムを分解する必要がなく，永遠に物を運んだり持ち上げたりし続ける機械を作ろうと努力してきた．このような機械を第1種の**永久運動**（perpetual motion）と呼ぶ．永久運動が不可能であることに気付いたのは，レオナルド・ダ・ヴィンチ（Leonardo da Vinci, 1452–1519）であった（図4.10）．彼は，このような機械を発明しようとしている人たちを，錬金術師と同様なことをしようとしている，と非難した．

力学的エネルギー保存の法則の萌芽的形態は，微積分法の発見の先取権をめぐってニュートンと激しい論争をしたライプニッツ（Gottfried Wilhelm Leibniz, 1646–1716）によって提唱された．彼は Mv^2 という量を活力と名付け，運動においてそれが保存されることを主張した[1]．ライプニッツのいう活力は，今日の運動エネルギーを意味していた．18世紀の終わりには，物体は純粋に力学的な方法では，初速度が零で自由落下を始めた高さより高いところには，自らは到達できないことが確認され，今日力学的エネルギーと呼ばれるものが保存されることがわかっていた．

しかし，熱現象をも含む機械を作れば永久運動は実現できるのではないかということは，19世紀に入っても考えられていた．力学の範囲を出て熱の現象をも含めた**エネルギー保存の法則**（law of energy conservation）を発見したのは，1842年のマイヤー（Robert Mayer, 1814–78）である．またこれに続いて，あるいはこれとは独立に，1840～45年にジュール（James Prescott Joule, 1818–89），1847年にヘルムホルツ（Hermann von Helmholtz, 1821–94）によって，エネルギー保存

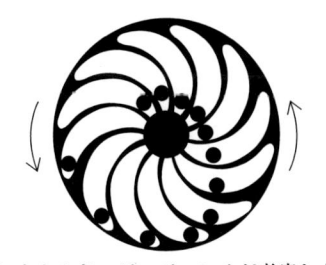

図4.10 レオナルド・ダ・ヴィンチが考案した永久運動
比重の大きい球が曲面の仕切りに1つずつ入っている車輪．はじめにこの車輪を反時計回りに動かせば，球が下がるときと上がるときとでは回転半径に差があるので，回転力を生じ，車輪はいつまでも回り続ける．もっとも，彼はこれが不可能であることを知っていた．

の法則は実験的にも理論的にも確立された[1]．これらによって，第1種の永久機関の実現は完全に否定され，力学的エネルギー保存の法則は不動のものとなった．永久運動をするものは存在しない，というのが力学的エネルギー保存の法則の一般的記述である．ここで運動とは，外への仕事という意味である．

　4.3節において述べたように，物理学では保存される量が重要な役割をもつ．今日まで知られているあらゆる自然現象を通じて，その全部に当てはまる事実（法則）が1つある．それがエネルギー保存の法則であり，自然界でどのような現象が起こっても，エネルギーという量は変化しないのである[4]．このことは，自然界のすべての物理現象が3次元空間内に存在し，アインシュタインによって提唱された時空間の中で，われわれが時間軸に沿ってだけは自由に移動できないことと，何らかの関係があるのかもしれない．時間は「エネルギーが保存されるという絶対条件を満足させる速さで**エントロピー**（entropy）が増大する方向」という一通りの経過しか，実現しないのである．

　その他の保存される量としては，相対性理論が発見されるまでは質量保存の法則が，特に化学の領域では基本的な法則であった．今日でも相対性理論の効果を無視できる場合には，質量の重要性は変わらない．電気量保存の法則は，古典電磁気学でも量子電磁気学でも，そのまま成り立つ．運動量保存の法則と角運動量保存の法則によって保存されることがわかっている運動量と角運動量は，力学全体を貫いていたるところで重要な役割をもっている．現在判明している他の保存則としては，重粒子の保存と軽粒子の保存がある[7]．

　エネルギーの保存は，自然現象は絶対時間には関係しない，すなわちいつ実験しても結果は同じであるという，自然界のもう1つの重大な性質と結びついている．運動量の保存は，自然現象は絶対空間には関係しない，すなわちどこで実験をしても結果は同じであるという自然の性質と結びついている．角運動量の保存は，どちらを向いて実験をしても結果は同じであるという自然の性質と結びついている．これらは，運動量と位置（空間）が，角運動量と角位置（方向）が，また後述のようにエネルギーと時間が，それぞれ互いに双対関係にあることと，深く関係していると考えられる．

　エネルギーは保存されるが，人間の利用によるエネルギーは保存されない．どれだけのエネルギーが使えるかということを支配する法則が熱力学の法則であって，それには非可逆熱力学過程のエントロピーという概念が入ってくる．

4.9.3 物理事象の双対性

本書ではこれまで，**力学は互いに双対の関係にある 2 つの量からなる複数の種類の対で構成される**ことを述べてきた．例えば，力学特性では質量 M と柔性 H が，状態量では力 f と速度 v が，状態積では運動量（力積）$p = \int f\,dt$ と空間（位置あるいは速度積）$x = \int v\,dt$ が，互いに双対関係にある．運動量と空間が互いに双対関係にあることは，2.2 節で述べたように，ハイゼンベルグの不確定性原理が次式で表される[4]ことから類推できる．

$$\Delta x \cdot \Delta p \geq h \tag{4.72}$$

ここで，h はプランク定数である．

それでは，エネルギー E と双対の関係にある量は何であろうか．それは時間 t であるかもしれない．このことは，式（4.72）と同じ不確定性原理が

$$\Delta E \cdot \Delta t \geq h \tag{4.73}$$

の形で表される[4]ことから類推できる．

運動量と空間が，またエネルギーと時間が，互いに双対関係にあるらしいことは，ローレンツ変換の考えを運動量にあてはめると，3 つの空間成分として古典力学における通常の運動量が，第 4 の時間成分として力学的エネルギーが出てくる[4]ことからも類推できる．また相対性理論によって明らかにされているように，ブラックホールの近傍のように大きい重力（万有引力）が作用する場と，光速に近い大きい速度を有する場では共に，運動量（力積）が増大するために空間が収縮し，同時に力学的エネルギー（重力場では力エネルギー，速度場では運動エネルギー）が増大するために時間の進みが遅くなること[4]からも類推できる．さらにこれらのことは，相対性理論において，時間と空間の連成が運動量とエネルギーの連成と深く関連すること[4]を示唆していると考えられる．

なお，位置と速度は同時には確定できないという，周知の不確定原理

$$\Delta x \cdot \Delta v \geq \frac{h}{M} \tag{4.74}$$

は，質量 M を物体の本質的な不変量とし，運動量をその質量と速度の積であるとする，古典力学においてのみ通用する近似概念を，本来の不確定原理である式（4.72）に導入した結果得られる式である．したがってこの式は，位置 x と速度 v が対等かつ双対関係にあることを意味しているわけではない．

4.9.4 力学的エネルギーとは

　力学的エネルギーは，速度の形で存在する場合と力の形で存在する場合に分けられる．前者は，速度を有し運動することによってエネルギーが現れるから，運動エネルギーと呼ばれている．これに対して，後者のうちで何か他のものとの相対的位置によって生じるエネルギーを，**位置エネルギー**（potential energy）あるいは**ポテンシャルエネルギー**という．例えば，重力の位置エネルギー，電気力の位置エネルギーなどである．また，相対位置の変化であるひずみによって応力が発生する固体を対象とする連続体力学（工学系では材料力学）では，位置エネルギーを**弾性エネルギー**（elastic energy）または**ひずみエネルギー**（strain energy）と呼んでいる．第3章で述べたように，固体の弾性エネルギーは，原子間作用力の元になる位置エネルギーの一種である．圧縮された液体や気体が有するエネルギーもまた位置エネルギーの一種である．

　しかし，位置エネルギーを扱うとき必ずしも常に物体の位置を意識するわけではなく，その必要もない．例えば，われわれが今いる位置（地球の中心からの距離）は簡単にはわからないし，それを知らなくても重力の大きさを測定すれば，地球の万有引力による位置エネルギーの場を描くことができる．

　すべての位置エネルギーに共通していることは，それが力の形で現れ，それを扱うときには必ずその力をとりあげることである．位置エネルギーが存在してもその作用源の位置は一般にはわからないが，位置エネルギーが存在すれば必ず力を生じ，それを知覚し計測できる．一方位置は，位置エネルギーの有無とは無関係に必ず存在する．また動力学では，速度の積分であり時間の関数である位置は，運動の一種である．したがって，力学的エネルギーを運動エネルギーと位置エネルギーに分けることには，筆者は言葉の上で若干の不自然さを感じる．

　これらのことから筆者は，3.6節で述べたように，位置エネルギーを力エネルギーと呼ぶほうがふさわしいのではないかと考え，力学が力と運動の対等・双対の関係を扱う学問であることを考慮して，本書では，**力学的エネルギーは力エネルギーと運動エネルギーに分けられる**，としている．

　力エネルギーについてもう少し詳しく説明する．物体が力を受けてある点から他の点まで動くとき，力のなす仕事の量が始点と終点の位置だけによって決まり，途中の道筋のとり方には無関係であり，そしてこれが任意の2点間について真であるならば，力学的エネルギー保存の法則が成立する．このような力を**保存力**

(conservative force) という．力エネルギーは，この保存力によるエネルギーである．閉じた経路を1周するとき，保存力によってなされる仕事は零になる．

これに対して，力学的エネルギー保存の法則が成立しない場合の力を**非保存力** (non-conservative force) という．非保存力の例としては，粘性抵抗力，摩擦力などがある．

空間座標 $r = (x, y, z)$ に一価関数 $U_p(r)$ があり，力 $f = (f_x, f_y, f_z)$ が

$$f_x = -\frac{\partial U_p}{\partial x}, \quad f_y = -\frac{\partial U_p}{\partial y}, \quad f_z = -\frac{\partial U_p}{\partial z} \tag{4.75}$$

で表されるとき，U_p を**ポテンシャル**（potential）という．ここで一価関数とは，1つの位置で1つの値しかとりえない関数をいう．例えば，宇宙に遍在する万有引力の場が作り出すポテンシャルは，位置の一価関数であり，無限遠では作用がなく零，それ以外では負である．式（4.75）によって導かれる力は保存力であり，右辺の負号は保存力がポテンシャルの減少する方向に作用することを意味する．ポテンシャルの等エネルギー面に垂直で力エネルギーが減少する方向の曲線群は，力ベクトルの作用方向を与え，これを**力線**（line of force）という．力エネルギーが空間の場所に依存せず一定ならば，力の場は存在しない．

現在までにわかっている範囲では，自然界はすべて保存力の場であり，自然界には非保存力というものは存在しないようである[4]．

4.9.5　力学的エネルギーと仕事

プランク（Max Carl Ernst Ludwing Planck, 1858-1947）が「2つの質点が，その相互作用によって運動するとき，相互作用が行う仕事は慣性系のとり方にはよらない．すなわち，ガリレイ変換に対して不変である．」（文献8, p.26）と述べているように，仕事は不変性を有する．また，1つの物体に複数の保存力が同時に働いているとき，それら全体によりなされる仕事は，各力によりなされる仕事の和であり，したがって各力による力エネルギーの変化に分けて考えられる．

以下に，仕事，力学的エネルギー，運動の法則，力の法則間の相互関係に関する新しい概念を提示し説明する．

　1) 位置の法則 $v = dx/dt$ を用いれば，運動の法則 $f = M(dv/dt)$ の位置 x に関する積分は，運動エネルギーになる．

$$\int_{t_0}^{t} M \frac{dv}{dt} dx = \int_{t_0}^{t} M \frac{dv}{dt} \frac{dx}{dt} dt = \int_{t_0}^{t} Mv \frac{dv}{dt} dt = \int_{t_0}^{t} M \frac{d(v^2/2)}{dt} dt = \left(\frac{1}{2} Mv^2\right)_{t_0}^{t}$$

$$= \frac{1}{2} Mv^2 - \frac{1}{2} Mv_0^2 \tag{4.76}$$

2) 運動量の法則 $f = dp/dt$ を用いれば，力の法則 $v = H(df/dt)$ の運動量 p（位置 x の双対量）に関する積分は，力エネルギーになる．

$$\int_{t_0}^{t} H \frac{df}{dt} dp = \int_{t_0}^{t} H \frac{df}{dt} \frac{dp}{dt} dt = \int_{t_0}^{t} Hf \frac{df}{dt} dt = \int_{t_0}^{t} H \frac{d(f^2/2)}{dt} dt = \left(\frac{1}{2} Hf^2\right)_{t_0}^{t}$$

$$= \frac{1}{2} Hf^2 - \frac{1}{2} Hf_0^2 \left(= \frac{1}{2} Kx^2 - \frac{1}{2} Kx_0^2 \right) \tag{4.77}$$

運動エネルギーを表現する式 (4.76) と力エネルギーを表現する式 (4.77) は，互いに双対の関係にある．このように，**運動（速度）を用いて運動エネルギーを，力を用いて力エネルギーを表現すれば，これら 2 種類の力学的エネルギー間の双対関係を明確に表現できる．**

単位時間になされる仕事すなわちパワー P は，2 つの状態量である力 f と速度 v の積で表現される．仕事はその時間積分として表現され，

$$W = \int P \, dt = \int fv \, dt \tag{4.78}$$

1) 質量に仕事がなされる場合には，力 f が作用し運動の法則 $f = M(dv/dt)$ が成立するから，これを式 (4.78) に代入して

$$W = \int Mv \frac{dv}{dt} dt \tag{4.79}$$

これは式 (4.76) と同一の式であり，力によって質量になされた仕事は運動エネルギーとして質量に保存されることがわかる．

2) 柔性に仕事がなされる場合には，速度 v が作用し力の法則 $v = H(df/dt)$ が成立するから，これを式 (4.78) に代入して

$$W = \int Hf \frac{df}{dt} dt \tag{4.80}$$

これは式 (4.77) と同一の式であり，速度によって柔性になされた仕事は力エネルギーとして柔性に保存されることがわかる．

従来は，仕事はもっぱら質量に力が作用してなされると考えられていたから，

仕事は「力×速度（位置（速度積）の変化）」と定義され，次式で表される．

$$W = \int fv\,dt = \int f\frac{dx}{dt}dt = \int f\,dx \quad (4.81)$$

筆者は，**仕事は柔性に速度が作用してなされる場合もあり，それは質量に力が作用してなされる場合と対等・双対の関係にある**，ことを主張している．この場合には，仕事は「速度×力（運動量（力積）の変化）」と定義される．この定義と運動量の法則 $f = dp/dt$ を用いれば，式（**4.81**）と双対関係にある新しい仕事の定義式が，次式のように導かれる．

$$W = \int vf\,dt = \int v\frac{dp}{dt}dt = \int v\,dp \quad (4.82)$$

式（4.82）に力の法則 $v = H(df/dt)$ を代入したものが，式（4.77）である．

4.9.6 力学的エネルギー保存の法則

力学現象では，力エネルギー（位置エネルギー）と運動エネルギーの和が一定である，という力学的エネルギー保存の法則が成立する．このことは，ニュートンの法則からの帰結ではなく，ニュートンの法則より根本的な自然法則である．

力エネルギーとしては，古典物理学では万有引力エネルギーと電気力エネルギーだけであったが，今日では原子核エネルギー，光のエネルギーなどがある．これらを含めても，自然界ではエネルギー保存の法則は成り立つのである．原子的立場からすると，全エネルギーを運動エネルギーと力エネルギーに分けるのは必ずしも容易ではないし，またそれは必ずしも必要ではない．しかし，ほとんどあらゆる場合にはこれら2つに分けられるから，いつも可能であるとして，自然界においては運動エネルギーと力エネルギーの和は一定である，とされている[4]．

次に，よく知られている落体における力学的エネルギー保存の法則と運動の法則の関係を記述する．質量 M の落体が有する運動エネルギーを T，重力による力エネルギーを U，速度を v，高さを h，重力加速度を g とすれば

$$T = \frac{1}{2}Mv^2, \quad U = Mgh \quad (4.83)$$

運動エネルギーを時間で微分すると

$$\frac{dT}{dt} = Mv\frac{dv}{dt} \quad (4.84)$$

落体に作用する力は $f=-Mg$ であるから，運動の法則から

$$M\frac{dv}{dt}=f=-Mg \tag{4.85}$$

落下中に質量 M と重力加速度 g が変化しないとすれば，式 (4.84) に式 (4.85) を代入して

$$\frac{dT}{dt}=-Mgv=-Mg\frac{dh}{dt}=-\frac{dU}{dt} \tag{4.86}$$

式 (4.86) を時間で積分すれば

$$T+U=E \quad (E：一定) \tag{4.87}$$

となる．

　続いて，質量 M，柔性 H からなる1自由度系の振動における力学的エネルギー保存の法則と運動の法則・力の法則の関係を記述する．質量の速度を v，柔性の力を f，この系が有する運動エネルギーを T，力エネルギーを U とすれば

$$T=\frac{1}{2}Mv^2, \quad U=\frac{1}{2}Hf^2 \tag{4.88}$$

　質量は，柔性が有する柔性力 f の反作用力で復元力である $-f$ を柔性から受けて，速度変動（加速度 dv/dt）を発生する．運動エネルギーを時間で微分して，この場合の運動の法則 $-f=M(dv/dt)$ を適用すれば

$$\frac{dT}{dt}=Mv\frac{dv}{dt}=-vf \tag{4.89}$$

力エネルギーを時間で微分して，力の法則 $v=H(df/dt)$ を適用すれば

$$\frac{dU}{dt}=Hf\frac{df}{dt}=vf \tag{4.90}$$

したがって

$$\frac{dT}{dt}+\frac{dU}{dt}=0 \quad \text{すなわち} \quad T+U=E \quad (E：一定) \tag{4.91}$$

5. ダランベールの原理

5.1 歴史上の考察

　ダランベール（Jean le Rond D'Alembert, 1717-83）が活躍していた当時は，現在のように力学原理が確立し，ニュートン（Sir Isaac Newton, 1642-1727）の「運動の3法則」が古典力学における基本法則の主役として不動の地位を占めていたわけではなく，いろいろな論者がそれぞれに自分流の力学法則を主張していたようである．例えば，経験論者であるダランベールは，当時論じられていた重力の成因に関する議論を，力の形而上学として拒否した．そしてダランベールは，ニュートンの第2法則を力学の基本原理とはみなさず，ダランベール独自の力学法則として，「慣性の法則」と「運動の合成の法則」と「釣合の法則」の3法則を提唱した．

　これらのうち「慣性の法則」は，ガリレイ（Galileo Galilei, 1564-1642）やニュートンのものと同一である．また「運動の合成の法則」は，力の合成ではなく単純に速度ベクトルの合成と分解であり，現在ではこの法則は自明の数学的手法とみなされ，自然界が線形であること以外の大きい物理学的意味をもたない．

　これに対して，現在**ダランベールの原理**（D'Alembert's principle）と呼ばれているのが「釣合の法則」である．経験論者ダランベールは，直接観測できる運動とそこから知られるもの以外を理論に持ち込むことを善しとしなかった．そこで，内部の弾性力や抗力や拘束力のような束縛力は，物体に内在し隠蔽されそれ単独では観測できず知りえないから，そのようなものを含まない力学理論を作る必要があった．「釣合の法則」はこうして生まれた[2]．

　現在では，ダランベールの原理は，力学の根幹をなす最も重要な原理の一つとされている．それにもかかわらず，いくつかの力学の専門書を調べてみると，この原理に関する解釈や説明は，後述のようにばらばらであり，統一を欠いているように感じられる．ダランベールの原理に対する現在の認識には，曖昧さ・誤解・

混乱があるのではなかろうか．

　事実，山本義隆はこのことを次のように指摘している．「ラグランジュの方程式をダランベールの原理から導き出すのが相場というか定石になっている．ところがその際，肝心のダランベールの原理それ自体の表現や意味が教科書毎にバラバラで，そのため初学者にはラグランジュ方程式の導出にとって一体何が本質的なのかがきわめて読み取りにくくなっている．」（文献1，p. 308）「物体とともに動いている座標系で見たときに現実に働いている力と慣性力とで物体が釣り合うという，ほとんど自明の事柄がダランベールの原理であるというのはいただけない．それでは高名なるダランベールの原理なるものは単一の運動方程式を越える意味を持たず，それどころかむしろ運動方程式の不自然で不便な書き直しにすぎなくなる．大体からして単一の質点（物体）だけを考えている限り，系の構成物体間に働く未知の拘束力をどう処理するのかというベルヌーイ以来ダランベールにいたるまでの真の問題とは無縁になる．」（文献1，p. 309）「束縛力がもともとないときの運動方程式 $f = ma$ の右辺を単に移項して $f - ma = 0$ と書いたものをダランベールの原理と称しているのをよく，特に工学系のテキストなどに，見かけるが，これは全くナンセンスである．」（文献2，p. 318）

　もしそうであれば，これは力学にとってきわめて重大な問題であり，これをそのままにしておくことはできない．そこで本章では，ダランベールの原理の原点に返る考察によってその正体を探り，現在の一般的見解を見直すことを試みる．そして，**筆者が本書で提示する新しい力学概念を用いれば，ダランベールの原理の正しい意味と意義を従来よりも明快に説明できることを示す．**

　まず，ダランベールの原理に関連する本人の記述を原文（和訳）のまま紹介し，その内容に関する説明と考察を述べる．なお，本章におけるすべての歴史的原文は，ダランベールを含む古典力学の歴史全体を公平な立場から詳細かつ正確に記述している山本義隆の著書[1),2)]から引用したものである．

　ダランベールは，著書『力学論』（1743）において，彼のいう「釣合」の概念を以下のように説明している．

　「もしも物体がその運動の際に遭遇する障害が，その物体の運動を妨げるのに丁度必要なだけの抵抗を加えたならば，そのときこの物体と障害物のあいだに釣り合いが成り立つという．例えば，2物体が各々の質量に反比例し互いに逆向きの速度を持ち，一方が動けば必ず他方を動かすとき，この2物体は釣合にあると

5.1 歴史上の考察

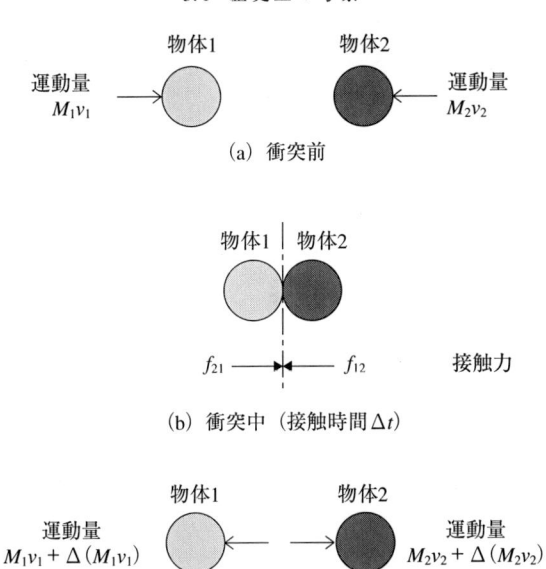

図 5.1 2 物体の衝突

(a) 衝突前: 物体1 運動量 M_1v_1, 物体2 運動量 M_2v_2

(b) 衝突中（接触時間 Δt）: 接触力 f_{21}, f_{12}

(c) 衝突後: 物体1 運動量 $M_1v_1 + \Delta(M_1v_1)$, 物体2 運動量 $M_2v_2 + \Delta(M_2v_2)$

いう.」（文献 1, p. 219）

　ダランベールは力の概念を使っていなかったから，この表現は若干わかりにくい．これをわかりやすくするために，ニュートン流に力の概念を使って説明すれば，次のようになる．

　図 5.1 のように，物体 1 と 2 があり，それらが衝突して，物体 1 の運動量が $\Delta(M_1v_1)$ だけ，また物体 2 の運動量が $\Delta(M_2v_2)$ だけ変わったとき，$\Delta(M_1v_1) + \Delta(M_2v_2) = 0$ が成立する．物体 1 が物体 2 に及ぼす力を f_{21}，その反作用として物体 2 が物体 1 に及ぼす力を f_{12} とすれば，$\Delta(M_1v_1) = f_{12}\Delta t$，$\Delta(M_2v_2) = f_{21}\Delta t$ であるから，上式は $f_{12} + f_{21} = 0$，すなわち作用力と反作用力の和が零になることを表している．

　これらの 2 力 f_{21} と f_{12} は，2 つの物体間に作用する 1 つの力の表裏両面を表しており，1 つの物体に働く互いに独立した 2 つの力ではない．したがって，これらの力の和が零であるというこの式は，「**単一の物体に作用する互いに独立した複数の力の和が零になる**」という，現在の意味での力の釣合式ではなく，力の作用反作用の法則である．このように上記のダランベールの説明文は，本質的には「作用反作用の法則」の力の概念を使わない言い換えである．この説明文を見る

限りでは，ダランベールが認識していた釣合の概念は，現在の釣合の概念とは異なり，ニュートンの作用反作用の法則と同義であったと考えられる．ただし，これはあくまで現在から見た筆者の見解であり，ダランベール自身がこのようなことを認識していたわけでは毛頭ない．

ダランベールやラグランジュ（Joseph Louis Lagrange, 1736-1813）が活躍していた当時は，釣合の概念が未分化であり，現在のようにはっきりした定義が存在していたわけではなかった．したがって**ダランベールは，上記の現在の意味での釣合の概念を釣合とみなしていなかったわけではなく，釣合の言葉を現在の意味での釣合の概念と作用反作用の法則を合わせた広い意味で使っていた**，と解釈するのが妥当で正しいと筆者は考える．ダランベールの原理を正しく理解するためには，あらかじめ釣合に関するこの事実を認識しておかなければならない．

ダランベールは『力学論』において，上記のように釣合の概念を説明した後に，釣合の法則を記述している．まず，問題を次のように設定している．

「ある仕方で互いに配置された物体の系が与えられたとせよ．これらの物体のそれぞれにある一定の運動を刻み込むとせよ．それぞれの物体は他の物体の作用のためにその刻み込まれた運動に引き続いて従うことはできないであろう．各物体がとらなければならない運動を見出すこと．」（文献1, p.221）

そしてこの問題の解として，以下の有名な「ダランベールの原理」が述べられている．

「A, B, C などがこの系をなす物体であるとし，これらに運動 a, b, c などを刻み込んだところ，それらの物体はその運動をその相互作用によって運動 a, b, c などに変えることを強いられたとする．明らかに物体 A に刻み込まれた運動 a を，それが行う運動 a と残りの運動 α とから合成されたものとみなすことができる．同様に，運動 b, c なども運動 (b, β), (c, γ) などから合成されたものとみなすことができる．このことからして，物体 A, B, C などの運動は，衝撃 a, b, c などの代わりに二重の衝撃 (a, α), (b, β), (c, γ) などをそれらに同時に与えたとした場合と同じであるということになる．ところで前提により，物体 A, B, C などは，それ自体では運動 a, b, c などを行ったのであるから，運動 α, β, γ などは，運動 a, b, c などを邪魔しないもの，つまり物体が運動 α, β, γ などだけしか受けなかった場合には，それらの運動は互いに打ち消しあって物体の系は静止状態を続けるようなもののはずである．

以上より，互いに作用しあう多数個の物体の運動を見出すための以下の原理が結果する．それぞれの物体に刻み込まれた運動 a, b, c などをそれぞれ二つずつの他の運動 (a, α), (b, β), (c, γ) などに分解する．ただしそれらの分解された運動は，物体に運動 a, b, c などだけを刻み込んだならば，系は互いに阻止しあうことなくこの運動を保存することができるであろうし，また，これらの物体に運動 α, β, γ などだけを刻み込んだならば，系は静止を保つであろうようなものである．明らかにこの場合，a, b, c などが相互作用によって物体が実際に行うであろう運動である．これが与えられた問題の解である．」(文献 1, p. 221-222)

　ニュートンの法則は，簡単明瞭であり万人が即座にそれを理解し法則と認めることに異論の余地がないものである．これに対して上記の釣合の法則は，実に冗長複雑・理解困難であり，一見法則として認めがたいものである．両者の間にこのような違いがあることに対する筆者の見解を，以下に述べる．

　ニュートンもダランベールも，自然界の観察から力学の研究を始めたことは同じである．ニュートンの観察は，「力が作用しその結果として運動が生じる」という前提に基づいて物体の運動を統一的に説明することを，常に念頭において行われた．そしてニュートンは，これを可能にするために様々な仮定概念を観察の中に持ち込んだ．例えば，ガリレイによって否定された絶対空間，ローレンツによって否定された不変量としての質量，オイラーによって否定された固有力，などである．これらの導入による自然界の統一的説明は見事に成功し，現存する壮大華麗なニュートン力学が創生されたのである．

　一方，力のように直接感知できないものを用いることを嫌った経験論者ダランベールは，上記のような前提や仮定概念を観察の中に持ち込むことを形而上的として否定し，前提や仮定を全く置かない白紙で素直な観察に忠実な立場を貫き，目に見える事実だけで自然界を理解しようとした．その結果ダランベールは，複数の質量からなる物体を構成する個々の質量が，それに刻み込まれる外作用にそのまま従って運動してはいないこと，すなわち個々の質量の運動はニュートンの運動の法則に従っていないことを発見したのである．

　かくしてダランベールは，ニュートンの運動の法則を力学の基本的法則と認めることを拒否した．そしてダランベールは，実際に観察される運動には，簡単明快なニュートンの運動の法則のみでは到底表現できない深奥が存在することに気付き，それをまだ未成熟であった当時の力学概念を用いてなんとか表現しようと

した．これが上記の釣合の法則である．この法則が冗長・難解なのは，力が原因で運動が結果という片道通行の因果関係のみに基づく従来のニュートン力学の枠を超える内容を暗に含むためである．この難解さこそが，単一の質量に力が作用して生じる単純な運動を扱うニュートンの運動の法則を超えるダランベールの原理の真価を暗示している．

この真価は，ニュートン・ダランベールの1世紀後にラグランジュによって初めて理解され，釣合の法則が力学の主役として再登場した．ラグランジュがニュートンの法則ではなくダランベールの原理を基にしてはじめて解析力学を創生できたのは，まさにこの理由による．解析力学は，ニュートンの法則からは決して生まれることはなかったのである．

この真価に気付かなかった後世の力学者は，この釣合の法則を従来のニュートン力学の枠内で理解し説明しようとした．このことが，ダランベールの原理を誤解させ，後述のような現在の一般認識の曖昧さと混乱を生んだのである．

この問題は，筆者が本書で提唱する新しい力学概念を用いて，初めて解決できる．本章では，これまで難解と言われてきたダランベールの原理に対する誤解を解いて正しい解釈と評価を与え，ダランベールが釣合の法則において表現しようとした真の内容を明快に示す．まず，筆者が提唱する**新しい力学概念の立場**に立って，上記原文を解釈した内容を，以下に記述する．

系を構成する質量A，B，Cなどに，それぞれ互いに異なる外作用a，b，cなどを与える．これらの外作用は，各質量に個別に作用する力（不釣合力）a，b，cなどと，質量間を連結する各柔性に個別に作用する速度（不連続速度：相対速度）α，β，γなどに分けられる（2.3節参照）．これらのうちa，b，cなどは，ニュートンの運動の法則に従って各質量に速度変動（加速度）を生じ，時間の経過と共に各質量の速度に変換される．これによって，各質量に作用する不釣合力a，b，cなどが消滅する代わりに，運動（速度）が現象として現れる．

一方，柔性には速度しか作用させることができないから，作用力a，b，cなどは，質量間を連結する各柔性には，何の影響も与えない．このことは，作用力a，b，cなどによって各質量に現れる速度は，この系を変形させることはない速度であり，実際には系全体の剛体運動の速度，すなわち重心の並進速度と重心回りの回転速度であることを意味している．

一方，質量には力しか作用させることができないから，作用速度α，β，γな

どは，各質量を連結する各柔性のみに作用し，系の運動には何の影響も与えない．作用速度 α, β, γ などは，各柔性に力変動を生じ，時間の経過と共に力に変換され，速度としては消滅する．その代わりに各柔性には力（柔性力）が発生するが，柔性力は内力として柔性内に隠蔽され，運動として外に現れることはない．これは，作用速度 α, β, γ などは，この系に運動（剛体運動）を生じないことを意味する．運動を生じない作用は直接には観測できないから，作用速度 α, β, γ などは，何の効果も現さず消滅するように見える．目に見えるものだけで力学を論じようとしたダランベールは，このことを「それらの運動は互いに打ち消しあって，物体の系は静止状態を続ける」と表現したのである．

　質量と運動エネルギーが支配する速度と，柔性と力エネルギーが支配する力の両状態量の変遷からなる力学的挙動のうち，運動として直接観測できるのは前者のみである．経験論者ダランベールにとっては，直接観測できるものだけが議論の対象であった．また，ニュートンやダランベールの時代には，物質は質量のみからなるとみなされており，剛性（柔性）やその内部に生じる力およびエネルギーなどの概念は，まだ存在しなかった．もっとも，フック (Robert Hooke, 1635-1703) はすでにばねの概念を発見していた．しかし，フックのいうばねの概念がニュートンやダランベールの力と運動に関する議論と関係するとは，誰も考えていなかったし，ましてやフックの法則が動力学を支配する法則と深い関係を有しているなどとは，夢にも思われていなかった．したがって，ダランベールの釣合の法則では，柔性内に直接観測できない力しか生じさせない作用速度 α, β, γ などは，系に対して何の作用もなすことなく消滅する，とされたのである．

　本書における筆者の観点から見た，この「**消滅する**」というダランベールの表現の正しい意味は，「**作用速度は柔性によって力変動に変換され，時間の経過と共にそれが蓄積されて柔性力になり，作用速度がなした仕事は柔性に力エネルギーとして蓄積され隠蔽される**」ことであり，また「**各柔性に生じた柔性力は，その反作用力である復元力として柔性が接続している各質量に作用するが，柔性ごとにその両端から外部に作用する復元力が互いに同じ大きさで逆方向であるから，系全体にわたる総和が零になる**」ことである．

　作用不釣合速度 α, β, γ などは，このように速度としてはいったん消滅し，代わりに各柔性に柔性力が発生する．この柔性力の反作用である復元力は各質量に個別に作用するから，各質量を見れば，それに接続されている複数の柔性から

の復元力の和は必ずしも零にはならず,局部的な力の不釣合状態を形成する.ダランベールのいう運動 α, β, γ などは,時間の経過と共に,各柔性に作用する速度の不連続から,各質量に作用する力の不釣合に変わるのである.

この不釣合力は,各質量に作用して,それらに速度変動(加速度)を発生し,それが質量に蓄積されて再び速度を生じ,不連続速度として各柔性に作用する.そしてこれを繰り返す.つまり作用 α, β, γ などは,系全体では消滅するが,個々の質量に関しては,消滅せずに周期的に形を変えながら存続し続ける.これは,**作用速度 α, β, γ などが系の重心を中心点とする自由振動を発生させる**,ことを意味する.ダランベールの時代には,自由振動という現象の存在は知られていなかったから,作用速度 α, β, γ などは消滅する,とされたのである.

外作用 a, b, c などは,力として各質量に作用して一様な速度変動を発生させ,それが蓄積されて系全体の剛体運動を生じる作用である.また,外作用 α, β, γ などは,速度として各柔性に作用して力変動を発生させ,それが蓄積されて系の自由振動を生じる作用である.このように,系に加える外作用 a, b, c などは,剛体運動を発生させる a, b, c などと,系の重心を中心とする自由振動を発生させる α, β, γ などに分けられる.そして動力学では,これら両者を別扱いにできるのである.ダランベールは,ニュートンの運動の法則のみでは到底表現できない,このような力学の深奥の存在に直感的に気付いていたのである.

以上の説明から,**ダランベールの釣合の法則は,現在一般に考えられているような,動力学における力の釣合式の導出や,力の釣合による静力学と動力学の統一などとは,まったく異なる意味を有することが理解できる.そして力学的現象が,ニュートンが提唱した,力が原因で質量が主役で速度が結果である現象と,本書で提唱する,速度が原因で柔性が主役で力が結果である現象からなること,力学系は力学的エネルギーの開放系と閉鎖系からなること,外作用によって注入される力学的エネルギーの一部は開放系に流入し蓄積されて剛体運動を発生させ,残りは閉鎖系に流入してその中を循環し自由振動を発生すること,および力学的エネルギーの外部流動による剛体運動と内部循環による自由振動を別の問題として分離して扱うことができること,これらのことを暗に示唆しているのが,ダランベールの原理の真の眼目である.**

ダランベールの原理は,ニュートンの運動方程式の表現を書き換えて「見かけの力である慣性力と現実の作用力が釣り合う」という,実現象では生じえない奇

妙な解釈を加えただけの，つまらない事柄ではない．ダランベールの原理は，ニュートンの法則のうち，運動の法則（運動方程式）とは直接には無関係であり，むしろ作用反作用の法則と深く関係する．しかしそれだけではなく，他にも重要な意味を有する．すなわち**ダランベールの釣合の法則は，外作用が，質量に作用し運動エネルギーを生じる部分と，柔性に作用し力エネルギーを生じる部分に分けられること，および，それら両者を互いに別の問題として扱うことができることを示唆している**．そしてこのことが，ラグランジュによるその後の解析力学の誕生と発展のきっかけを与えた．この意味で，ダランベールの原理は力学においてきわめて重要な意義と価値を有するのである．

ただし，これらのことは，現時点における本書の立場から見た筆者の解釈であり，ダランベールがこれらのことを意識し意図し主張していたわけではない．

ダランベールは，論文「地軸の章動と分点歳差運動の研究」（1749）において，上記のダランベールの原理を，力の概念を明示的に使用した別の形で，以下のように記している．

「ある物体が何らかの運動をしているとし，ある任意の瞬間にそのすべての部分がそれぞれvで表される速度を持つとする．そしてその物体の各部分に任意の数の加速力$\varphi, \varphi', \cdots$が働き，それらの力により物体の速度$v$が変化し，次の瞬間には異なる速度$v'$になったとする．そこでもし速度$v$が，速度$v'$と他の無限に小さい速度$v''$より合成されるとすれば，それぞれが$v''$で動く物体のすべての部分よりなる系は，加速力$\varphi, \varphi', \cdots$と釣合にならなければならない．この命題は，私が「力学論」で導いた一般原理に他ならない．」（文献2，p.224）

ここで，ダランベールが用いた「加速力」の言葉は，単位質量当たりの作用外力を意味しており，ラグランジュの著書『解析力学』における解説によれば，この加速力の大きさは$\varphi = dv/dt = f/M$で表される[1]．前述のようにニュートンの時代には，力を物質自身が内蔵し状態を保とうとする「固有力」と，外から作用し状態を変えようとする「駆動力」に分けられる，と考えられていた．ダランベールのいう「加速力」をこれに当てはめれば，後者に該当する．

ダランベール自身による上記の文章は，以下のことを意味する．

物体が微小時間dtに加速力$\varphi + \varphi' + \cdots$を受けて，その速度が$v = v(t)$から$v' = v(t+dt)$に変化したとする．このとき，$v = v' + v''$であったとすれば，時間$dt$後の速度は$v + (\varphi + \varphi' + \cdots)dt = v' + v'' + (\varphi + \varphi' + \cdots)dt$になるはずであるが，実

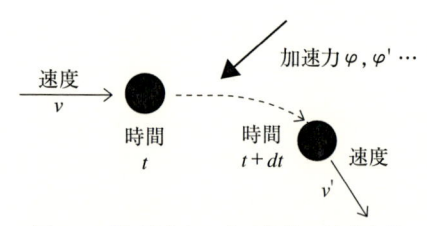

図 5.2 「加速力」による物体の速度変化

$v = v' + v''$ とすれば，$v + (\varphi + \varphi' + \cdots)dt = v'$ であるから，$v'' + (\varphi + \varphi' + \cdots)dt = 0$，すなわちダランベールのいう釣合式となる．これは，作用 $(\varphi + \varphi' + \cdots)dt$ と反作用 v'' の和が零であるという，作用反作用の法則である．

際には v' になったのだから，$v'' + (\varphi + \varphi' + \cdots)dt = 0$ になる．言い換えれば，速度としては表に現れない v'' は，$\varphi, \varphi', \cdots$ を"式の上で"打ち消しているのである．ダランベールは，この「"式の上で"打ち消している」ことを「釣合になる」と表現している（図5.2）．

ここで大切なことは，ダランベールが「釣合になる」という言葉で意味しているのは，「互いに独立した複数の作用が存在して，それらがちょうど打ち消し合い，作用が存在しないのと等価になる」という現在の意味の「釣合」ではないことである．

上記のダランベールの説明文中には，加速力以外の作用は存在しないから，速度 $(\varphi + \varphi' + \cdots)dt$ 以外の速度はない．ダランベールが速度 v' とは別の速度として設定した v'' は，実際には速度 $(\varphi + \varphi' + \cdots)dt$ から独立したものではなく，$(\varphi + \varphi' + \cdots)dt$ が存在して初めて現れるものであり，$(\varphi + \varphi' + \cdots)dt$ の負値である反作用にすぎない．したがって，式 $v'' + (\varphi + \varphi' + \cdots)dt = 0$ は，作用と反作用の和は零になる，という自明のことを示している式である．

このことからわかるように，ダランベールがいう「釣合」という言葉は，作用反作用の法則を意味しており，現在の意味での釣合を意味しているのではない．前にも述べたように，ダランベールやラグランジュの時代には釣合の概念は未分化であり，現在における意味の釣合と作用反作用の法則を一緒にした概念であったのである．

ダランベールの釣合の法則をさらにわかりやすく解説すれば，次のようになる．対象物体の質量を M とすれば，ラグランジュが著書『解析力学』において解説した $\varphi = f/M$ という前述の加速力の定義から，その物体に働く外力は $f = M(\varphi + \varphi' + \cdots)$ である．またこの物体の加速度を $\dot{v}$ とすれば，時間 dt 後の速度は，v'

$= v - v''$ であると同時に $v' = v + \dot{v}dt$ である．これから，$v'' = -\dot{v}dt$ になる．上記の式 $v'' + (\varphi + \varphi' + \cdots)dt = 0$ に質量 M を乗じてこれらの関係を代入すれば，$fdt - M\dot{v}dt = 0$ となり，$f - M\dot{v} = 0$ を得る．

　このように式 $f - M\dot{v} = 0$ は，現在一般にいわれているようにダランベール自身がニュートンの運動の法則を移項して得たのではなく，難解なダランベールの原理を加速度と外力の関係を用いて定式化することによって，ニュートンの運動の法則とは無関係に，必然的に得られるのである．「ダランベールがニュートンの法則を移項してこの式を得た」という現在の工学系力学における認識は，後世の捏造にすぎない．実証主義者であったダランベールは，力という直接認知できない量を用いて力学法則を定義するようなことは好まず，したがってニュートンが提唱した「運動の法則」を力学の基本法則とは認めていなかったのである．

　式 $f - M\dot{v} = 0$ が，ダランベールが提唱した「釣合の法則」から必然的に得られることは，この式が"当時の意味での"「釣合」を意味することになる．こうして，外力と $-M\dot{v}$ すなわち慣性力で系全体が釣り合う，という現在の力学の教科書で書かれている表現が登場した．そして，時代の経過と共に力学が成熟し，釣合の概念がダランベールの時代から変化したにもかかわらず，この表現だけが表面上継承されて一人歩きし，ダランベールの釣合の原理の真の意味を正しく理解していない後世の人々が，この表現にニュートンの運動の法則に基づく誤った解釈を加えることによって，ダランベールの原理に対する現在の解釈の曖昧さを生んだのである．

　ダランベールがいう加速力 $\varphi + \varphi' + \cdots$ は，その定義から，明らかに加速度 $\dot{v}$ そのものであるから，$f = M(\varphi + \varphi' + \cdots)$ と $M\dot{v}$ は同一の力の別表現である．したがって式 $f - M\dot{v} = 0$ は，同一量の差は零である，という自明の式になる．ダランベールやラグランジュが力の釣合を表現しているといったこの式は，作用反作用の法則を表現する自明の式なのである．これが彼らの時代の「釣合」の概念だったのである．

　現在の「力の釣合」の概念は，「1つの物体に作用する互いに独立である複数の力の和が零になる」ことであるから，ダランベールやラグランジュが上記の文章に記した意味での釣合は，現在の意味での釣合とは異なる．ラグランジュがいう「力の釣合」の表現式 $f - M\dot{v} = 0$ を，現在の意味での「力の釣合」の概念を表現する式であると誤解したのが，現在の混乱の原因なのである．

力の釣合と作用反作用の法則の関係について，もう少し論じてみよう．

物体 A から質量 M_B の物体 B に力 f が作用して，物体 B に加速度 $\dot{v}$ を発生させるとし，その力の別表現である $M_B\dot{v}$ の負値 $-M_B\dot{v}$ を慣性力と呼べば（ダランベールは慣性力という言葉は用いていなかった），慣性力は力 f に抗して物体 B から物体 A に作用する反作用力と見ることができる．したがって式

$$f - M_B\dot{v} = 0 \tag{5.1}$$

は，力の釣合式ではなく，作用力 + 反作用力 = 0 という力の作用反作用の法則を表現する式にほかならない．

一方，物体 M に，物体 A から力 f_A が作用し，これとは別に物体 B から力 f_B が作用しているとする．互いに独立したこれら2力が釣り合っているとすれば

$$f_A + f_B = 0 \tag{5.2}$$

このときこの系は静的状態にあり，したがって物体 M は慣性の法則に従って静止または等速直線運動をしている．静的状態では力学的エネルギーは流動しないから，物体 M は力の伝達経路以外には何の存在意味ももたず，物体 M を介したその作用は，物体 A と物体 B が直接力を及ぼし合っていることと同等である．したがって，物体 A から物体 B への力 f_A を作用とすれば，物体 B から物体 A への力 f_B はその反作用にほかならない．このように，**力学的エネルギーの流動を伴わない静的状態を扱う静力学では，作用反作用の法則と釣合は同義なのである．**

これに対して，力が釣り合っていない

$$f_A + f_B \neq 0 \tag{5.3}$$

のときには，物体 M が単なる力の伝達経路以外の力学的意味をもつ．すなわち物体 M は，物体 A と物体 B から不釣合作用力 $f_A + f_B$ を受けて加速度 $\dot{v}$ を生じ，同時に作用力に対する反作用力 $-M\dot{v}$（M は物体 M の質量）を生じながら力学的エネルギーを吸収する．このように力の釣合が成立していない動的状態においても，作用と反作用の和は零になる，という作用反作用の法則は当然成立し

$$(f_A + f_B) - M\dot{v} = 0 \tag{5.4}$$

と表すことができる．したがって，静力学では作用反作用の法則と釣合は同義であるが，**力学的エネルギーの流動を伴う状態を扱う動力学では，作用反作用の法則と"現在の意味での"釣合は異なる．**そして式 (5.4) は，力の不釣合状態における作用反作用の法則を表しているのである．

ダランベールは著書『力学論』において，自身が提唱する釣合の法則の適用例

として，次の問題を扱っている．

「一直線上を速度 v_1 で動く物体 M_1 に速度 v_2 で動く物体 M_2 が衝突し，それぞれの速度が v_1' と v_2' になったとする．刻み込まれた運動はそれぞれ M_1v_1 と M_2v_2 であり，それが衝突による相互作用の結果として実際にとった運動はそれぞれ M_1v_1' と M_2v_2' であるから，残りの運動は $M_1(v_1-v_1')$ と $M_2(v_2-v_2')$ であり，これが消滅した運動である．すなわち，これらは「釣合」にあるべきであるから，$M_1(v_1-v_1')+M_2(v_2-v_2')=0$ が得られる．」(文献 2, p. 229-230)

これは衝突前後の運動量保存の法則にほかならない．第 4 章で述べたように，運動量保存の法則は作用反作用の法則であるから，ダランベールがここでいう力の釣合の概念は，現在われわれが考えている力の釣合の概念とは異なり，作用反作用の法則に相当することになる．ダランベールは，すべての物体は硬く（柔性をもたず），衝突は完全非弾性衝突で，2 つの物体は衝突後に一体化すると考えていたから，実際には衝突後の速度は次のようになる．

$$v_1' = v_2' = \frac{M_1v_1+M_2v_2}{M_1+M_2} \tag{5.5}$$

式 (5.5) は，式 (4.31) と同一である．

5.2 現在の一般見解

前述のように，現在，ダランベールの原理は正しく伝えられておらず，その認識と解釈には混乱と曖昧さが存在するようである．ダランベールの原理に対する現在の一般見解を知るために，以下に，筆者の手元にある現在の力学書から，それに関する説明文を引用してみる．なお本書では，表現の統一のために，引用文献とは若干異なる数式記号を用い，また軽微な語句の変更を行っている部分があることをお許し願いたい．

1) 「運動方程式を $f-M\dot{v}=0$ と書き直してみる．f は一般に質点に働く幾つかの合力 $f_1+f_2+\cdots+f_n$ である．一般に $f=0$ でないから，これらの力は釣り合わない．しかし式 $f-M\dot{v}=0$ から見ると，$f_{n+1}=-M\dot{v}$ なるもう一つの力を加えれば，これら $n+1$ 個の力は釣り合う．このことをダランベールの原理と称し，f_{n+1} のことを慣性力と名付ける．これを相対運動の立場から見れば，f_{n+1} はちょうど $\dot{v}$ なる加速度で並進運動をする座標系における見掛けの力に相当している．」(文献

5, p. 59)

2)「ニュートンの運動第2法則を $f - M\dot{v} = 0$ と書き，これを釣合の式 $f = 0$ と比較すれば，質点が $\dot{v}$ なる加速度で運動しているとき，これに $-M\dot{v}$ なる力を付け加えれば，質点に働く力が釣り合っていることを知る．これをダランベールの原理といい，釣り合いのために付け加えるべき力 $-M\dot{v}$ を慣性抵抗と称する．この原理は，形式的解釈を除いてはニュートンの法則と内容的に差はないが，これより動力学の問題を静力学の問題に帰着させることができるので，これを仮想仕事の原理と一緒にして有用な結果を導くことができる．」(文献 6, p. 150)

3)「ダランベールの原理は，一口にいえば，運動力学の問題を静力学に直して考える原理である．質点にいくつかの力が働いて質点が加速度 $\dot{v}$ を持つときは，もちろん力は釣り合っていない．これらの力のほかに，ある仮想的な力を加えると力のベクトル和を 0 にすることができる．そして，力のつりあいに関する私たちの知識をこれに適用することができる．つまり，運動力学の問題を静力学的に扱うことができる．……（中略）

1 つの質点（質量 M）にいくつかの力が働き，質点が慣性系に対して加速度 $\dot{v}$ を持つとき，これらの力のほかに $-M\dot{v}$ というベクトルを仮想的な力として加えて考えると，全体の力の系はつりあいにある系を作る．これをダランベールの原理と呼ぶ．$-M\dot{v}$ という仮想的な力を慣性抵抗と呼ぶ．質点に働く実際の力（ばねからの力，糸からの力，重力など）に $-M\dot{v}$ を加えるとつりあいにある力の系をつくるということは，質点がつりあって静止してしまうことであると考えてはいけない．力の系がつりあうということ，つまり力のベクトル的の和が 0 であることと，質点がつりあって静止する（正確には加速度が 0）ということは別のことである．"力がつりあう"とは"力のベクトル的の和が 0 である"ということである．」(文献 7, p. 187–188)

4)「慣性系に対して並進加速度 $\dot{v}_0(\ddot{x}_0, \ddot{y}_0, \ddot{z}_0)$ を有する非慣性系 (x, y, z) における運動方程式は

$$\left.\begin{array}{l} M\ddot{x} = \sum_i X_i + (-M\ddot{x}_0) \\ M\ddot{y} = \sum_i Y_i + (-M\ddot{y}_0) \\ M\ddot{z} = \sum_i Z_i + (-M\ddot{z}_0) \end{array}\right\} \qquad (5.6)$$

ベクトルで書くと

$$M\dot{v} = \sum_i f_i + (-M\dot{v}_0) \qquad (5.7)$$

ここで，$f_i(X_i, Y_i, Z_i)$ は質点に働く力であり，この非慣性系の座標軸が慣性系の座標系と平行である限り，慣性系の力と同一である．$\dot{v}(\ddot{x}, \ddot{y}, \ddot{z})$ は，慣性系に対する加速度ではなく，慣性系に対して加速度 $\dot{v}_0(\ddot{x}_0, \ddot{y}_0, \ddot{z}_0)$ を持つ非慣性系に対する加速度である．

非慣性系における運動方程式である式 (5.6) または (5.7) をみると，これらは慣性系に対する加速度を使って書いた運動方程式と形が同じであることが分る．ただ右辺には，実際に作用している力のほかに括弧で囲まれた項が加わっている．この項すなわち $-M\dot{v}_0(-M\ddot{x}_0, -M\ddot{y}_0, -M\ddot{z}_0)$ を質点に作用する力のように考える．これを仮想的な力と呼ぶ．そうすれば，慣性系に対して加速度を持つ座標系を，あたかも慣性系のように扱ってよいことになる．ここで言う仮想的な力は，実際にある力ではなく，座標系すなわち観測者の立場上仮に考える力（非慣性系上の観測者からあたかも質点に作用しているように見える見かけの力）である．

ダランベールの原理で考えた仮想的な力と，ここで考えた仮想的な力を関係付けておこう．並進加速度を有する質点に座標系の原点を置き座標軸を慣性系と同一の方向にとると，座標系の加速度 $\dot{v}_0$ は（慣性系に対する）質点の加速度に他ならない．そしてこの場合，質点はこの加速度座標系の原点にいるから，$\dot{v}=0$ である．すなわちこの座標系上にいる観測者には，見かけ上質点が釣合の状態にあり静止しているかのごとく見えるから，上式は

$$\left.\begin{array}{l}\sum_i X_i + (-M\ddot{x}_0) = 0 \\ \sum_i Y_i + (-M\ddot{y}_0) = 0 \\ \sum_i Z_i + (-M\ddot{z}_0) = 0\end{array}\right\} \quad (5.8)$$

この式における $-M\dot{v}_0(-M\ddot{x}_0, -M\ddot{y}_0, -M\ddot{z}_0)$ が，ダランベールの原理における慣性力である．

このように，ダランベールの原理は相対運動の理論に含まれてしまうが，質点の数が1個の場合はいま述べたように簡単である．多くの質点の力学を扱うときには，いまのように1つ1つの質点について相対運動の理論で考えると，質点の数だけの座標系を考えなければならないから，わずらわしくなる．ダランベールの原理は上記 [注：引用3)] のとおり残し，各質点について慣性抵抗を考えるのがよい．」（文献 7, p. 199-200）

5)「n 個の質点から構成される質点系を考え，i 番目の質点の質量を M_i，これに働く力を f_i とする．各質点に対するニュートンの運動方程式は $M_i\ddot{r}_i = f_i$（$i=$

$1, 2, \cdots, n$)と書けるが,これを $f_i - M_i \ddot{r}_i = 0$ と書き直してみる.この方程式の解釈として,i 番目の質点が $\ddot{r}_i$ の加速度で運動しているときに f_i に $-M_i \ddot{r}_i$ の力を加えればその質点はあたかも平衡状態にあるかのように考えることができる.これをダランベールの原理といい,また $-M_i \ddot{r}_i$ を慣性抵抗という.ただし,$\ddot{r}_i$ は一般に時間と共に変化していくから,1つの平衡状態が持続するのではなく,いわば次々と変わる平衡状態が実現されていく.」(文献 10, p. 81-83)

6)「質量 M の質点に働く力を f,加速度を $\dot{v}$ とすれば,ニュートンの運動方程式は $M\dot{v} = f$ と書くことができる.ダランベールの原理は,この式を書き直して $f + (-M\dot{v}) = 0$ という形に置いたものである.これは物体に固定した座標系から見れば,物体に対しては作動力 f のほかに $-M\dot{v}$ の力が働いて,2つの力が釣り合っている,と考えるものである.つまり,質点の加速度運動に関する動力学の問題を静力学の平衡問題に置き換えているのである.ここで考えた新しい見かけの力 $-M\dot{v}$ を,慣性力と名付ける.

以上のような考え方は,ダランベールが1758年に発表したものである.このように考えると,動力学の問題を静力学の手法で取り扱うことができるので,便利である.例えば,前節に述べた仮想仕事の原理を加速度運動に対しても適用できるのである.ただし,物体に固定した座標系は,加速度運動をするので,慣性系でないことに注意しなければならない.また慣性力は実在の作動力でないから,その反作用も存在しないことに注意しなければならない.」(文献 11, p. 189-191)

7)「n 個の質点からなる質点系の運動を直角座標系 $O-(x, y, z)$ で表すとき,運動方程式は

$$M_i \ddot{r}_i = f_i \quad (i = 1 \sim n) \tag{5.9}$$

で与えられる.r_i は質点 M_i の位置ベクトル,f_i は M_i に作用する力である.ダランベールはこの運動方程式を

$$f_i - M_i \ddot{r}_i = 0 \quad (i = 1 \sim n) \tag{5.10}$$

の形に書いて,$-M_i \ddot{r}_i$ を形式的に力と考えると,運動している質点についても力の釣合が保たれていると考えてよいことを示した.これをダランベールの原理という.$-M_i \ddot{r}_i$ を慣性力と呼ぶ.

式 (5.10) のように実際の力と慣性力が釣り合っている質点系の各質点に仮想変位 δr_i を与えるとき仮想仕事の原理が成り立つと考えると,式 (5.10) より

$$\delta W = \sum_{i=1}^{n} (f_i - M_i \ddot{r}_i) \cdot \delta r_i = 0 \quad (i = 1 \sim n) \tag{5.11}$$

が成り立つ．仮想変位 δr_i は時間と無関係に与えられており，実際の力のする仮想仕事と慣性力のする仮想仕事の和がゼロに等しいことを示している．これはダランベールの原理を用いて静力学において成り立つ仮想仕事の原理を動力学にまで拡張したものである（式 (5.11) をダランベールの原理ということもある）．

逆に式 (5.11) が成り立つとき，δr_i のとり方は自由であるから，式 (5.11) より式 (5.10) が，したがって運動方程式 (5.9) が得られる．このようにダランベールの原理を用いた仮想仕事の原理は運動方程式と等価である．しかし，ニュートンの運動方程式がベクトル方程式の組であるのに対して，仮想仕事の原理はスカラー方程式である点に特徴がある．また質点系の特別な場合である剛体の運動についてもダランベールの原理は成り立つ．仮想仕事 δW については仮想変位 δr_i を与えるときに仕事をする力だけを考えればよいので，仕事をしない力によって系が拘束されているときには，拘束条件を破らないような仮想変位を与えると都合がよい．このような拘束力はダランベールの原理を用いた仮想仕事の原理には含まれないことになるので，拘束力を考慮しなくても運動を解析できる．」（文献 12，p. 161）

5.3 一般見解に対する検討

上記の引用文を互いに比較すれば，ダランベールの原理に関する説明は力学書によって様々であり，現在の一般見解は統一を欠いているように感じる．また，これらを前述の歴史上の考察と対比すれば，現在ではダランベールの原理の意味と意義が必ずしも正しく伝わっていないように思われる．

本節では，筆者のこの見解に基づいて，上記の引用文に含まれる混乱と曖昧さを指摘し，正しい理解と統一認識を提供することを試みる．

〔1〕 ダランベールは，ニュートンの運動の法則

$$f = M\dot{v} \tag{5.12}$$

を書き換えて式

$$f + (-M\dot{v}) = 0 \tag{5.13}$$

を導くようなばかげたことはしていないし，これを動力学における力の釣合式と定義し，それによって静力学と動力学を統一できる新しい原理を発見したと主張するようなことは，まったくしていない．そもそもダランベールは実証主義者で

あり，力という直接観測できない概念を使うことを極力避けていたので，慣性力という力の概念を提示したことも，力の概念を用いて何らかの法則や原理を提唱したこともなかった．また，式 (5.12) を力学の法則とは認めず，加速度という目に見える量を使った単なる力の定義式と見ていた[1]．したがってダランベールが提唱した釣合の原理は，ニュートンの運動の法則とはまったく別のものであり，運動の法則だけでは表現できない深い内容を含んでいる．

〔2〕 **式 (5.13) は，現在の意味での力の釣合式ではない．**前述のように現在の力学では，力の釣合を「一つの物体に複数の力が加わっていても物体が静止しているか，動いていても物体の速度が変化しないとき，力は釣り合っているという」と定義している．この力の釣合の定義を逆に見れば，質量に力 f が作用し速度変動（加速度）$\dot{v}$ が発生している場合には，力は釣り合っていないことになる．

したがって，**式 (5.13) に速度の時間微分項 $\dot{v}$ が含まれていることそのものが，この式は力の釣合式ではなく不釣合式であることを示している．**またダランベールは，**式 (5.13) は自分が提唱した釣合の法則を表現する式である，などとは言っていない．**そもそも式 (5.13) に関しては，全く言及していないのである．

4.6 節でも述べたように，式 (5.13) に対しては，次の 2 通りの解釈ができ，**両者はまったく異なるものである．**

① **非慣性系における見かけの力の釣合式**

加速度 $\dot{v}$ で運動する質点を，同じ加速度 $\dot{v}$ で運動する運動座標系すなわち非慣性系にいる観測者から見たときの，見かけの力の釣合式である．観測者にはあたかも，観測者と同じ加速度で運動する質点に，式 (5.13) の左辺第 1 項と第 2 項で表される 2 つの力が別々に作用し，両者が釣り合って静止しているように見える．しかし，現実に実在する力は f のみであり，それとは独立した力は，ほかにはどこにも存在しない．したがって，式 (5.13) の左辺第 1 項は実在する力であるが，第 2 項は実在しない見かけの力である．従来は，この見かけの力を，次項②の実在の慣性力と同じ慣性力という言葉で呼んでいたために，慣性力という概念に混乱を生じていた．本書ではこれを避けるために，この見かけの力を擬似反力と呼んでいる．

擬似反力を含む上式は，観測者自身が加速度 $\dot{v}$ で運動しているための見かけの式であり，非慣性系という特殊な座標系のみにおいて，あたかも成立するように見える**仮想の式**であるから，この式は原理などではない．また，**一般に法則や**

原理は実在の物理現象を表しているべきであるから，実在しない力で構成されるこの式は，力学における法則でも原理でもない．また，実在する力と実在しない見かけの力を加えると力が釣り合う，などということは，数式上では成り立つが実現象としては起こりえないから，式（5.13）は現実の力の釣合式ではない．また，ダランベールは直接認知できる実現象以外は相手にしない実証主義者であり，ダランベールが提唱した法則の中には，見かけの力や見かけの釣合式などという仮想的な力や形式的な釣合の概念は，まったく含まれていない．

② ニュートンの運動方程式を移項して得られる式

式（5.13）は，運動の法則の表現式（5.12）を移項しただけであり，運動の法則そのものであるから，当然，慣性系において成立する．また，運動の法則を表す式（5.12）を構成する全項は実在の力であり，それを移項しただけで見かけの力に変わるわけがないから，この場合の $-M\dot{v}$ は実在の力である．ただし，これは作用力 f から独立した力ではなく，f の反作用力すなわち $-f$ そのものである．本書ではこれを従来通り慣性力と呼び，前項の擬似反力と区別している．

この場合，実際に存在する作用力は f のみであるから，力の釣合は成立していない．力の釣合が成立していないから，質量にはエネルギーが流入し速度変動（加速度）を生じているのである．その状態を表現している**式（5.13）は，質量に作用する力が不釣合状態にあるときの作用反作用の法則を表している．作用力と反作用力の和が零になるというのは，力の釣合が成立しているか否かには関係なく，力学において常に成立する．**

6.2節に記した複数の引用文に見られる現在の見解の中には，これら①または②のどちらかを取り上げ，または両者を混同してダランベールの原理と称しているものがあるが，**これらは共にダランベールの原理とは無関係な概念である．**

〔3〕 ダランベールのいう釣合の概念と現在の釣合の概念は異なる．現在の釣合の概念は「1つの物体に作用する互いに独立した力の総和が零になる」ことである．これに対してダランベールのいう釣合は，この現在の釣合の概念に「互いに作用し合う2物体間の作用力と反作用力の和は零になる」という力の作用反作用の法則に由来する自明の事項を加えた，広い意味を有するものである．ダランベールの時代には，力の独立性やエネルギーの概念はまだ存在しなかったために，釣合の概念がこのように未分化であった．ダランベールは，彼の提唱した釣合の法則の中で，系を構成する複数の質量同士を連結する柔性に作用する内力が，作

用反作用の法則によって系全体では消滅することをも，釣合と呼んでいた．ダランベールのいうこの釣合は，物体が加速度を有するか否かにかかわらず常に成立するのに対し，現在の釣合は物体が加速度を有する場合には成立しない．

6.2 節に記した引用文の多くは，力の釣合に対するこれら 2 つの概念を混同している．ただし前述の引用 3)（文献 7，p. 187-188）には，「質点に働く実際の力に $-M\dot{v}$ を加えるとつりあいにある力の系をつくるということは，質点がつりあって静止してしまうと考えてはいけない．力の系がつりあうということ，つまり力のベクトル的の和が 0 であることと，質点がつりあって静止するということは別のことである．"力がつりあう"とは"力のベクトル的の和が 0 である"ということである．」と書かれている．この記述は上記の混同を正そうとしていると思われるが，難解でありこれ以上の説明は記されてない．

〔4〕 引用 6) には，ニュートンの運動方程式 (5.12) を移項して得られる式 (5.13) の左辺第 2 項は見かけの力であり反作用力をもたない，と書かれている．**これは誤りであり，上記の解釈 ② のように，この式が法則である以上，それに含まれる $-M\dot{v}$ は実在する力であるから，当然反作用力をもつ．慣性力 $-M\dot{v}$ は作用力 f に対する反作用力であり，反作用力の反作用力は作用力であるから，慣性力 $-M\dot{v}$ の反作用力は f にほかならない．**

〔5〕 引用 1)～4)，6) では，ダランベールの原理を単一の質量について成立する原理としている．**しかしダランベールの原理は，互いに束縛し合う複数の質量について初めて成立する原理であり，単一の質量を対象にした原理ではない．ダランベールの原理は，複数の質量からなる系では単一の質量を対象にした運動の法則 $f=M\dot{v}$ が成立していない，という観測事実から出発しているのである．**

引用 5) と 7) は，一応複数の質量からなる系を対象としている．そして両者共に，各質点についてニュートンの運動方程式 $M_i\dot{v}_i=f_i$ $(i=1,2,\cdots,n)$ が成立し，これを変形した式 $f_i+(-M_i\dot{v}_i)=0$ をダランベールの原理と称している．このように，質点間の相互作用と拘束には触れず，単体の質点ごとにダランベールの原理が成立するとしているから，結局引用 5) と 7) も，他の引用と同様に，単一の質量を対象にしていることになる．

ダランベールの原理を，筆者が提唱する力学概念を使って現代風に述べれば，次のようになる（図 5.3）．

複数の質量からなる物体系を構成するすべての質量 M_i は，柔性によって互い

5.3 一般見解に対する検討

外からの作用力 f_i'

M_i に運動 $\dot{v}_i$ を生じさせる力

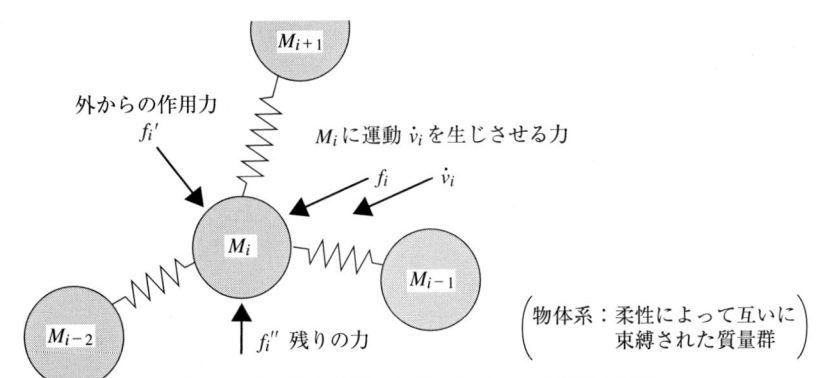

f_i $\dot{v}_i$

M_{i+1}

M_i

M_{i-2} M_{i-1}

f_i'' 残りの力

(物体系：柔性によって互いに束縛された質量群)

図 5.3 力の概念を用いたダランベールの原理の説明

質量 M_i において $f_i'=f_i+f_i''$ とすれば，f_i'' は系全体に何の運動も生じないから $f_i''\neq 0$ でかつ $\sum_i f_i''=0$ になる．なお，f_i'' は柔性から質量 M_i に作用する復元力に対する反作用力である．

に束縛されている．したがって，質量 M_i に外から作用力 f_i' を与えても，他の質量との間に介在する柔性による内部束縛のために，その作用力にそのまま従って運動することはできない．このとき質量 M_i に実際に生じる加速度を $\dot{v}_i$ とすれば，外作用力 f_i' を受ける単一の質量 M_i に対しては運動の法則が成立しないから，$f_i' + (-M_i\dot{v}_i) \neq 0$ である．

ここで外作用力 f_i' を，質量 M_i に実際の運動（加速度）$\dot{v}_i$ を起こさせる力 f_i と残りの力 f_i'' に分ければ，$f_i'=f_i+f_i''$ になる．力 f_i に関しては，単一の質量 M_i ごとにニュートンの運動の法則が成立するから，単一の質量 M_i ごとに $f_i + (-M_i\dot{v}_i) = 0$ になる．ところが，実際には外作用力 f_i' を与えた結果，力 f_i だけを与えたのと同一の運動 $\dot{v}_i$ を生じたのだから，もし力 f_i'' だけを与えたとしたら系全体は何の運動をも生じないはずである．したがって力 f_i'' は，単一の質量 M_i に関しては $f_i'' \neq 0$ であると同時に，系全体としては $\sum_i f_i''=0$ になる．

そこで，系全体に対して，次の式が成立する．

$$\sum_i \{f_i' + (-M_i\dot{v}_i)\} = \sum_i \{f_i + f_i'' + (-M_i\dot{v}_i)\} = \sum_i \{f_i + (-M_i\dot{v}_i)\} + \sum_i f_i'' = 0 \quad (5.14)$$

ここで，力 f_i'' が単一の質量ごとでは零でないにもかかわらず，系全体として消滅するのは，次の理由による．力 f_i'' は，隣接する質量同士を連結する柔性に生じている内力（柔性力）であり，これらの力によって系全体に運動が生じることがない以上，系全体ではこれらの力は釣り合っており，系全体にわたる総和が零になるためである．

一方，式 $f_i + (-M_i\dot{v}_i) = 0$ が質点 i ごとに成立するのは，力 f_i が個々の質量に実

際の運動を生じさせる作用力であるから，個々の質点ごとに，速度変動 $\dot{v}_i$ による慣性力 $-M_i\dot{v}_i$ と，その速度変動を生じる力 f_i' の間に作用反作用の法則が成立するためである．これら両力 f_i' と $-M_i\dot{v}_i$ が，互いに独立した別の2力であり，釣合の関係により両者の和が零になるのではない．

5.2 節の引用 5) と 7) における式 $f_i+(-M_i\dot{v}_i)=0$ と上記ダランベールの原理における式 $f_i'+(-M_i\dot{v}_i)\neq 0$ は，互いに矛盾しているように見える．上記の説明から明らかなように，これは，引用 5) と 7) において質量 i に作用する力としている f_i が，ダランベールの原理における外作用力 f_i' とは異なるためであり，f_i が f_i' から内部柔性による拘束力 f_i'' を引いたものに相当するためである．個々の質点では，式 $f_i+(-M_i\dot{v}_i)=0$ と式 $f_i'+(-M_i\dot{v}_i)\neq 0$ が共に成立すると同時に，系全体では，$\sum_i\{f_i+(-M_i\dot{v}_i)\}=0$ と $\sum_i\{f_i'+(-M_i\dot{v}_i)\}=0$ が共に成立するのである．

このように，引用 5) と 7) における説明の前提となる外作用の定義が，真のダランベールの原理における外作用とは異なるから，引用 5) と 7) は真のダランベールの原理を正しく説明したものではない．

ダランベールの原理の真意は次の点にある．「**複数の質量からなる系に加える作用は，各質量が運動エネルギーとして吸収し自身の運動状態を変える部分と，質量同士を連結する柔性が力エネルギーとして吸収し自身の内力を変える部分に分けることができる．そして，前者によって生じた系の運動は，後者によって生じた個々の柔性の内力を考慮することなく扱うことができる．前者では，作用源と物体（質量）の間に力学的エネルギーの開放系が形成され，外部からの力学的エネルギーの出入がそのまま物体全体の運動として現れる．それに対して後者では，物体を構成する複数の質量と複数の柔性との間に力学的エネルギーの閉鎖系が形成され，外部から入った力学的エネルギーは，柔性にあるときには力エネルギーの，また質量にあるときには運動エネルギーの形をとりながら，この閉鎖系内を循環する．これを外から見れば，作用によって外部から閉鎖系に入った力学的エネルギーは，物体全体の運動としては表に現れず消滅するように見える．現象としては，前者は加速・減速の加速度を伴う物体の剛体運動を，後者は物体の重心まわりの自由振動を生じる．**」ダランベールの時代にはまだ自由振動という概念は存在しなかったから，後者の作用は消滅する，とされたのである．

ニュートンの1世紀後にラグランジュは，ダランベールが提唱した釣合の法則の中に潜む，ニュートンの法則だけでは到底表現できない力学の深奥を表すこの

真意に気付き，それを基にし，質量と力だけの単純明快な関係を表現したニュートンの法則からは決して生まれなかった解析力学を創生した．

5.4 静力学と動力学

5.4.1 力学における状態

ダランベールの原理の最も大きい特徴は，動力学の問題を静力学の問題に帰着できるところにある．まず静力学と動力学を比較してみる．

力学における状態には，**静的状態**（static state）と**動的状態**（dynamic state）がある．

静的状態は，力学的エネルギーが均衡し，力が釣り合い速度が連続して，両者共に時間によって変化しない状態である．静的状態には，慣性の法則に支配される静止または一定速度の状態と，柔性の法則に支配される自然（力が零）または一定力の状態が含まれる．**静的状態では，質量と柔性は静的に機能し，粘性は存在しても機能しない．**

動的状態は，力学的エネルギーが不均衡で，力の釣合と速度の連続のうち片方または両方が不成立になり時間と共に変化する状態であり，運動の法則と力の法則に支配される．動的状態では，質量だけからなる系では力が不釣合に，柔性だけからなる系では速度が不連続に，質量と柔性からなる系では力の釣合と速度の連続の両者が不成立になる．

動的状態では，外作用などにより発生した力学的エネルギーの不均衡状態を均衡状態に回復させるように，力学特性が動的に機能する．すなわち，力が不釣合の場合には質量が，速度が不連続の場合には柔性が，両方が不釣合・不連続の場合には質量と柔性の両方が協調して，動的に機能する．粘性が存在する場合にはそれも機能し，力学的エネルギーの不均衡分を熱エネルギーに変換して散逸させることによって，力学的エネルギーを均衡状態に復帰させようとする．

すでに述べたように，動的状態は剛体運動と振動からなり，両者は一般には並存するが別の問題として扱うことができる．剛体運動は，作用力を受ける質量の動的機能によって発生し，柔性は関与しない．

物体内部では，質量と柔性が互いに連結され，**力学的エネルギーの閉鎖系**（closed system of mechanical energy）を構成する．これらの物体や系を力学的エネ

```
                          ┌→ 慣性の法則に支配される状態
            ┌→ 静的状態 ─┤    ・速度が零または一定
            │ ・力学的エネルギーが均衡
            │ ・力の釣合と速度の連続が  └→ 柔性の法則に支配される状態
            │   共に成立                   ・力が零または一定
  状態 ─────┤
            │                ┌→ 剛体運動状態
            │                │    ・一般に加速度を伴う
            └→ 動的状態 ─────┤
              ・力学的エネルギーが不均衡
              ・力の釣合と速度の連続のう  └→ 振動状態
                ち少なくとも片方が不成立     ・力学的エネルギーが内部循環する
```

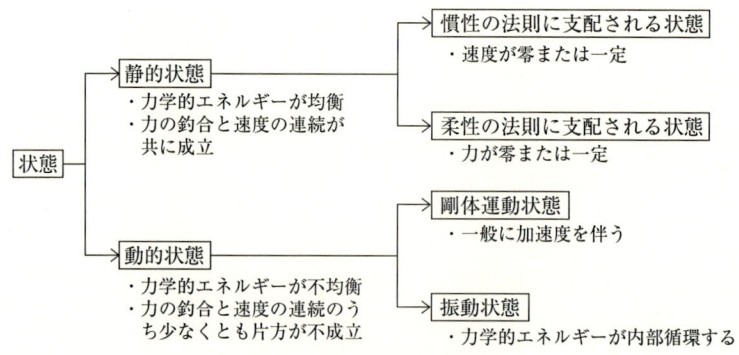

図 5.4 力学における状態

ルギーの不均衡状態に置けば，その不均衡分は質量で運動エネルギーに，柔性で力エネルギーに変換されながら，この閉鎖系内を循環し，現象として**自由振動** (free vibration) を生じる．すべての物体は質量と柔性を有し力学的エネルギーの閉鎖循環系を形成するから，自由振動はすべての物体において必ず発生する．

力学における状態を分類すれば，図 5.4 のようになる．

5.4.2 力学の分類

本書で扱う**古典力学**は，**静力学**と**動力学**の 2 種類に分けられる (mechanics = statics + dynamics)．

静力学は，物体に作用する力が釣り合っており，運動を生じない場合（静的状態）における力と変形を論じる力学であり，時間の概念が入らない．これに対して動力学は，動的状態を論じる力学である．在来の動力学は，力が作用する結果として運動を生じる場合の，力と運動を論じる力学であった．これに対して本書では，その逆の因果関係すなわち**運動が作用する結果として力を生じる場合を，合わせて導入することによって，動力学の体系を従来よりも調和と対称性を有し整った形に構成できる**ことを示している．

動力学は，**運動学**と**狭義の動力学**に分けられる (dynamics = kinematics + kinetics)．

運動学は，力については考えないで，単に運動すなわち位置・速度・加速度だけを扱うものである．ちなみに，電気工学におけるアンペールの法則を提唱 (1822) したアンペール (André-Marie Ampére, 1775–1836) は，力とその効果の関係を完全に遮断しようとして，効果だけを扱う学問を確立し，その呼称として運動学

5.4 静力学と動力学

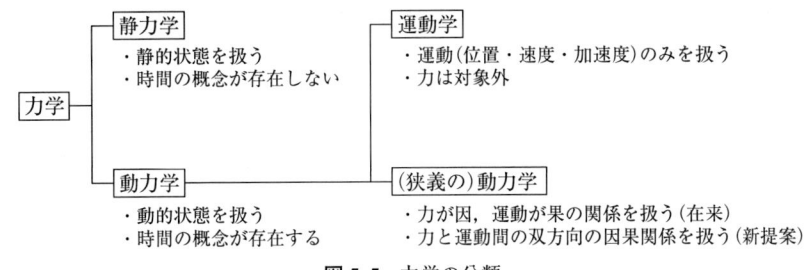

```
                ┌─ 静力学 ──────────────┐  ┌─ 運動学 ─────────────────────────┐
                │  ・静的状態を扱う       │  │ ・運動(位置・速度・加速度)のみを扱う │
                │  ・時間の概念が存在しない │  │ ・力は対象外                    │
    力学 ───────┤                      │  │                               │
                │                      │  └─────────────────────────────┘
                │                      │  ┌─(狭義の)動力学──────────────────┐
                └─ 動力学 ──────────────┤  │ ・力が因,運動が果の関係を扱う(在来)  │
                   ・動的状態を扱う         │ ・力と運動間の双方向の因果関係を扱う(新提案)│
                   ・時間の概念が存在する     └─────────────────────────────┘
```

図 5.5　力学の分類

という言葉を初めて使った.

狭義の動力学は，従来は作用する力とその結果生じる運動の関係を論じるものであったが，本書ではその逆の因果関係をも合わせて導入している.

なお，仕事，運動エネルギー，位置エネルギーなどのスカラー量を用いて質点系の動力学全体を変分学の見地から統一的に扱うものとして解析力学があるが，本書ではこれは対象外とする.

力学の分類を図示すれば，図5.5のようになる.

力学の中で最も早く発達したのは静力学である[8]. 静力学は，中国やエジプトやギリシャにおける古代の建築・土木などの工事に使われた技術として発達した. 例えば，ギリシャのアルキメデス (Archimedes of Syracuse, 287–212 B.C.) などによって，てこの理論が発展した. これに対して，運動学の初歩の問題である放物運動を正しく扱ったのはガリレイ (1594–1642) であり，力が原因で運動が生じる現象を扱う動力学の始祖がニュートン (1642–1727) であったことを考えれば，動力学は静力学よりもはるかに遅れて発達したことがわかる.

5.4.3　力学の帰着と統一

ラグランジュは，ダランベールの釣合の法則に仮想仕事の原理を適用することによって，動力学の問題を静力学の問題に帰着できることを示した.

仮想仕事の原理は「釣合状態にある物体に仮想的な微小変位（仮想変位）が与えられるとき，物体に新たに蓄えられるエネルギーとその物体に加わるすべての力がなす（仮想の）仕事は等しい」[17]，または「質点が平衡（釣合）の状態にあると，それに任意の微小変位をさせたときに働く力のする仕事は零である.」[10]と定義される. これらの定義を逆にいえば，系が釣合状態にない場合には仮想仕事の原理は成立しないことになる.

このように仮想仕事の原理は，力が釣合状態にある系にのみ適用できる原理として定義されている．一方，**動力学は系が釣合状態にない場合を扱う力学である．**それなのに，どうして**動力学に仮想仕事の原理が適用できるのであろうか？** この理由を以下に説明する．

 実は仮想仕事の原理は，現在の意味での力の釣合が成立する場合にはもちろん，それが成立しなくても作用反作用の法則が成立しさえすれば，すなわちダランベールやラグランジュの時代の広い意味での力の釣合が成立しさえすれば，必ず適用できるのである．ここで，現在の意味での力の釣合というのは「一つの物体に互いに独立した複数の力が加わっていても物体が静止しているか，動いていても物体の速度が変化しないとき，力は釣り合っているという．」[14]ということであり，単一の力に関する法則である作用反作用の法則とはもちろん異なる．

 作用力と反作用力は，見かけ上2つの力であるが，実体は1つの力の表裏両面であるから，作用力に与える仮想変位と反作用力に与える仮想変位は，必ず同一のものになる．与える仮想変位はあくまでも仮想であるから，実現象における力学的エネルギーの発生や流動とは無関係に，同一の仮想変位によって作用力と反作用力に別々に仮想の仕事をさせることができる．作用力と反作用力は必ず同値・逆符号であるから，与える仮想変位によって作用力がなす仮想仕事と反作用力がなす仮想仕事も必ず同値・逆符号であり，それらの和は当然零になる．

 このように動力学では，力の釣合が成立していないにもかかわらず，すなわちエネルギーが均衡状態になく流動しているにもかかわらず，力が存在しさえすれば必ず作用反作用の法則が成立するから，仮想仕事の原理が適用できるのである．例えば，質量 M_i に不釣合力 f_i が作用して加速度 $\dot{v}_i$ を生じるときの運動方程式を，f_i の反作用である慣性力 $-M\dot{v}$ を導入して表せば，$f_i+(-M_i\dot{v}_i)=0$ となる．この式は，力が釣り合っていないときの作用反作用の法則を表す．この質点に仮想変位 δx_i を与えれば，仮想仕事は $\{f_i+(-M_i\dot{v}_i)\}\delta x_i=0$ である．このように，作用反作用の法則が成立していさえすれば，仮想仕事の原理が適用できることが，簡単にわかる．

 作用反作用の法則は，力が存在すれば必ず成立する．したがって，力が存在しさえすれば，その力が釣り合っているかいないかには無関係に，その力が原因で生じる全運動に対して仮想仕事の原理が適用できる．力学ではいかなる場合にも力が存在するから，力学ではいかなる場合に対しても仮想仕事の原理が適用でき

5.4 静力学と動力学

るのである.

力の釣合が成立していない動的状態に対しても仮想仕事の原理が適用できる理由を，別の言葉で説明する．

仮想仕事の原理を動力学に適用するためには，まずエネルギーの流動によって時々刻々変化しつつある動的状態のある瞬間において，時間を止めた仮想の状態を作り，次にその仮想の状態にある系に仮想の変位を与えて，時間的に凍結されている力に仮想の仕事をさせるのである．時間を止めることはエネルギーの流れを止めることであり，エネルギーの流れを止めることは動的状態を静的状態に変えることである．4.5節で述べたように，静的状態では作用反作用の法則は釣合と同一の現象である．このようにして，**力の釣合が成立していない動的状態における作用反作用の表現式に，力の釣合状態にしか適用できないと定義されている仮想仕事の原理を適用できる**のである．

これは，作用反作用の法則（ダランベールの時代の釣合の概念）に仮想仕事の原理を適用することによって，力の釣合が成立しない動力学の問題を力の釣合が成立する静力学の問題に帰着できることを意味する．本章のはじめに述べたように，ラグランジュとダランベールの時代における釣合は，現在の釣合に作用反作用の法則を加えた広い意味を有していた．ダランベールが，自身が提唱する原理を釣合の法則と呼んだのも，ラグランジュが，動力学においても慣性力の概念を導入すれば力の釣合は成立するとして，動力学の問題に仮想仕事の原理を適用したのも，このことに起因している．

ダランベールの原理を表す式 (5.14) に仮想仕事の原理を適用すれば

$$\sum_i \{f_i' + (-M_i\dot{v}_i)\}\delta x_i = \sum_i \{f_i + f_i'' + (-M_i\dot{v}_i)\}\delta x_i$$
$$= \sum_i \{f_i + (-M_i\dot{v}_i)\}\delta x_i + \sum_i f_i''\delta x_i = 0 \qquad (5.15)$$

この式が成立するのは次の理由による．まず，物体に実際に運動を生じさせる作用力 f_i に関しては，個々の質点 i ごとに作用反作用の法則 $f_i + (-M_i\dot{v}_i) = 0$ が成立するから，個々の質点ごとに仮想仕事の原理が適用できて，結果的には物体（質点系）全体に対して $\sum_i \{f_i + (-M_i\dot{v}_i)\}\delta x_i = 0$ が成立する．次に，物体に何の運動も生じさせない作用力 f_i'' は，質量間を束縛している柔性に内力として隠ぺいされる．そして，個々では $f_i'' \neq 0$ であるにもかかわらず，系全体ではすべてが互いに打ち消し合って釣合状態にあるので，系全体に対しては仮想仕事の原理が適用できて，$\sum_i f_i''\delta x_i = 0$ になる．

このように仮想仕事の原理は，力の釣合の成立・不成立には関係なく，どのような場合に対しても必ず適用できる．それにもかかわらず，「仮想仕事の原理は釣合状態にある系に対してのみ適用できる」という現在の一般認識は，決して誤りではない．その理由は，この記述中の「釣合」の言葉が，現在の意味での釣合の概念と作用反作用の法則の両者を含む，ダランベール時代の広い意味で用いられているからである．この意味の力の釣合は，いかなる場合にも必ず成立する．

　主に工学系の力学では，慣性力という概念を導入しダランベールの原理を用いることにより，動力学と静力学を力の釣合によって統一できるとされ，それ故に，ダランベールの原理は力学における最も重要な原理であるとされている．しかし動力学においては，作用反作用の法則と（現在の意味での）釣合は異なり，前者は必ず成立するが後者は成立しない．それにもかかわらず仮想仕事の原理を，上記の理由で動力学に対しても適用できるのである．仮想仕事の原理が動力学にも適用できるということは，動力学における力の不釣合式を，それが作用反作用の法則の表現式であるが故に，静力学における力の釣合式とみなして扱うことができる，ことを意味する．

　このようにして，**仮想仕事の原理を用いれば動力学の問題を静力学の問題に帰着できる．しかしこのことは，力の釣合によって静力学と動力学を統一したことにはならない．力の釣合が作用反作用の法則と同一であり両者共に無条件で成立する静力学と，作用反作用の法則は成立するが力の釣合は成立しない動力学は，力の釣合という観点からは統一できないのである．帰着できることと統一できることは異なるのである．**

　これに関連して，ケルビン（William Thomson, Lord Kelvin, 1824-1907）は，「静力学は力のつりあいを扱い，動力学は物体の運動を生み出すないしは運動を変化させるつりあっていない力の効果を扱う．」（文献2, p.404）と定義している．この定義によれば，**力の釣合は静力学と動力学を問わず力学全体で成立するという，従来の工学系力学において力学の根幹をなす最も重要な原理であるとされているこの一般常識は，誤りであることになる．**

　ラグランジュは，ダランベールの原理を用いて動力学の問題を静力学の問題に帰着させ，両者を同一の手法で扱うことを可能にしたのであって，**動力学と静力学を統一したのではない．**1つの手法で同じ扱いができるというだけで統一できるというのは，明らかに言い過ぎである．

6. 運動座標系

6.1 並進座標系

6.1.1 慣性系

　ニュートン（Isaac Newton, 1642-1727）は，『プリンキピア』において「世界の中心は静止している」と述べている．彼は，宇宙は，そこに存在するあらゆる物質と無関係に絶対的に静止し，その位置と方向は同等でどこにも特別な場所がない空間であり，恒星はこの中で静止し，惑星はこの中で運動していると考えていた．そしてこの空間を**絶対空間**（absolute space）と呼んだ．またニュートンは，宇宙には，空間から独立してあらゆる現象とは無関係にそれ自体で存在し，無限の過去から無限の未来へと流れている時間が存在するとし，これを**絶対時間**（absolute time）と呼んだ．このようにニュートンは，絶対空間と絶対時間の存在を認め，それを彼の力学の立脚点とした．

　絶対空間の存在については，ニュートンと同世代のバークレイ（George Berkerey, 1685-1753）がこの考えに反対し，後にマッハ（Ernst Mach, 1838-1916）を経て，アインシュタイン（Albert Einstein, 1879-1955）によって絶対空間と絶対時間の存在は完全に否定された．

　一般に物理学で使う概念や法則には，これらを見出すための方法と実際にそれを確認する手段が与えられることが必要である．絶対空間についてはこのような方法も手段もないので，現在の物理学では絶対空間というものは考えない．すなわち，どの銀河系を基準にとっても同じ図が描けるので，ビッグバンの場所すなわち膨張宇宙の原点は決まらず，空間には中心や端のようなものは存在しえない．したがって，宇宙の中心に対して動いているか止まっているかということは区別できず，ニュートンの言う静止した宇宙の中心というものはない．

　ガリレイ（Galileo Galilei, 1564-1642）の相対性原理によれば，すべての運動は**相対運動**（relative motion）であり，厳密な意味での絶対位置，絶対速度，絶

対加速度というものは，この世に存在しない．しいていえば，全宇宙の中でわれわれが感知できる限界内に存在する恒星全体が慣性系を決めるのであって，「絶対静止座標系が存在していて，それが慣性系であり，恒星系はこの絶対静止座標系に対して静止しているから，恒星系も慣性系である」と考えてはいけない．静止しているか動いているかは，あくまで他との比較によってしか決めることができない相対的な概念であり，絶対静止というものは定義できないのである．

　古典力学では，ニュートンの慣性の法則が十分な精度で成り立つ座標系の一つを選んで，それを理想的な座標系と考え，**慣性系** (inertia system) または**慣性座標系** (inertia system of coordinate) または**慣性空間** (inertia space) という．恒星の平均位置または太陽系の重心に固定した座標系は，慣性空間と認められている．地球上の物体の運動を扱う場合には，地上に固定した座標を慣性空間にとる．実際には，恒星の平均位置も太陽も地球も運動しているので，厳密な意味での慣性系ではないが，われわれが使う力学の範囲内では，これらの誤差は小さく，実用上無視できる．そして物体の運動（位置・速度・加速度）は，これらの慣性空間の一つを基準の絶対空間と考え，それからの相対運動によって決めることができる．慣性空間の基準となる位置や物体は，どの空間（座標系）を採用すれば力学現象がより簡単に記述できるかによって選ぶ．現在の古典力学では，以上のことを承知の上で，この基準となる慣性空間を便宜上絶対空間と呼び，これを基準として絶対位置，絶対速度，絶対加速度を決めている．

　絶対空間の中で零以外の量を有する状態量が形成する空間の座標系を，**相対座標系** (relative coordinate system) という．この状態量が速度である場合の相対座標系を，**運動座標系** (coordinate system in motion) という．運動座標系は，絶対空間内で速度を有し運動する空間の座標系である．

　運動座標系について述べる．座標軸が基準となる絶対空間の座標軸と一定の角度（零：平行を含む）を保ったまま運動する座標系を，**並進運動座標系** (coordinate system in translational motion) あるいは**並進座標系** (coordinate system in translation) という．

　物体は，静止し続けようと同一方向に同一の速さで運動し続けようと，まったく同じ状態にあるといってよい．すなわち，静止している観測者にとっても，またそれに対して一定の並進移動をしている観測者にとっても，様々な物理現象の法則は同一である．したがって，静止しているかあるいは一定の速度で運動をし

6.1 並進座標系

ているかを識別する方法はないし，またありえない．これが**ガリレイの相対性原理**（Galilei's principle of relativity）である．慣性系同士では物理現象は同一であり，いずれも同等の権利をもって基準系となることができるのである．

例えば，経験によれば，電車が加速するときや減速するときには，乗客は窓の外を見ないでも電車の運動を感じることができるが，一定の速度で走っているときには，揺れることを除けば，地表に静止しているときと何ら変わらない．また一定の速度で走行中の電車の中でも，放物体や振子は地上における場合と同じように運動する．

絶対空間における速度 v と絶対空間に対して速度 v_0 で運動している並進座標系における速度 v' の関係は

$$v = v_0 + v' \tag{6.1}$$

並進座標系の速度 v_0 が時間に無関係に一定であるときには，相対加速度が存在せず，ニュートンの運動方程式はそのまま成立するので，この並進座標系は慣性系であると考えてよい．このとき，式 (6.1) の変換を**ガリレイ変換**（Galilei transformation）という．ニュートンの運動方程式はガリレイ変換に対して不変である．そしてこのとき，時間軸は独立であり不変である．これが古典力学の根本仮定である．

力は，少なくとも古典力学の範囲内では，扱う物理環境が等しい限りガリレイ変換には影響されず，異なる慣性系間で不変である．

一方，時間は，古来から太陽の見かけの位置や時計などによって数量的に計ることができる量とされ，われわれの直感では，時間は空間と無関係に経過する（流れる）．このように，空間とは独立に流れる時間を用いるのが，古典力学である．

古典力学の成功により，ガリレイ・ニュートン的な空間と時間の概念は，実在の物理的空間・時間のモデルとして，少なくともきわめてよい近似において，正しいことが示された．長い間，古典力学は厳密に正しいと思われていた．ところが 19 世紀末から 20 世紀初めにかけて，電磁気現象にガリレイ・ニュートン的な時間空間の概念を適用すると事実に合わない場合があることが明らかにされた．例えば，光の速さに関する明白な不一致である．すなわち，相対速度が光の速さ $c \cong 3 \times 10^8 \, \mathrm{ms}^{-1}$ に対して無視できない大きさになると，ガリレイ変換は成り立たなくなり，運動方程式はガリレイ変換に対して不変でなくなる．その代わりに**ローレンツ変換**（Lorentz transformation）と呼ばれるものが成り立ち，運動方程式は

ローレンツ変換に対して不変になる．

これがきっかけになってアインシュタインの相対性原理が提唱され，空間と時間は無関係でないことがはっきりした．アインシュタインの相対性理論によれば，時間軸は空間座標と同時に変換され，ガリレイ変換における時間の空間からの独立性は破られる．これは，われわれがなじんでいるガリレイ・ニュートン的な時間・空間とはまったく異なる別の世界である．絶対空間が存在しないのと同様に，宇宙全体に共通な瞬間（絶対時間）というものはないのである．

ガリレイ変換は，ローレンツ変換で速度が光速に比較してはるかに小さくなったときの極限である．しかし，光の速さに比べて十分遅い運動に対しては，ニュートン力学は正しいと見てよく，その時間・空間の概念も妥当なものとみなされる．本書では，基本的にはガリレイ・ニュートンの立場で力学を扱っている．

6.1.2 非慣性系

慣性系に対して加速度を有する運動をしている空間（座標系）から，力が作用せず慣性系において静止している物体を見れば，自身とは逆の加速度を有し運動が変化している（ように見える）から，慣性の法則も運動の法則もそのままでは成立しない（ように見える）．慣性の法則が成立しない（ように見える）座標系を非慣性系と呼ぶ．この「（ように見える）」とは，そのように人に見え人が感じるだけで，実はそうではないからである．実際には，慣性の法則も運動の法則も成立しない世界は，この世には存在しない．

慣性系から見た速度を v，慣性系に対して並進加速度運動をしている並進座標系（非慣性系）の原点の速度を v_0，この非慣性系から見た速度を v' とすれば

$$v = v_0 + v' \tag{6.2}$$

$$\dot{v} = \dot{v}_0 + \dot{v}' \tag{6.3}$$

ここで，$\dot{v}_0$ はこの並進座標系の原点の加速度，$\dot{v}'$ はこの並進座標系において観測される加速度である．慣性系では運動の法則が成立するから，質量 M の質点に力 f が作用するときの，慣性系における運動方程式は

$$M\dot{v} = f \tag{6.4}$$

式 (6.4) に式 (6.3) を代入すれば，この並進座標系から見た運動方程式は

$$M\dot{v}' = f - M\dot{v}_0 \tag{6.5}$$

この式からわかるように，非慣性系から運動を観察すれば，実際に作用している

6.1 並進座標系

力 f とは別に，並進座標系自体の加速度 $\dot{v}_0$ と逆方向の力 $-M\dot{v}_0$ が働いている（ように見える）．力 $-M\dot{v}_0$ は実際には存在しないから，これを見かけの力という．そして，この見かけの力が働いているとすれば，座標系自体が加速度を有し運動の法則が成立しない（ように見える）非慣性系においても，式 (6.5) のように，ニュートンの運動方程式が形式上成り立つ．

実際に質点に作用している力は f のみであるから，慣性系では質点は，ニュートンの運動の法則 $M\dot{v} = f$ を満足する加速度 $\dot{v}$ で運動している．しかし，加速度 $\dot{v}_0$ を有する並進座標系上に静止している観測者からこの質点を見ると，加速度 $\dot{v}'(=\dot{v}-\dot{v}_0)$ で運動しているようにしか見えない．そこで観測者は，真実の加速度 $\dot{v}$ を観測される加速度 $\dot{v}'$ に変える力である $-M\dot{v}_0$ が，実際に作用している力 f とは別にこの質点に作用している，と錯覚するのである．

在来の力学では，この見かけの力を慣性力と呼んでいた．これに対して本書では，慣性の法則が成立しない場合にのみ出現するこの見かけの力を慣性力と呼ぶことに対する違和感と，質量が作用力を受けるときの反作用力として実在する慣性力とこの見かけの力を区別するために，この見かけの力を慣性力とは呼ばず，擬似反力と呼んでいる．

例えば，ある時点まで慣性系であった座標系に，急に加速度が作用して，加速度を有する並進座標系が形成されるとする．この並進座標系に固定されている観測者には，慣性系内で何の力も作用せず，自由状態で静止し続けているままの質点が，並進座標系の加速度と逆方向の加速度を生じて，突然動き出したように見える（実際に突然動き出したのは観測者のほうである）．

第3章で説明したように，質量には速度を直接加えることはできず，加えることができるのはあくまで力のみである．そして質量には，力が作用した結果として初めて加速度が発生する．したがって，加速度を有する並進座標系上の観測者から，慣性空間内で何の作用も受けずに静止したままの質点を見るとき，その質点は，あたかも何らかの力が作用した結果，観測者自身の加速度と逆方向に突然加速度運動をし始めたように見える．すなわち観測者は，"見かけの力が作用している" という，事実とは異なる擬似の現象が発生するように，誤って認識する．この見かけの力が，本書でいう擬似反力なのである．

次に，並進座標系の原点の加速度 $\dot{v}_0$ を，質点の加速度 $\dot{v}$ に一致させてみる．このときには $\dot{v}' = \dot{v} - \dot{v}_0 = 0$ であるから，加速度を有する並進座標系に固定されて

いる観測者には，この質点があたかも静止しているように見える．そして，非慣性系であるこの並進座標系から見た運動方程式は，式 (6.5) より

$$f + (-M\dot{v}_0) = 0 \quad \text{すなわち} \quad f + (-M\dot{v}) = 0 \tag{6.6}$$

式 (6.6) は一見，この質点に，実在の力 f とそれとは独立である別の力 $-M\dot{v}_0$ が作用し，これら両者が釣り合っている，という力の釣合式に見える．しかしそれは，自身が加速度 $\dot{v}_0 = \dot{v}$ で運動している観測者にそう見えるだけであり，実際には力 $-M\dot{v}_0$ は，どこにも存在しない見かけの力であり，擬似反力である．実在する実体力 f と実在しない見かけの力 $-M\dot{v}$ が釣り合うなどということは，式の上では成立しうるが，実現象として生じることは，絶対にありえない．この質点に作用する力は，実際に釣り合っていないから，慣性座標系で加速度 $\dot{v}$ が生じているのである．

図 6.1 に，慣性座標系（慣性系）と非慣性座標系（非慣性系）における質点の運動を比較する．

例えば，発車時の乗物のように，加速しつつある並進座標系内に前方向（加速度と同方向）に向いて立っている観測者は，加速度と逆方向に急に倒れそうになり，後方向に引き倒されるような力が自身に突然作用した，と思う．この加速度と逆方向の力は，観測者の重心が静止したままで足元だけが加速度運動を始めたことによって生じる見かけの力（擬似反力）であり，実際に後方に引き倒そうとする何らかの力が観測者の重心に対して加わったわけではない．しかし，転倒モーメントは実在するから，観測者がこれに対して何の抵抗もせず，なされるがままに自身を置けば，観測者は後方に倒れる．これは，観測者の重心から離れた足元が，乗物の床から加速度方向と同じ前方向に力を実際に受けるために生じるモー

質点 M_1
●◀---- 擬似反力 $-M_1\dot{v}_0$
・慣性系では：静止（実現象）
・非慣性系では：擬似反力を受けて $-\dot{v}_0$ で加速度運動（見かけの現象）

⟶ 加速度 $\dot{v}_0$
質点 M_2
実作用力 f ⟶●◀---- 擬似反力 $-M_2\dot{v}_0$
・慣性系では：実作用力を受けて運動（実現象）
・非慣性系では：実作用力と擬似反力が釣り合って静止（見かけの現象）
・質点 M_2 は力の不釣合状態にあり，加速度 $\dot{v}_0$ を生じている（実現象）

慣性系
0 ⟶ x

非慣性系
$0'$ ⟶ x'
⟶ 加速度 $\dot{v}_0$

$[\ddot{x} = \ddot{x}' + \dot{v}_0]$

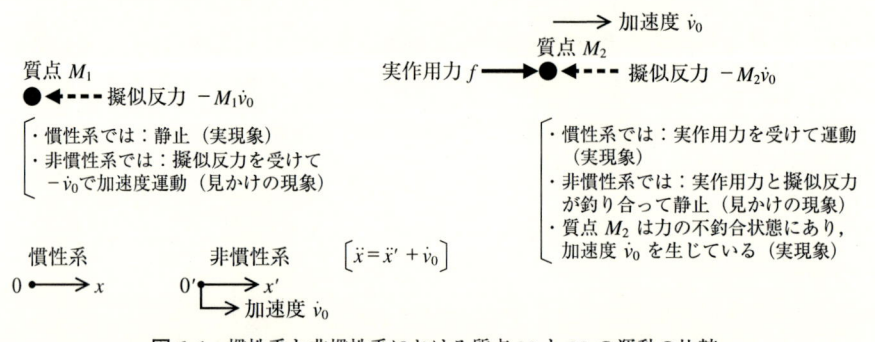

図 6.1 慣性系と非慣性系における質点 M_1 と M_2 の運動の比較

メントによる，実在の転倒運動である．

実在の転倒運動を見かけの力によって発生させることは，決してできない．足元から離れた重心に後方向に作用する（ように見える）擬似反力によって実在のモーメントが生じるのではないのである．

乗物の床から加速度方向に力を受ける足元は，乗物に対して後方向（加速度と逆方向）の反作用力を実際に作用させる．この実在の反作用力が，慣性力である．このように足元では，作用反作用の法則は成立するが，乗物からの作用力以外の作用力は存在せず，力の釣合は成立していない．

観測者が倒れまいとして踏ん張ることは，自身の足元に後方向の力を，重心に前方の力を作用させることである．これによって，足元では力の不釣合は消えて，観測者が乗物に作用させる後方向の力と乗物が観測者に作用させる前方向の力が釣り合う．その代わり，それまで何の力も作用していないという力の釣合状態にあった重心には，擬似反力が消えて，同時にそれと同じ大きさで逆方向である前方向の力が実際に作用するようになる．こうして観測者の重心は，乗物と一体化されて力の不釣合状態に転じ，前方向に加速度運動するのである．

慣性座標系に話を戻そう．慣性座標系ではニュートンの運動の法則は当然成り立ち，

$$M\dot{v} = f \quad \text{すなわち} \quad f + (-M\dot{v}) = 0 \qquad (6.7)$$

式 (6.7) は，慣性系において実際に成立する式であるから，非慣性系でしか成立しない式 (6.6) と，**形は同一であるにもかかわらず，意味はまったく異なる．式 (6.6) は非慣性系でしか成立しない式であり，その左辺第2項は擬似反力と呼ばれる見かけの力である．**これに対して式 (6.7) は，**慣性系において成立する力学法則であり，その左辺第2項は慣性力と呼ばれる実在の力である．**

4.6節ですでに述べたように，慣性力は，作用力 f が存在するときに限って発生し，作用力が消滅すると直ちに消滅し，その大きさと方向が作用力によって一義的に決まり，常に作用力と同じ大きさで逆の方向を向いている．これらのことからわかるように，慣性力は，作用力から独立した力ではなく，作用力に完全に従属した力である．そして慣性力は，力 f が作用する質量特有の反作用力なのである．したがって式 (6.7) は，作用力と反作用力を加えれば零になる，という力の作用反作用の法則を表現する式であり，ニュートンの運動の法則は力の作用反作用の法則の一部である，という解釈が成立するのである．

上記のように，質点には加速度 $\dot{v}$ が生じており力の釣合が成立していないから，それにもかかわらず成立する式 (6.6) も式 (6.7) も，**力の釣合式ではなく不釣合式である．一般にいわれているように，これらの式は動力学における力の釣合式である，というのは誤りである．**ただし，現象として力の不釣合を表現しているこれらの式を，式の上で力の釣合式とみなして扱うことは，5.4.3項で述べたように，可能であり正当性を有する．

式 (6.6) は，加速度を有する並進座標系すなわち非慣性系においてのみ成立する式であり，一般性を有さないから，普遍の原理や法則ではない．また，見かけの力の釣合式 (6.6) を慣性系から見れば，加速度運動をしつつある質点における力の不釣合式である．一方式 (6.7) は，動力学における作用反作用の法則を表す式であり，慣性系であろうと非慣性系であろうと，力の釣合とは無関係に常に必ず成立する，普遍の式である．したがって，式 (6.6) が成立する非慣性空間においても，作用力 f が存在すれば慣性力も必ず存在するので，式 (6.6) とは無関係に式 (6.7) が必ず成立する．非慣性空間では，実在する反作用力である慣性力とは別に，それと同じ大きさで同方向の擬似反力が存在するように見えるのである．

「力の釣合によって静力学と動力学を統一できる」という従来の工学系力学における一般見解は，「互いに独立した複数の作用力の和が零になる」という静力学における力の釣合式 $\sum f = 0$ と，動力学における「作用力と反作用力の和が零になる」という式 (6.7) を同一視することに起因する誤りである．そしてこれをダランベールの原理と呼ぶのは，ダランベール (Jean le Rond D'Alembert, 1717-83) のいう釣合の概念とそれに基づいて彼が提唱した釣合の法則を，現在における当時とは異なる釣合の概念に基づいて誤解釈したための誤りである．**ダランベール自身は「力の釣合によって静力学と動力学を統一できる」というようなことはまったく言っていない．**5.4.3項で述べたように，仮想仕事の原理によって，動力学の問題を静力学における力の釣合の問題に帰着することはできるが，力の釣合という概念で静力学と動力学を統一することはできない．帰着することと統一することは異なるのである．

6.1.3 非慣性系の例

非慣性系における力学をさらに理解するために，加速度運動をしている電車や

エレベータなどの乗物の中で起こる，以下の4通りの例を挙げる．

① **乗客の錯覚による見かけの力：擬似反力**

乗物の中にいる人が，慣性系に何の力も作用することなく置かれて静止したままの物体を見るときには，乗物の発車の瞬間に，その物体はあたかも自分の加速度と反対の方向に力を受けて，急に動き出すように見える．例えば，発車しつつある電車に乗っている人が，停止したままの隣の電車を見ていると，自分が乗っている電車が動き出したにもかかわらず，自分は止まったままで，隣の電車が後方に力を受けて動き出したように見える．実際にはこのような力はどこにも存在せず，これは乗物内にいる人の錯覚である．この力を擬似反力という．

擬似反力は，加速度運動をしている乗客が静止したままの物体を観測する，すなわち非慣性系に固定した座標上から慣性系にある物体の運動を考えるときに，あたかも存在するように見えるが実際には存在しない見かけの力であり，実在の作用力とは異なり，反作用の力を伴わない．例えば図 6.2 に示すように，電車内の滑らかな床に置かれている球が電車の発進と同時に発進とは逆の方向に転がり始めるのを，乗客が見て，発進と逆方向の力が突然球に加わった，と思う（錯覚する）．この見かけの力が擬似反力なのである．実際には球に何の力も加わっておらず，球は電車の停止時における静止状態を発進後も続けようとしているだけなのである．

② **乗客が乗物から受ける力に対する実在の反作用力：慣性力**

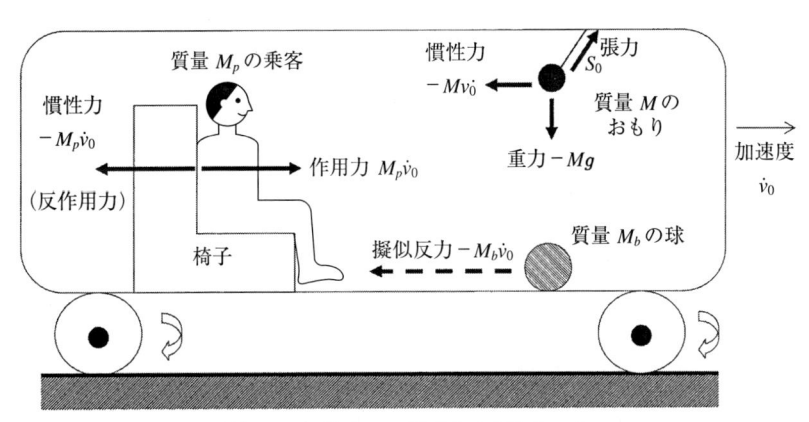

図 6.2 加速度 $\dot{v}_0$ で運動する乗物内の力
実線矢印は実在する力，点線矢印は見かけの力

加速しつつある乗物の中にいる人は，加速度と同一方向の力が乗物から自分に作用していることを，体で感じる．人が力を体で感じるのは，実際にそれを受けているからである．このように，この力は実在する力であり，当然実在の反作用力を伴う．この実在する反作用力（人から乗物に作用する進行と逆方向の力）を慣性力という．加速しつつある乗物は，それに乗っている人から加速度と反対方向の力を，実際に受けるのである．これは，乗物に乗っている乗客を乗物と共に加速するために，乗物から乗客に作用する力の反作用力である．この反作用力が慣性力にほかならない．

　例えば図 6.2 に示すように，電車が急発進すると，前向きに座っている乗客は，椅子の背もたれから作用する実在の力によって，前方に強く押される．人に力センサー（力を感知して電流などの電気信号を出す道具）を取り付けておけば，椅子から人に作用するこの力を，現実の力として測定することができる．同時に，椅子は逆に，人から作用する慣性力によって，後方に強く押される．椅子に力センサーを取り付けておけば，人から椅子に作用するこの慣性力を，現実の力として測定することができる．

　外作用力（例えばエンジンやモータからの駆動力）を受けて加速度運動をしている乗物によって運ばれている人は，乗物から直接加速度を受けているのではなく，加速度方向に力を受けているのである．これを詳しくいえば次のようになる．

　乗物の発車の直後には，それに乗っている人はまだ慣性系に静止したままであり，乗物と人の間には動きの差すなわち速度差がある．この速度差が，速度の不釣合として，人と乗物の両者が有する柔性が直列に接続した合柔性に作用する．合柔性は，力変動を生じることによってその不釣合速度を吸収する．合柔性内の力変動は時間と共に蓄積され，柔性力が発生し増加していく．こうして柔性に生まれた柔性力の反作用力である復元力は，人の質量に作用して，乗物の進行方向の加速度を生じる．このようにして，乗物の加速度は人に伝えられる．

　人が乗物と同一の加速度運動状態，すなわち乗物に固定した非慣性座標系における静止状態に移行し終わる時刻は，合柔性に発生する力変動が蓄積（時間積分）され，人の質量と乗物の加速度の積に等しい大きさの力にまで増大し終わるまでに要する時間，すなわち合柔性が速度の釣合状態になるまで圧縮され変形する時間だけ，乗物の発進時刻より，わずかではあるが遅れる．

　人が乗物と同一の加速度状態になったとき，乗物と人の間に介在する合柔性か

らの復元力を受ける人の質量は，この復元力がなす仕事によって流入する力学的エネルギーを運動エネルギーの形で吸収し続けながら，復元力に対する反作用力である慣性力を，加速度と逆方向に出し，乗物に作用し続ける．この慣性力は，決して見かけの力などではなく実在する力であり，合柔性を介して乗物から人に作用する力の反作用力である．

③ 乗物につるしたおもり

水平方向に一定の加速度 $\dot{v}_0$ で走る乗物の天井に他端を固定した糸の一端に，質量 M のおもりをつるす．おもりが乗物内で静止しているためには，糸は鉛直に対してどれだけ傾いていなければならないか，また糸の張力はいくらか，という問題を考える．これを図示したのが，図 6.2 あるいは図 6.3 (c) である．

ニュートンの第 2 法則をそのまま使ってこの問題を解くと，以下のようになる．

おもりは，糸を通して乗物から進行方向に力を受け，乗物と共に加速度運動をする．糸は，おもりからその反作用力を受けて，加速度と逆方向に傾く．その傾きを θ_0 とする．おもりに働く力は，鉛直下方の重力 $-Mg$ と糸の張力 S_0 である．張力の水平方向成分によって，おもりは水平方向に加速度 $\dot{v}_0$ をもつから

$$\text{水平方向の運動方程式}\;:\; S_0 \sin\theta_0 = M\dot{v}_0 \tag{6.8}$$

鉛直方向には，糸の張力の鉛直方向成分と重力が釣り合っており，加速度が存在しないから

$$\text{鉛直方向の運動方程式}\;:\; S_0 \cos\theta_0 - Mg = 0 \tag{6.9}$$

これら両式から

$$\tan\theta_0 = \frac{\dot{v}_0}{g} \tag{6.10}$$

$$S_0 = M\sqrt{\dot{v}_0^2 + g^2} \tag{6.11}$$

となる．

一方，従来から一般にいわれているいわゆるダランベールの原理に従ってこの問題を解くと，以下のようになる．実際の力は，鉛直から θ_0 だけ傾いた方向に作用する糸の張力と，鉛直下方に作用する重力だけであるが，そのほかに見かけの力である慣性力 $-M\dot{v}_0$（加速度 $\dot{v}_0$ と逆方向であるから負号をつける）を考慮して，力の釣合式を立てる．

$$\text{水平方向の力の釣合式}\;:\; S_0 \sin\theta_0 - M\dot{v}_0 = 0 \tag{6.12}$$

$$\text{鉛直方向の力の釣合式}\;:\; S_0 \cos\theta_0 - Mg = 0 \tag{6.9}$$

これら両式から，上と同じ角度 θ_0 と糸の張力 S_0 が求められる．

いわゆるダランベールの原理に従ったとされる，この解法に関して論じてみる．

水平方向の力の釣合式 (6.12) の左辺は，第 1 項が実在の力であり，第 2 項が見かけの力であるとされている．しかし，現実に存在する実在の力と現実には存在しない見かけの力を足すことは，式の上では可能であるが，実現象としては不可能であり，ましてやそれらが釣り合うことなどありえない．したがって，式 (6.12) が実現象として成立する以上，右辺第 2 項の慣性力 $-M\dot{v}_0$ は見かけの力ではなく，実在の力でなければならない．

一方，おもりに作用する水平方向の力は糸の張力による $S_0\sin\theta_0$ のみであり，それと独立したほかの力はどこにも存在しないから，水平方向の力は明らかに釣り合っていない．そのために，おもりには乗物からエネルギーが流入し続け，おもりには乗物と同一の加速度が発生して，速度が増大し続けるのである．現実に力が釣り合っていないのに力の釣合式が成立することはありえないから，式 (6.12) は力の釣合式ではない．式 (6.12) の中に加速度が含まれていることそのものが，この式が力の不釣合状態を表現する式であることを示している．3.3 節で述べたように，質量が動的に機能し加速度を生じるのは，力が釣り合っていない場合のみだからである．

水平方向の慣性力 $-M\dot{v}_0$ は実在の力でなければならず，同時に水平方向の力は糸からの作用力 $S\sin\theta$ 以外には存在しない，というのはどういうことだろうか？ 答は 1 つしかない．両者は同一の力なのである．すなわちこの慣性力は，糸からの作用力に対して質量が糸に及ぼす反作用力なのである．質量は，糸から作用力を受けると加速度を発生することによって反作用力を生じる，という力学的性質を有する．慣性力はこの作用力に対する反作用力であり，したがって式 (6.12) は，作用力と反作用力を足したら零になる，という力の作用反作用の法則を表現する式なのである．

しかし同時に，式 (6.12) を (静力学においてのみ成立する) 力の釣合式とみなすこの解法は，決して誤りではなく，まったく正しい．そうであるからこそ，正しい解を導くのである．このように，動力学において力の釣合が成立していない場合の作用反作用の法則を，静力学における力の釣合に帰着して扱うことの正当性の理由については，すでに 5.4.3 項で説明した．

次に，乗物が発車後に定加速度 $\dot{v}_0$ で加速し続けるとき，糸の傾き角 θ が発車

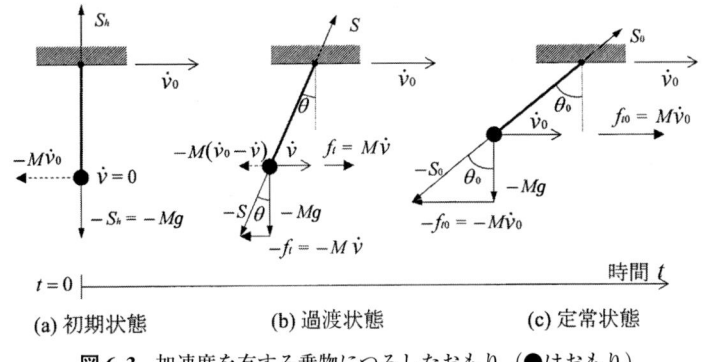

図 6.3 加速度を有する乗物につるしたおもり（●はおもり）
$\dot{v}_0$：乗物の加速度＝一定
$\dot{v}$：質量 M のおもりの水平方向加速度
S_h, S, S_0：糸の張力
実線：慣性力，点線：擬似反力

直後の零から増大して定常状態 θ_0 になるまでの経過を，図 6.3 を参照しながら考察する．

　乗物が停止しているときには，おもりには水平方向の力は作用していないから，糸は鉛直方向（$\theta=0$）に静止している．おもりと同じく地上に固定した慣性系に静止している乗客には，当然糸は鉛直方向に静止して見える．このとき，おもりには鉛直下方に重力 $-Mg$（鉛直上方向を正とする座標軸をとっているから重力には負号がつく）が，また鉛直上方に糸の張力 S_h が作用しており，両者は釣り合っているから，停止した乗物内における鉛直方向の力の釣合式は

$$S_h - Mg = 0 \tag{6.13}$$

となる．

　乗物が発車する瞬間を $t=0$ とし，このときの状態（初期状態）を図示すれば，図 6.3 (a) のようになる．乗物内のおもりを，駅のプラットホームに静止している人が観察すれば（慣性系から見れば），乗物が動き出す瞬間には，おもりは静止したままで糸は鉛直である．そしておもりに作用する力は，鉛直方向以外にはまったく存在せず，鉛直方向の力の釣合式（式 (6.9)）に $\theta_0=0$ を代入した式 (6.13)）は成立している．

　ところが乗物内にいる乗客には，このおもりが乗物の水平進行方向（図 6.3 の右方向）と逆方向（乗客から見ると後方）に，加速度 $-\dot{v}_0$（負値は後方を意味する）で突然運動し始めるように見える．これを見た乗客は，おもりがあたかもそ

の方向(後方)の力 $-M\dot{v}_0$(図6.3(a)の点線:水平進行方向(右方向)を正とする座標軸をとっているから,この力には負号がつく)を受け始めたように感じる.これは,乗物が動き始めた瞬間に,乗客自身が,慣性系である静止座標系から,加速度 $\dot{v}_0$ で運動する非慣性系である並進運動座標系に,突然移行したための錯覚であり,この力 $-M\dot{v}_0$ は,現実には存在しない見かけの擬似反力である.

ちなみに,図6.2に示したように,質量 M_p の乗客には,乗客を並進運動座標系に固定するための作用力 $M_p\dot{v}_0$ が乗物から作用し,その反作用力である慣性力 $-M_p\dot{v}_0$ が,乗客から乗物に実際に作用している.このときの作用力 $M_p\dot{v}_0$ と反作用力(慣性力)$-M_p\dot{v}_0$ は,両者共に現実に存在する実在の力であり,この慣性力は決して見かけの力ではない.乗客は,乗物から進行方向に力が作用することを実際に感じる.そしてもし,背もたれの乗客との接触面に力センサーをつけた前向きの椅子に乗客が座っているとすれば,力センサーはこの慣性力 $-M_p\dot{v}_0$ を,乗客から乗物に作用する進行と逆方向の力として現実に検出する.

乗物が出発すると,糸の上端が乗客と共に前方に動き始めるので,乗客にはそれまで静止していたおもりが後方に動き始めるように見え,それと共に,糸は実際に後方に傾き始める.出発からわずかな時間の後に,糸が角 θ ($0<\theta<\theta_0$) だけ傾いたとする.このときの状態(過渡状態)を図示すれば,図6.3(b)のようになる.このときの糸の張力を S とすれば,鉛直方向の力の釣合式

$$S\cos\theta - Mg = 0 \tag{6.14}$$

から

$$S = \frac{Mg}{\cos\theta} \tag{6.15}$$

糸からおもりに作用し,おもりを水平進行方向(図6.3(b)の右方向)にけん引する力 f_t は,式(6.15)より

$$f_t = S\sin\theta = Mg\tan\theta \tag{6.16}$$

おもりは,けん引力 f_t の作用を受けて,乗物の進行方向に加速度 $\dot{v}$ で運動する.同時におもりは,この作用力に対する反作用力として,糸に $-f_t$ の力を水平方向に及ぼす.式(6.16)より,おもりの加速度 $\dot{v}$ は

$$\dot{v} = \frac{f_t}{M} = g\tan\theta \tag{6.17}$$

慣性系にいる人には,おもりが乗物の進行方向に,乗物自体の加速度 $\dot{v}_0$ より

小さい加速度 $\dot{v}$ で進行している姿が，そのまま見える．しかし乗物内にいる乗客には，おもりが，初期の加速度 $-\dot{v}_0$ よりも小さい加速度 $-(\dot{v}_0-\dot{v})$ で，乗物の進行と逆方向に動いているように見える．それを見た乗客は，あたかもおもりが後方向に力 $-M(\dot{v}_0-\dot{v}) = -(M\dot{v}_0-f_t)$ を受けて動いているように感じる．もちろんこの力は見かけの擬似反力であり，現実にはこのような力は存在しない．

このように，乗物の発車後に糸が角度 θ だけ後方に傾いたときには，乗物が動き出した瞬間の擬似反力 $-M\dot{v}_0$ の一部である力 $-f_t$ が実体化して実在する慣性力に変わり，残りの力 $-(M\dot{v}_0-f_t)$ は実在しない擬似反力のままである．

時間の経過と共に傾き角 θ は増大し，それに伴って擬似反力は減少し，その分だけ慣性力が増加する．やがて $\theta = \theta_0$ になったときに，糸からおもりに作用するけん引力は $f_{t0} = M\dot{v}_0$ になり，見かけの力である擬似反力は消滅し，すべて実体化して慣性力 $-f_{t0} = -M\dot{v}_0$ に変わる．この状態を図示すれば，図 6.3 (c) のようになる．おもりに作用する周辺の空気抵抗や糸の付け根における回転抵抗などの減衰が大きい場合には，おもりはその後 $\theta = \theta_0$ の定常状態を維持するが，減衰が小さい場合には，$\theta = \theta_0$ を中心とする揺動運動をする．

④ 乗物に置かれた水槽内の水面

水平方向に一定加速度 $\dot{v}_0$ で走る乗物の中に置かれている容器内において，図 6.4 のように水の表面が傾く現象を説明する．

従来の力学書における一般的な説明は，次の通りである．

「乗物の中の質量 M の物体に，実際の力であるところの重力 $-Mg$ のほかに，仮想的な力 $-M\dot{v}_0$ が働くと考えると，乗物内に固定した座標系はあたかも慣性系のように考えてよい．静止している乗物内で水面が重力に垂直な液面を作るのと

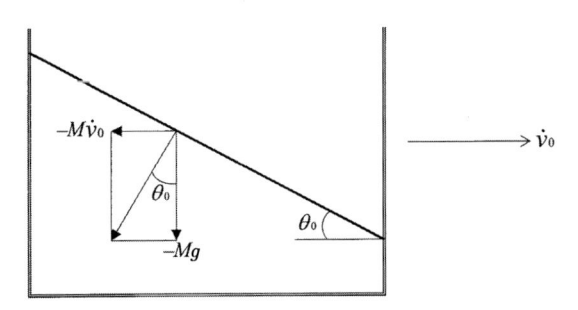

図 6.4 加速度を有する乗物内の容器内の水面
$\dot{v}_0$：乗物の加速度＝一定

同様に，加速度 $\dot{v}_0$ をもつときには $-Mg$ と $-M\dot{v}_0$ を合成して得られる力に垂直な表面を作る．表面にある小部分（質量 = M）に $-Mg$ と $-M\dot{v}_0$ が作用すると考える．その水平との傾きは，図 6.4 から

$$\tan \theta_0 = \frac{\dot{v}_0}{g} \tag{6.18}$$

のように得られる．」（文献 7, p.204）

　この説明では，力 $-M\dot{v}_0$ を，非慣性系をあたかも慣性系であるかのごとく扱うために導入した，実在しない仮想的な力であるとしている．そして，この仮想的な力と実在の力 $-Mg$ を合成することにより，実現象を説明している．しかし，実在する力と実在しない力を合成することは，数式の上や頭の中では可能であるが，現実では不可能である．したがってこの説明は，現実の世界で起こっている実際の物理現象（水面の傾きは慣性系から見ても観測できる実現象）を対象とした説明として認めることはできない．実現象が説明できるためには，**力 $-M\dot{v}_0$ も重力と共に実在の力でなければならない．現実の世界で起こっている現象の原因になる力は，すべてが現実の世界に存在するものでなければならないからである．**

　実際に，図 6.4 の実現象において現れる力 $-M\dot{v}_0$ は，決して見かけの力（本書でいう擬似反力）ではなく，慣性系にいる人にも非慣性系にいる人にも共に感知でき実測できる，実在の力なのである．この点において，従来の力学書における説明には曖昧さがあったと言わざるをえない．この現象に対する筆者の解釈を，以下に説明する．

　加速度運動をしつつある乗物の中に置かれた容器からは，その中に入れた水に，実際に加速度と同方向（図 6.4 の右方向）の力が作用している．そこで，その反作用として，加速度と逆方向の慣性力が，水から容器に対して水平方向に実際に作用する．この反作用力が力 $-M\dot{v}_0$ なのである．水から地球に働く垂直下方の重力と，水から容器に働く水平で加速度と逆方向の慣性力という，共に実在する2つの力の合力が，現実の世界において斜めに傾いた液面を形成するのである．この慣性力は，決して見かけの力ではなく，実在の力である．慣性力 $-M\dot{v}$ が実在の力であるから，同じく実在の力である $-Mg$ と合力を形成できて，水面が傾くという実現象を生じるのである．**もしこの慣性力が実在しない見かけの力であれば，現実の世界においては，実在する重力とは，決して合力を形成できない．**

　一方，加速度 $\dot{v}$ で運動しつつあるこの乗物の中にいる人が，自由状態で宙（慣

性系)に浮いている質量 M_w の水滴を見たとき,水滴は加速度と逆方向に飛び去るように見え,あたかも水滴が力 $-M_w \dot{v}$ を受けて加速度 $-\dot{v}$ の運動をしているように感じる.この力は見かけの擬似反力であり,実在する慣性力ではない.慣性系において静止している水滴に実現象として作用する力は,実際にはどこにも存在しないから,擬似反力は,加速度運動をしている非慣性系にいる人の錯覚による,仮想の力である.

6.2 回 転 座 標 系

6.2.1 運 動

絶対座標系と原点を共有しながら回転運動をする座標系を,**回転運動座標系**(coordinate system in rotational motion) あるいは**回転座標系**(coordinate system in rotation) という.後述のように回転座標系は,それが回転しているが故に,常に向心加速度という速度変動が存在するので,非慣性系である.

定点 O を通る固定軸のまわりを一定の角速度で回転している回転座標系を考え,この座標系の回転角速度を,回転軸に沿って回転の右ねじ方向を正とするベクトル ω で表現する.

質点が運動しているとし,絶対座標系から見たこの質点の位置ベクトルを r とする.回転座標系の座標軸方向の単位ベクトルを i',j',k',回転座標系から見た r の各成分の大きさを x',y',z' とすれば

$$r = x'i' + y'j' + z'k' \tag{6.19}$$

回転座標系上の単位ベクトル i',j',k' は,それぞれ長さが単位量 1 のままで,絶対座標系内を角速度 ω で回転している.図 6.5 は,ある時刻 t とそれから微小時間 Δt 経過後の両時刻における単位ベクトル i' を図示したものである.図

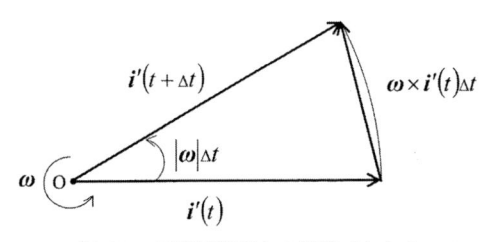

図 6.5 回転座標系上の単位ベクトル

6.5 の回転座標系は，反時計方向に回転しているから，角速度ωは，その右ねじ回りの方向である紙面から垂直上方に向いたベクトルになる．したがって，単位ベクトルi'のこの微小時間Δt間の変化は，ベクトル積（記号×で表現）の右ねじの規則によって，ベクトルωとi'の両方に直交するベクトル$\omega \times i'(t)\Delta t$になる．図 6.5 のようにこのベクトルは，回転軸と直交する平面（本書の紙面）内で，ベクトルi'を回転方向に 90°傾けた方向を有している．そして，時間Δt経過後の単位ベクトルは

$$i'(t+\Delta t) = i'(t) + \omega \times i'(t)\Delta t \tag{6.20}$$

単位ベクトルi'の時間微分は，式（6.20）に微分の定義を適用して

$$\dot{i}' = \frac{i'(t+\Delta t) - i'(t)}{\Delta t} = \omega \times i' \tag{6.21}$$

他の単位ベクトルに関しても，また単位ベクトルの 1 次微分ベクトルに関しても同様な関係が成立するから

$$\dot{i}' = \omega \times i', \quad \dot{j}' = \omega \times j', \quad \dot{k}' = \omega \times k' \tag{6.22}$$

$$\ddot{i}' = \omega \times \dot{i}' = \omega \times (\omega \times i'), \quad \ddot{j}' = \omega \times (\omega \times j'), \quad \ddot{k}' = \omega \times (\omega \times k') \tag{6.23}$$

回転座標系から見た質点の位置ベクトルを

$$r' = x'i' + y'j' + z'k' \tag{6.24}$$

とおく．式（6.24）の右辺は，同一質点を絶対座標上で見た式（6.19）の右辺と形式上同一の表現になっている．しかし，これらを構成する単位ベクトルi'，j'，k'が，式（6.19）では回転と共に変化する時間の関数であるのに対して，式（6.24）では時間に無関係な定数ベクトルである点で，両式は互いに異なっている．

式（6.24）内の単位ベクトルは定数であるから，式（6.24）を時間で微分すれば，回転座標系から見た質点の速度と加速度のベクトルは

$$\dot{r}' = \dot{x}'i' + \dot{y}'j' + \dot{z}'k' \tag{6.25}$$

$$\ddot{r}' = \ddot{x}'i' + \ddot{y}'j' + \ddot{z}'k' \tag{6.26}$$

式（6.19）を時間で 1 回微分し，それに式（6.25）と（6.22）と（6.24）を代入すれば

$$\begin{aligned}\dot{r} &= (\dot{x}'i' + \dot{y}'j' + \dot{z}'k') + (x'\dot{i}' + y'\dot{j}' + z'\dot{k}') \\ &= \dot{r}' + \omega \times (x'i' + y'j' + z'k') \\ &= \dot{r}' + \omega \times r' \end{aligned} \tag{6.27}$$

式（6.27）は，絶対座標系から見た速度すなわち**絶対速度**（absolute velocity）が，

6.2 回転座標系

相対速度（relative velocity）すなわち回転座標から見た速度（右辺第1項）と，**運搬速度**（velocity of transportation）すなわち回転座標上に静止し運搬されている物体に生じる速度（右辺第2項）の和になっていることを表す．

式（6.27）を時間でもう1回微分し，それに式（6.22）〜（6.26）を代入すれば

$$\begin{aligned}\ddot{r} &= (\ddot{x}'\boldsymbol{i}' + \ddot{y}'\boldsymbol{j}' + \ddot{z}'\boldsymbol{k}') + 2(\dot{x}'\dot{\boldsymbol{i}}' + \dot{y}'\dot{\boldsymbol{j}}' + \dot{z}'\dot{\boldsymbol{k}}') + (x'\ddot{\boldsymbol{i}}' + y'\ddot{\boldsymbol{j}}' + z'\ddot{\boldsymbol{k}}') \\ &= \ddot{r}' + 2\boldsymbol{\omega} \times (\dot{x}'\boldsymbol{i}' + \dot{y}'\boldsymbol{j}' + \dot{z}'\boldsymbol{k}') + \boldsymbol{\omega} \times (\boldsymbol{\omega} \times (x'\boldsymbol{i}' + y'\boldsymbol{j}' + z'\boldsymbol{k}')) \\ &= \ddot{r}' + 2\boldsymbol{\omega} \times \dot{r}' + \boldsymbol{\omega} \times (\boldsymbol{\omega} \times r') \end{aligned} \quad (6.28)$$

式（6.28）の左辺は，絶対座標系から見た加速度，すなわち**絶対加速度**（absolute acceleration）である．一方，式（6.28）の右辺第1項は，回転座標系から見た加速度，すなわち**相対加速度**（relative acceleration）である．右辺第2項は，一定の速度で回転する回転座標系内を一定の速度で移動する物体に作用する加速度であり，**コリオリの加速度**（Coriolis' acceleration）という．右辺第3項は，回転座標系内で静止し運搬されていることによる加速度，すなわち**運搬加速度**（acceleration of transportation）であり，常に回転中心の方向を向いているから，**向心加速度**（centripetal acceleration）と呼ぶ．向心加速度とコリオリの加速度は，回転という運動によって回転座標系自身に生じる実在の加速度である．この式は，絶対加速度が，相対加速度とコリオリの加速度と向心加速度の和になっていることを表す．

このコリオリの加速度は，フランスの土木学者・物理学者であるコリオリ（Gaspard Gustave Coriolis, 1792–1843）が発見し，1828年に論文として発表した．また，フランスの実験物理学者であるフーコー（Jean Bernard Léon Foucault, 1819–68）は，1851年にいわゆるフーコーの振子を作って，コリオリの加速度を目に見える形に実現し，これによって地球が自転していることを初めて実証した．

コリオリの加速度は，一定の角速度で回転している回転座標系上を，一定速度で並進運動している質点に発生する，一見奇妙な加速度である．加速度などどこにもない一定速度場のように見えるこのような状態で加速度が発生するのは，以下の原因による．まず，回転場内における一定速度の並進相対運動によって，一定角速度の回転運動による運搬速度が変化して，加速度を生じる．次に，一定角速度の回転運動によって，回転場内における一定速度の並進相対運動の方向が変るので，相対運動の絶対座標から見た速度が変化して，加速度を生じる．これら2通りの原因で生じる加速度は，大きさと方向が共に互いに等しく，コリオリの加速度はこれら両者の和になる．

6. 運動座標系

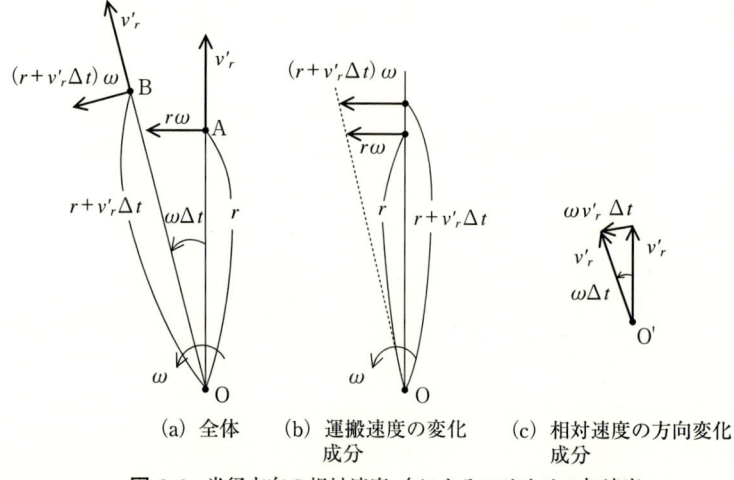

(a) 全体　　**(b) 運搬速度の変化成分**　　**(c) 相対速度の方向変化成分**

図 6.6 半径方向の相対速度 v'_r によるコリオリの加速度

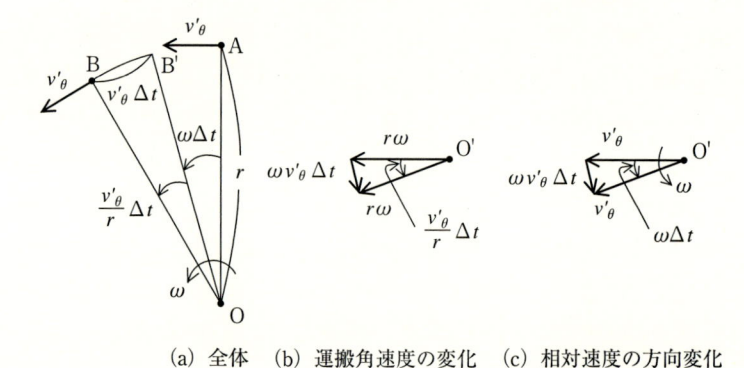

(a) 全体　　**(b) 運搬角速度の変化成分**　　**(c) 相対速度の方向変化成分**

図 6.7 円周方向の相対速度 v'_θ によるコリオリの加速度

コリオリの加速度の発生機構を，図 6.6 と図 6.7 を用いて説明する．

まず，図 6.6 (a) に示すように，一定の角速度 ω で回転する回転座標系上を，半径に沿って半径が増加する方向に一定の相対速度 v'_r で移動しつつある質点を考える．時刻 t で半径 r の点 A にあった質点は，それから微小時間 Δt の後には，回転座標系が $\omega \Delta t$ だけ回転するから，この角度だけ回転した半径上の $r + v'_r \Delta t$ の点 B に移動することになる．

まず，この半径の大きさの増加によって，円周方向の運搬速度が大きさ

$$(r + v'_r \Delta t)\omega - r\omega = \omega v'_r \Delta t \tag{6.29}$$

6.2 回転座標系

だけ増加する．この状態を図示すれば，図6.6 (b) のようになる．

また，半径が回転することによって，相対速度v_r'が大きさ一定のままで微小回転角$\omega\Delta t$だけ方向変化する．これを絶対座標系から見れば，図6.6 (c) に示すように，大きさ$\omega v_r'\Delta t$の円周方向の速度が生じることになる．

このように，この微小時間Δtにおける速度の増加量は2種類であり，これら両者は大きさも方向も同一であるから，合計$2\omega v_r'\Delta t$になる．コリオリの加速度は，これをΔtで割った$2\omega v_r'$であり，その方向は図6.6 (c) のように，半径方向の速度v_r'から回転方向に90度傾いた円周回転方向になる．

これをベクトルで表現してみる．回転角速度をベクトルで表せば，紙面から垂直上方に向いたベクトルωになる．一方，この場合の回転座標系からの相対速度は，半径が増加する半径方向に向いたベクトル$\dot{r}' = v_r'$で表されるから，この場合のコリオリの加速度は，式 (6.28) 右辺第2項から，$2\omega \times v_r'$になる．このベクトル積は，ベクトルωからベクトルv_r'への回転の右ねじ進行方向，すなわち図6.6 (c) のように，ベクトルv_r'を回転角速度の方向に90度傾けた円周回転方向を向いていることになる．

次に，図6.7 (a) に示すように，一定の角速度ωで回転する回転座標系内の一定半径rの円周上を，回転角速度と同じ方向に，一定の相対速度v_θ'で移動しつつある質点を考える．もしこの質点が回転座標上に静止していれば，時刻tで点Aにあった質点は，それから微小時間Δtの後には，回転座標系が$\omega\Delta t$だけ回転するから，点B′に移動することになる．しかし，質点は回転座標上を速度v_θ'で運動しているから，点B′より円周上を$v_\theta'\Delta t$進んだ点Bまで移動する．

まず，時間Δtの間に質点が点Aから点Bまで移動したことは，回転座標系上に静止し速度$r\omega$で運搬される質点の運搬角速度がv_θ'/rだけ増加して$\omega + v_\theta'/r$になった，ことと同一である．この運搬角速度の増加によって，向心加速度は

$$(r\omega) \cdot \left(\omega + \frac{v_\theta'}{r}\right) = r\omega^2 + \omega v_\theta' \tag{6.30}$$

になり，$\omega v_\theta'$だけ増加する．この状態を図示すれば，図6.7 (b) のようになる．

また図6.7 (c) に示すように，時間Δtの間に回転座標系上の相対速度v_θ'の方向が$\omega\Delta t$だけ変わることによって，質点が回転座標上に静止している場合よりも，回転中心方向の速度が$\omega v_\theta'\Delta t$だけ増加する．すなわち，相対速度v_θ'の方向変化が向心加速度を$\omega v_\theta'$だけ増加させるのである．

このように，この微小時間 Δt の間の速度の増加量は図 6.7 (b) と図 6.7 (c) の 2 種類であり，これら両者は大きさも方向も同一であるから，合計 $2\omega v'_\theta \Delta t$ になる．コリオリの加速度はこれを Δt で割った $2\omega v'_\theta$ であり，その方向は図 6.7 (c) のように，円周方向の速度 v'_θ を回転方向に 90 度傾けた回転中心に向かう方向，すなわち向心加速度と同方向になる．

これをベクトルで表現してみる．回転角速度をベクトルで表せば，紙面から垂直上方に向いたベクトル ω になる．一方，回転座標系からの相対速度は，円周上で角度が増加する方向のベクトル $\dot{r}' = v'_\theta$ で表される．したがって，この場合のコリオリの加速度は，式 (6.28) 右辺第 2 項のように，$2\omega \times v'_\theta$ になる．このベクトル積は，ベクトル ω からベクトル v'_θ への回転の右ねじ進行方向，すなわち図 6.7 (c) のように，ベクトル v'_θ を回転方向に 90 度傾けた向心方向を向いていることになる．

一般に，回転座標系からの相対速度 v' は，半径方向成分 v'_r と円周方向成分 v'_θ からなり，これらはそれぞれ上記図 6.6 と 6.7 のように，コリオリの加速度成分を生じる．相対速度 v' によるコリオリの加速度は，これら 2 成分をベクトル合成したものである．

向心加速度は，質点が回転運動によって運ばれるための運搬加速度であり，質点が回転座標系に対して静止している場合にも生じる．これに対してコリオリの加速度は，質点が回転座標系上で相対速度を有する場合にのみ生じる．

6.2.2 動力学

式 (6.28) に質量 M を乗じ，絶対座標系で成立するニュートンの運動方程式 $f = M\ddot{r}$ を代入すれば，回転座標系における運動方程式が得られる．

$$M\ddot{r}' = f + (-2M(\omega \times \dot{r}')) + (-M\omega \times (\omega \times r')) \tag{6.31}$$

式 (6.31) の右辺第 2 項と第 3 項は，それぞれコリオリ力および遠心力と呼ばれる．コリオリ力はコリオリの加速度と，また遠心力は向心加速度と，それぞれ逆方向を向いている．コリオリ力と遠心力は共に，次の 2 種類の物理的意味を有する．第 1 は，絶対座標系に存在する質点を回転座標系から見たときに，あたかも作用しているように見える擬似反力である．第 2 は，質点が回転座標系に拘束されて運動しているときに，その拘束を強制する作用力に対する反作用力として実在する慣性力である．まず第 1 の意味について説明する．

絶対座標系において，質点が何の作用力をも受けず，自由状態で静止している場合を考えよう．このときの回転座標系における運動方程式は，式 (6.31) に $f=0$ を代入して

$$M\ddot{r}' = (-2M(\omega \times \dot{r}')) + (-M\omega \times (\omega \times r')) \tag{6.32}$$

式 (6.32) によれば，回転座標系上にいる観測者には，質点はあたかも右辺第 1 項のコリオリ力と右辺第 2 項の遠心力を受けて加速度 $\ddot{r}'$ で加速度運動をしているように見える．しかし実際には，質点には何の力も作用しておらず，質点は絶対座標系に対して静止し続けている．

この場合の遠心力は，回転座標系上に位置しそれと共に回転運動をする観測者自身が，向心加速度を強制されているために生じる，錯覚である．したがって，この場合の遠心力は，実在しない見かけの力であり，非慣性系である回転座標系から見るが故にあたかも存在するように見える，擬似反力の一種であるから，当然その反作用力も実在しない．

この場合のコリオリ力に関しても同じことがいえる．何の作用力も受けずに絶対座標系に対して静止している質点を，回転座標系に対して一定の速度 $\dot{r}'$ で移動している観測者から見れば，質点は，あたかも観測者自身が強制されているコリオリの加速度と逆方向の力を受けて，運動方向が曲げられる曲線運動をしているように見える．この場合のコリオリ力は実在しない見かけの力であり，非慣性系である回転座標系から見るが故にあたかも存在するように見える錯覚であり，擬似反力の一種であるから，当然その反作用力も実在しない．

次に，第 2 の意味について説明する．これまで自由状態にあり慣性座標系に対して静止していた質点が，突然回転座標系上で拘束されると，これまで見かけの力であった擬似反力は消滅し，代わりの力が実体化してくる．例えば，これまで自由状態にあった物体が，回転座標系上に固定された障害に接触しそれに固定されると，$\dot{r}'=0$, $\ddot{r}'=0$ になるから，式 (6.28) より，絶対座標系から見た加速度は

$$\ddot{r} = \omega \times (\omega \times \dot{r}') \tag{6.33}$$

このように加速度は，回転座標系に運搬され一定角速度回転運動を強制されるための向心加速度のみになり，これを強制する外力である向心力 f' が質点に対して作用する．運動方程式 (6.31) に，$f=f'$, $\dot{r}'=0$, $\ddot{r}'=0$ を代入すれば

$$0 = f' + (-M\omega \times (\omega \times r')) \tag{6.34}$$

向心力 f' は，質点を回転座標系上に固定する実在の力であるから，実現象としてこれを打ち消している式 (6.34) の右辺第 2 項は，向心力に対する反作用力として実在する力であり，これも遠心力と呼ばれている．

式 (6.34) は，一般に考えられているように，互いに別の力である向心力と遠心力が打ち消し合って力が釣り合う，という力の釣合式ではない．この場合に存在する力は，向心力ただ 1 つであり，向心力と遠心力は互いに独立した 2 つの力ではなく，1 つの力の表裏なのである．そして式 (6.34) は，並進座標系における作用反作用の法則の表現式である式 (6.7) と同じ種類の，回転座標系における作用反作用の法則の表現式である．そして，この場合の遠心力は，慣性力の一種であり，向心力の反作用力として実在する力である．

このように，回転を伴う動力学においては，擬似反力である見かけの力と，向心力に対する反作用力として実在する力の両方が，遠心力という同一の言葉で呼ばれているので，概念の解釈に曖昧さや誤りを生じないように，十分注意する必要がある．

コリオリの力に関しても同じことがいえる．

質点が，回転座標系上で速度 $\dot{r}'$ の定速度直線運動を強制されている場合には，運動方程式 (6.31) に $\ddot{r}'=0$ を代入し，外力 f を，回転運動を強制する向心力 f' と，回転座標系上で速度 $\dot{r}'$ の相対運動（定速度直線運動）を強制する作用力 f'' に分ければ

$$0 = f' + f'' + (-2M(\omega \times \dot{r}')) + (-M\omega \times (\omega \times r')) \qquad (6.35)$$

実現象を表現する式 (6.35) において，作用力 $f = f' + f''$ と右辺第 4 項の遠心力 $-M\omega \times (\omega \times r')$ は共に実在するから，残りの右辺第 3 項 $-2M(\omega \times \dot{r}')$ も実在する力である．第 4 項の遠心力が向心力 f' に対する反作用力であるから，第 3 項は残りの作用力 f'' に対する反作用力である．われわれはこの反作用力をもコリオリ力と呼んでいる．

式 (6.35) は，一般に考えられているように，向心力 f' と作用力 f'' とコリオリ力と遠心力の 4 つの互いに独立した力が存在し，それらが打ち消し合って力が釣り合う，という力の釣合式ではない．この場合に存在する力は，向心力 f' と作用力 f'' のただ 2 つしかない．そして，向心力 f' と遠心力 $-M\omega \times (\omega \times r')$ が 1 つの力の表裏であるように，作用力 f'' とコリオリ力 $-2M(\omega \times \dot{r}')$ も 1 つの力の表裏である．したがって式 (6.35) は，並進座標系における作用反作用の法則

の表現式である式 (6.7) と同じ種類の，回転座標系における2種類の作用反作用の法則を合わせた表現式である．そして，この場合のコリオリ力は，慣性力の一種であり，反作用力として実在する力である．

　このように，回転を伴う動力学においては，擬似反力である見かけの力と，回転座標上での相対運動を強制する作用力に対する反作用力として実在する力の両方が，コリオリ力という同一の言葉で呼ばれているので，概念の解釈に曖昧さや誤りを生じないように，十分注意する必要がある．

　遠心力に関する従来の一般認識は，以下の通りである．例えば，「遠心力は慣性力の一種であって，実際にはこのような作用力は存在しないことに注意しなければならない．」(文献11, p.191) また例えば，「円運動をさせる力は，円の中心方向を向き，大きさが $M\omega^2 r$ である．この力を向心力という．一様に円運動をしているときには，（このように半径が減少する方向に力が加わっているにもかかわらず，）半径方向の変化はない．これは半径方向にある種の力が働いて，向心力との釣合が成り立っているためと考えることができる．このように考えたとき，向心力と釣り合う仮想的な力を遠心力という．もし，一定の速さで回る大きな円板があったとすると，これに乗った人は，円板上の物体が外向きの力を受けるように思うだろう．遠心力は回転する座標系に乗ってみたときに現れる見かけの力である．」(文献9, p.58-59)

　これらの引用例からわかるように，**遠心力という概念に対する従来の一般認識は曖昧であり，実在の力と見かけの力を混同して解釈している．**

　慣性系上で向心力を含めて何の作用力も受けずに等速直線運動（静止を含む）をしている質点を，回転座標系上の観測者から見たときに，あたかも存在するかのように感じる遠心力は，実在しない擬似反力である．例えば，雨が降っているときに差している傘を回すと，しずくが傘のふちが作る円の接線方向に直線運動をし，まっすぐに飛んでいく．また，図6.8のように，ハンマー投げで体を回転させた状態でハンマーを放すと，ハンマーは円の接線方向に直線運動をし，まっすぐに飛んでいってしまう．回転座標系上の観測者からこれらを見ると，拘束から解き放たれた自由状態で慣性空間上を等速直線運動しているしずくやハンマーに，あたかも何か不思議な力が急に作用して，それらが半径が増加する方向に飛び去るように見える．この不思議な力が擬似反力である．

　これに対して，回転座標系においてあらかじめ決まった運動を強制される場合

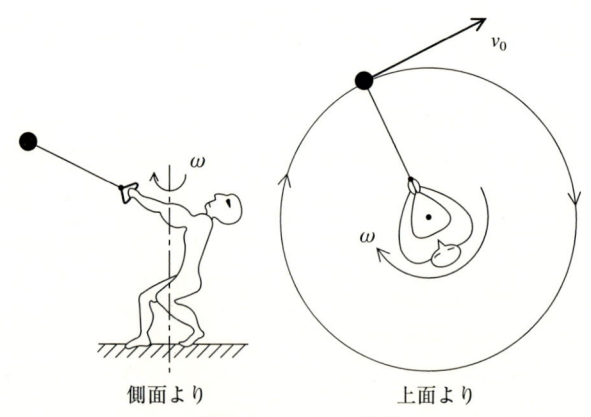

図 6.8 ハンマー投げ

手を放すと,ハンマーは慣性系では接線方向に飛び去る(実現象).非慣性系(競技者)から見れば,半径が増加する方向に飛び去るように見える(見かけの現象).

には,見かけの擬似反力としての遠心力は存在しない.その代わり,回転運動を強制する向心力に対する反作用力である慣性力として,実在の遠心力が存在する.

例えばハンマー投げで,ハンマーをつかんでいる間は,この実在の力により,腕はハンマーから半径が増大する方向に強く引っ張られる.このことは,絶対座標系から見ようと回転座標系から見ようと変わらない実現象である.

また,例えばフィギュアスケートで,回転しながら腕を伸ばしたときと縮めたときの演技者の慣性モーメントをそれぞれ I_1, I_2, 回転角速度をそれぞれ ω_1, ω_2 とする.回転中には外力トルクは作用しないから,角運動量 L は保存され

$$L = I_1 \omega_1 = I_2 \omega_2 \tag{6.36}$$

である.このとき,運動エネルギーはそれぞれ

$$T_1 = I_1 \omega_1^2 / 2 = L \omega_1 / 2 \tag{6.37}$$
$$T_2 = I_2 \omega_2^2 / 2 = L \omega_2 / 2 \tag{6.38}$$

になる.ここで実験的には明らかに $\omega_1 < \omega_2$ であるから,運動エネルギーは $T_1 < T_2$ になる.このように腕を縮めると運動エネルギーが増大するのは,腕を縮めることによって,実在する遠心力に抗して演技者が実際に仕事をし,自ら力学的エネルギーを作り出すからである.遠心力に抗する運動を行うためには力学的エネルギーを必要とするということは,実際に物体が円運動をするときに物体に作用する遠心力が,見かけの力ではなく実在の力であることを意味している.

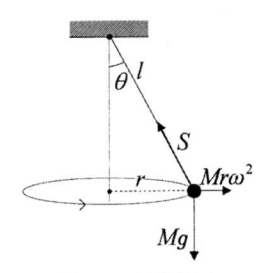

図6.9 円錐振子

図6.9に示すように，長さ l の糸に質量 M のおもりをつけ，糸が鉛直軸と一定の角 θ を保つように，水平面内で角速度 ω の円運動を行わせる．回転円の半径 r は，幾何学的関係から

$$r = l \sin \theta \tag{6.39}$$

この問題を従来の方法で考えてみる．おもりに実際に働く力は，糸の張力 S と重力 $-Mg$ だけである．おもりは，水平方向に向心加速度 $r\omega^2$ を有し，鉛直方向には加速度を有しないから，その水平向心方向と鉛直上方向の運動方程式は，それぞれ

$$S \sin \theta = Mr\omega^2 \tag{6.40}$$

$$S \cos \theta - Mg = 0 \tag{6.41}$$

式 (6.39)～(6.41) から，円運動の周期 T は

$$T = \frac{2\pi}{\omega} = 2\pi \sqrt{\frac{l \cos \theta}{g}} \tag{6.42}$$

次に，従来のいわゆるダランベールの原理によってこの問題を考えよう．

実際の力 S と Mg のほかに，仮想的な力である遠心力（従来のいわゆる慣性力）を考慮すれば，図6.9に示すように，糸の方向に S，鉛直下方に Mg，水平外向きに $Mr\omega^2$ である3力は，釣合にある力の系を作っている．したがって水平方向と鉛直方向の力の釣合式はそれぞれ

$$S \sin \theta - Mr\omega^2 = 0 \tag{6.43}$$

$$S \cos \theta - Mg = 0 \tag{6.41}$$

の2式が成立する．水平方向の力の釣合式 (6.43) は，運動方程式 (6.40) と同一である．

このように従来は，上記3力のうち遠心力は現実には存在しない見かけの力で

あり，重力と糸の張力は実在する力であるとされてきた．もしそうであれば，見かけの力と現実の力が釣り合うことなど起こりえないから，ダランベールの原理から求めた水平方向の力の釣合式 (6.43) は，実際には成立していないことになる．ところが，ニュートンの運動の法則から求めた水平方向の運動方程式 (6.40) は，現実に成立する式である．そして，これら両者は同一の式である．

同一の式が，求め方が異なるだけで現実に成立したりしなくなったりするというのは，明らかな矛盾である．この原因は，遠心力を仮想的な力としたことにある．おもりが円運動をするのは，水平面内の中心方向の作用力である向心力を常に糸から受けているからであり，水平方向の力はこの向心力以外には存在しない．遠心力は，この向心力から独立した別の力ではなく，この向心力に対しておもりが糸に与える反作用力なのである．向心力は実在する力であるから，その反作用力も実在する力である．このように，この場合の遠心力は，見かけの力である擬似反力ではなく，実在する慣性力なのである．

式 (6.43) は，現実に成立する式であるが，力の釣合式ではない．実際に力は釣り合っていないから，向心加速度という加速度が作用し続け，運動の方向が変化し続けるのである．式 (6.43) は，作用と反作用を足したら零になる，という作用反作用の法則の表現式である．ただし一定半径の円運動では，向心力の作用方向と速度の方向が常に互いに垂直であるから，向心力は運動に対する拘束力の一種になり，実在の力であるにもかかわらず系に対して仕事をしない．

コリオリの力に関しても，遠心力に対する上記の指摘と同様に，従来の一般認識は曖昧である．このように，在来の力学には，実在しない擬似反力と実在する慣性力が混同され同一視されているが故の，混乱と曖昧さが存在している．

6.3　相対性理論への糸口

前述のようにニュートンは，絶対空間の存在を彼の力学の前提としていた．しかし，ニュートンと同時代のバークレイはすでにこの考えに反対し，後にマッハを経て，アインシュタインによって，このような絶対静止空間の存在は決定的に否定された．そして 1905 年にアインシュタインは，それまで 200 年以上正しいとされていたニュートンの法則が近似で厳密には誤りであることを指摘し，それを修正する方法を相対性理論の中で提示した．

6.3 相対性理論への糸口

　古典力学では，絶対空間と絶対時間が互いに独立にあり，時空間の場を形成している．その中に，時空間に依存しない連続体としての物質と，物質とは別物でありかつ時空間に影響を与えないエネルギーの2者が存在することを前提として構成されている．相対性理論は，これらすべてを否定し，次のように考える．

　時間と空間は連成し，エネルギーと運動量は連成する．エネルギーと運動量は時間と空間の両方に影響を与える．

　物質は，光や波動と同様に，エネルギーそのものである．これらをエネルギー体と呼べば，エネルギー体は，それが存在する場（時空間）に不連続にあることはできず，その周辺に自身を底とするエネルギー勾配を形成する．これをエネルギー体の存在しない仮想の絶対場から見れば，場のゆがみとして認識される．

　このゆがんだ場に別のエネルギー体を置けば，それは場のエネルギー勾配に沿って低いほうに，力学的エネルギー保存の法則に従いながら動く．新しく置いたエネルギー体も，それ自身が場のゆがみを形成するから，元のエネルギー体は，新しいエネルギー体によって形成されたゆがみの勾配に沿って，それが低いほうに動く．人はこの現象を，物体は互いに引力を作用し合う，と認識する．

　エネルギーの形態によって様々な力（例えば，万有引力，重力，電磁力，ファンデルヴァールス引力，水素結合力，共有結合力）が認識される．これらの力を保存力と呼び，これらを生じる場を保存力の場あるいは力エネルギー場と呼ぶ．

　自由状態にある物体に作用する（ように見える）保存力は，場のゆがみに起因する見かけの力であり，それ自体は反作用を伴わない．保存力の場で自由状態（例えば重力場における自由落下）にある物体に外から作用力を与えて自由とは別の状態を強制するときに初めて，保存力が作用力に対する反作用力として実体化する．

　本節では，本書で提唱する古典力学に対する新しい概念と相対性理論の関係を探り，それによって両者間のつながりへのわずかな糸口を見出すことを試みる．とは言っても，物理学者ではなく機械工学の技術者にすぎない筆者の主張は，断片的・直感的・定性的なものに留まり，不完全で学問としての正確さに欠けるかもしれないことを，お許し願いたい．

6.3.1 重　力

　重力に関する我々の一般常識は，次の通りである．「自由落下は，質量 M の物

体に地球から実在の重力 Mg が作用することにより，一定の加速度 g を生じ，それにより鉛直下方の速度が増大しつつある状態である．物体は，この加速度に抗して鉛直上方の慣性力 $-Mg$（鉛直下方を正にとっているから負号がつく）を生じ，重力と慣性力は力の釣合関係にある．慣性力は実在しない見かけの力であり，反作用力を伴わない．このように自由落下しつつある物体に，重力と大きさが等しい外力を鉛直上方向に加えると，重力と外力が釣り合うために，加速度が消えて等速度になり，同時に慣性力が消える．」

これに対して，物理学を少しでも勉強した人は，次のような疑問を感じるのではなかろうか．

1) 慣性系において外力を受けて加速されつつある状態の人は，必ずその外力を受けていることを体で感じる．例えば，加速しつつある乗物に前向きに座っている人は，自分が椅子の背もたれから前方に押されていると感じる．これに対して自由落下は，地球表面に固定した慣性系において重力という作用力を地球から受けて加速しつつある状態であるのに，自由落下中の人は，慣性の法則に従って宇宙空間に浮遊しているのと同様の自由状態にあり，周囲を見ない限り，重力を受けていることをまったく感知できないのはなぜか？

2) 現実に存在する実体力である重力が，現実には存在しない見かけの力である慣性力と釣り合うという現象が，実際に生じうるか？

3) 重力とは別の外力が作用する前と後で，どちらも同じく力が釣り合っているのに，加速度が生じたり生じなかったりするのはなぜか？

古典力学では，重力を実在の力とみなし，また，地球表面に固定した静止座標系を慣性空間とすることを認める．古典力学におけるこの見地から見た自由落下という現象に関する本書の立場を，次に記述する．

自由落下は，重力以外に作用力が存在しない，力の不釣合状態である．抵抗を受けない重力は，自由に仕事をして力エネルギー（位置エネルギー）を解放し続け，力学的エネルギーの不均衡状態を作り出す．物体の質量は，力学的エネルギーを均衡状態に復帰させようとして，動的に機能する．すなわち質量は，加速度を発生させることによって不均衡エネルギーを吸収し，時間と共にそれを自身の速度に変えて保存する．力エネルギーの絶え間ない解放によって，不均衡エネルギーは供給され続け，質量はそれを吸収し続ける．その結果，物体には加速度が生じ続け，物体の速度すなわち物体が有する運動エネルギーは増大し続ける．

同時に質量は，重力に対する反作用力を発生する．この反作用力が慣性力である．作用力が実在すれば反作用力も実在するから，慣性力は，実在しない見かけの力ではなく，実在する力である．しかし慣性力は，重力から独立して別に存在する力ではなく，重力そのものの裏返しであるから，「重力と慣性力の和が零」という式は，符号を逆にして同じ力を加えたら零になる，という作用反作用の法則を表す式であり，力の釣合を表す式ではない．

自由落下しつつある物体に，重力と大きさが等しい外力を，重力とは別に鉛直上方向に加えると，互いに独立している重力と外力は釣り合い，物体に作用する力は不釣合状態から釣合状態に移行する．新しく加える外力は，物体の速度と逆方向であるために，外力の作用源は，物体に対して負の仕事をし，落下と共に重力の場から解放され物体に流入し続ける力エネルギーを，すべて吸収し続ける．そのために物体は，力学的エネルギーの均衡状態に置かれ，力学的エネルギーの吸収という質量の動的機能は消えて，力学的エネルギーの保存という質量の静的機能のみが発現し，物体は慣性の法則に従う等速直線運動に移行する．

以上が古典力学の見地から見た本書の立場である．この説明によれば，上記の3種類の疑問のうち2)と3)は解消できる．しかし，地球表面に固定した座標系を慣性系とし重力を実在する外力と見る古典力学の見地に立つ限り，疑問1)は決して解消できない．

さて，6.1.3項の，加速度 $\dot{v}_0$ を有する乗物につるしたおもりを対象にした例③を，もう一度考えてみよう．水平方向の力の釣合式として導かれてきた

$$S_0 \sin\theta_0 - M\dot{v}_0 = 0 \qquad (6.12)$$

の左辺第2項の慣性力 $-M\dot{v}_0$ は，左辺第1項の作用力から独立した力ではなく，それによって加速度 $\dot{v}_0$ を生じているおもりからの反作用力であること，したがって式 (6.12) は，力の釣合式ではなく力の作用反作用の法則を表す式であることを述べた．一方，鉛直方向の力の釣合式

$$S_0 \cos\theta_0 - Mg = 0 \qquad (6.9)$$

の左辺第2項の重力 $-Mg$ は，左辺第1項の作用力から独立した力として，地球からおもりに作用する力であること，したがって式 (6.9) は，互いに独立している2作用力間に成立する，力の釣合式であることを述べた．

しかし，$\dot{v}_0$ と g は共に加速度であり，式 (6.9) と式 (6.12) は形が同一である．このことから，重力 $-Mg$ は慣性力 $-M\dot{v}_0$ の一種であり，両者は区別がつか

ない，という可能性が類推できる．もしこれが正しければ，鉛直方向の式（6.9）も，水平方向の式（6.12）と同様に，力の作用反作用の法則を表現する式であることになる．これは次のことを意味する．

乗物は鉛直方向には，地球に拘束され地球と一体と見てよい．そこで，式（6.9）の左辺第1項は，地球から質量 M のおもりに作用する鉛直上方向の作用力であり，式（6.9）の左辺第2項である重力 $-Mg$ は，この作用力によって鉛直上方向に加速度 g を生じているおもりからの反作用力である．

これを一般化すれば次のようになる．地上に置かれたすべての物体（質量 M）は，地球から鉛直上方向の作用力を受けている．それに応じて物体には常に加速度 g が発生し，物体は鉛直上方向に一定の加速度 g で運動し続けている．そして重力 $-Mg$ は，この作用力から独立した力ではなく，その反作用として物体から地球に対し鉛直下方向に作用する実在の力であり，慣性力そのものである．

これに関連して，力学書には，一般相対性理論に関して次のようなことが書いてある（図 6.10）．「宇宙空間に置かれている窓がなく外が見えない一つの箱を考える．箱の外には魔物がいて，恒星系に対して一定の大きさの加速度 g で箱を一定の方向に引っ張り始め，その後いつまでも同じことをしているとする．この箱の中にいる観測者が観察する力学的現象は，私たちが地球上で重力加速度 g の下で実験観察する現象と全く同じになる．」（文献7，p.202–203）

箱は，恒星系という慣性系に対して加速度 g で運動し続けているから，非慣

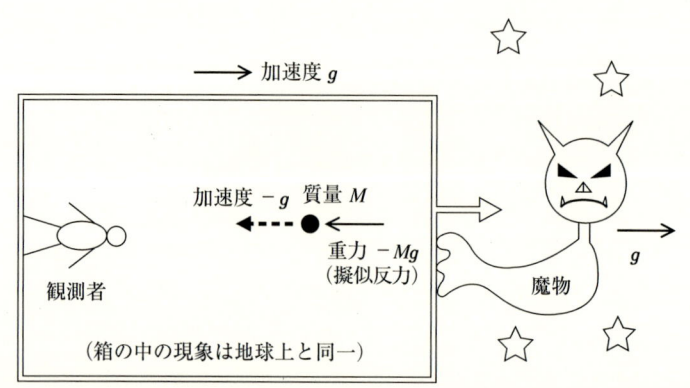

図 6.10 魔物に引っ張られ，宇宙空間を加速度 g で運動し続ける閉じた箱の中の現象
加速度 g で運動し続ける観測者には，慣性系で静止している質量 M が，あたかも自分に向かって自由落下してくるように見える（見かけの現象であり，重力 $-Mg$ は実在しない擬似反力）．

性系である．箱の中に箱から何の力も受けず宙に浮いて（慣性系に対して静止して）いる質量 M の物体があるとする．箱に固定されて外の世界が見えない観測者には，この物体はあたかも加速度 $-g$ の加速度運動をしているように見え，この物体は力 $-Mg$ の作用を受けて動かされている，と感じる．しかし実際には，観測者自身が加速度 g で運動しているからこのように感じるのであり，物体は何の力も受けず慣性系において静止したままである．すなわち，慣性系において自由浮遊状態で静止している物体に作用しているように見えるこの力 $-Mg$ は，実在しない擬似反力である．

やがて，この物体が箱の壁に接触して箱に固定されたとする．箱の中にいる観測者には，この瞬間にこの物体が急に静止したように見える．しかし実際には，物体は箱から加速度 g と同方向の作用力 Mg を受け始め，箱とそれに固定されている観測者と共に，加速度 g で加速度運動をし始めたのである．このとき，この物体から箱に慣性力 $-Mg$ が作用するが，これは箱からこの物体に作用する実在の力 Mg に対する実在の反作用力である．すなわち，箱への接触によって見かけの擬似反力が実体化され，実在の慣性力に変わったのである．

今，空中を地上に向けて自由落下しつつある観測者 A と，地上にいる観測者 B がいて，互いに観測し合うとする．両方の観測者には，互いに相手だけが見えて，まわりの景色や他の物体は見えないとする．観測者 B から観測者 A を見れば，万有引力である重力が地球中心から観測者 A に作用して，観測者 A が地球に引きつけられて落下しているように見える．反対に，観測者 A から地上にいる観測者 B を見れば，観測者 B は何らかの鉛直上方向の作用力を受けて，加速度 g で自分に近づきつつあるように見える（図 6.11）．

観測者 A と B の力学的な違いは，次のようなものである．前者は周囲から何の力の作用も受けず，自由状態で慣性の法則に従って空中に浮いたままで静止していると感じている．これに対して後者は，自分の体重に等しい重力を地球から鉛直下方に受け，それによって地球表面に押し付けられていると感じている．

空中を自由落下しつつある観測者 A は，実際に自由浮遊状態にあり何の作用力も受けていないから，慣性の法則に従っており，慣性系において静止している，とみなすことができる．このようにみなした場合，地上にいる観測者 B は，地球から鉛直上向きの作用力を受けており，慣性系に対して，その方向に加速度 g で運動していることになる．そしてその反作用力として，観測者 B は自分の体

図 6.11 自由落下とは

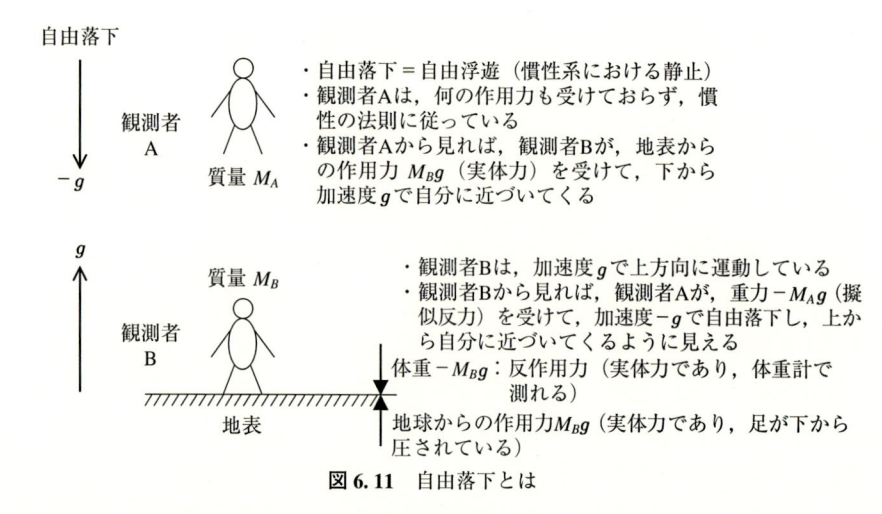

自由落下 ↓ $-g$
観測者 A 質量 M_A

- 自由落下＝自由浮遊（慣性系における静止）
- 観測者Aは，何の作用力も受けておらず，慣性の法則に従っている
- 観測者Aから見れば，観測者Bが，地表からの作用力 $M_B g$（実体力）を受けて，下から加速度gで自分に近づいてくる

↑ g
観測者 B 質量 M_B 地表

- 観測者Bは，加速度gで上方向に運動している
- 観測者Bから見れば，観測者Aが，重力$-M_A g$（擬似反力）を受けて，加速度$-g$で自由落下し，上から自分に近づいてくるように見える

体重$-M_B g$：反作用力（実体力であり，体重計で測れる）

地球からの作用力$M_B g$（実体力であり，足が下から圧されている）

重に等しい力を，地球に対して鉛直下方向に作用させているのである．

われわれは，急な坂を登るとき自分を重いと感じ，体重計に乗ると目盛りが動く．これは，地球がわれわれを引っ張っているのではなく，またわれわれが地球を押しているのでもなく，地球からわれわれに鉛直上方向に力が作用しているのであり，地球からの作用力を感知し測定している，という見方が成立する．

このように考えれば，地球からの鉛直上方向の作用力は，実測できるから実在する力であり，われわれにはそのほかに何の力も作用していないのだから，われわれは力の不釣合状態にあることになる．つまり，地球表面に向かって空中を自由落下しつつある物体に固定された座標系が慣性系であることを認めれば，地球上に固定された座標系は，鉛直上方に加速度gで加速度運動をしつつある非慣性系になるのである．

このように重力は，地上の物体に鉛直上方の加速度を生じさせる地球からの作用力に対する反作用力であるから，重力は慣性力と同一の現象なのである．これを発見したのがアインシュタインである．このことが成立するためには，重力質量と慣性質量の比が一定であることが要請される．逆にいえば，この比が一定であることが実験的に成立するという事実は，一般相対性理論の実験的基礎とされている．

アインシュタインによれば，これは「重力（万有引力）の場では時空間がゆがみ縮退する」ことによるのである．ただし，万有引力があるから時空間がゆがむ

6.3 相対性理論への糸口

のではなく，物体（エネルギー体）の存在が時空間を縮退させるのであり，時空間の縮退が万有引力の存在に見えるのである．

アインシュタインの上記の見方はわかりにくいので，もう少し説明を試みる．

地球や他の天体の影響を受けない仮想の絶対空間に太郎が，また地球の影響を受ける現実の空間に次郎が，地球表面上の同一場所にいるとする．また花子は，次郎と同じ現実の空間において，窓がなく外が見えない箱に入って，箱と一緒に空中を地球に向かって自由落下するという，太郎と次郎から見た加速度運動をしているとする．

自由落下中の花子自身は，外が見えないので，自分が無重力の場で宙に浮いているように感じている．実際に花子は，何の作用力も受けない自由浮遊状態にいるのである．したがって現実の空間では，花子は慣性の法則に従って静止している．それにもかかわらず花子は，絶対空間にいる太郎から見れば，地球の中心に向かって加速度運動をしている．

これは，地球の存在によって空間がゆがむために生じる奇妙だが実際の現象であり，ゆがんだ空間内における自由静止状態が，自由落下の現実の状態なのである．

地上の同一場所にいる太郎にも次郎にも，花子は加速度 $-g$（g は地球表面における重力加速度の大きさであり，負号は鉛直下方を向いていることを表す．空気抵抗は無視する）で空から降ってくるように見える．太郎は，重力の影響を受けず，したがってゆがんでいない仮想の絶対空間において静止している．したがって花子は，ゆがんだ空間で実際に静止していると同時に，絶対空間で実際に加速度運動をしているのである．

一方，現実のゆがんだ空間において地上にいる次郎にも，同じゆがんだ空間において実際には自由浮遊状態にあり静止している花子が，加速度 $-g$ で上空から落下し自分に近づいているように見える．これは，次郎自身が地上に存在するすべての物体と同様に，地球表面から上向きの作用力を受けながら，加速度 g で鉛直上向きに動いているためである，と解釈せざるをえない．すなわち，地球表面上で絶対空間から見て静止している森羅万象は，ゆがんだ空間においては，鉛直上向きに大きさ g の加速度運動をしているのである．このことは，ゆがんだ空間自体が地球の中心に向かって $-g$ の加速度運動をしている，ことを意味する．

古典力学では，地球上に固定した点，すなわちゆがんだ空間内で鉛直上方に加

速度 g で加速度運動をしている点を原点とする座標系 x' を形成し，これを慣性系とみなして力学現象を扱っているのである．上記のようにこの座標系 x' は，原点が地球中心に向かって加速度運動をしているから非慣性系である．

この非慣性系にいる次郎（われわれ）が，ゆがんだ空間内で外力 f の作用を受けて運動している質量 M の物体を観測すれば，その物体は実際の外力 f のほかにあたかもわれわれ自身の加速度 g と逆方向の力 $-Mg$ を受けて運動しているように感じる．この力 $-Mg$ は実在しない見かけの力であり，擬似反力の一種である．したがって，われわれがいる非慣性座標系 x' で生じる地上での力学現象に，慣性座標系でしか適用できないニュートンの運動の法則を適用して得られる運動方程式には，次のように，作用力 f のほかに鉛直下方の見かけの力（本書でいう擬似反力）$-Mg$ という補正項が必要になるのである．

$$M\ddot{x}' = f - Mg \tag{6.44}$$

式 (6.44) は式 (6.5) と同一の式なのである．

われわれはこの補正項を，地球から物体に実際に作用する実在の力である重力 $-Mg$，と解釈している．この解釈によって，地上に固定した座標系をあたかも慣性系であるように扱うことが可能になるのである．

自由落下する物体は，われわれから見れば，あたかも重力という力に引っ張られて落下しているように見えるが，実際には何の作用力も受けていない自由浮遊状態にあるから，式 (6.44) において $f=0$ とすることができる．こうして，われわれが見慣れた自由落下の運動方程式

$$M\ddot{x}' = -Mg \tag{6.45}$$

が得られる．式 (6.45) の右辺は，座標系 x' を慣性系と見れば実在の重力であると同時に，座標系 x' を非慣性系と見れば擬似反力である．**このように，自由落下中に作用している重力は，擬似反力と区別がつかないのである．**

自由落下していた物体が地上に到達して接地することは，次のようにも解釈できる．空中に浮遊静止しているこの物体に，地球表面が鉛直下方から加速度 g で近づいてきて，自由落下開始からその時点までの加速度 g の時間積分に等しい速度で衝突する．接地した瞬間には，地球の表面柔性の上端は浮遊静止物体と同一の静止位置に固定されるが，地球の表面柔性の下端には衝突前の鉛直上方の速度がそのまま作用する．

こうして地球表面柔性は，負（縮み）の相対速度を受けて負（圧縮）の力変動

を生じ，それが蓄積されて圧縮の内力（柔性力）が増加していく．同時にその内力の反作用である復元力が接触物体に作用し，それに鉛直上方向の加速度を与える．そして，地球表面柔性の内力が$-Mg$になったときに，地上から見て自由落下してきた物体は地球と一体になる．地上を原点とする非慣性系からこれを見れば，物体は地上に静止しているかのように見える．また，ゆがんだ空間における慣性系からこれを見れば，物体は鉛直上方に加速度gで運動し始める（その後に生じるであろう自由振動や跳返り現象については議論しない）．

この物体は，自身の重さ$-Mg$を地球表面に対して（鉛直下向きであるから負号をつける）作用させているが，これは，地球から物体に作用している鉛直上向きの作用力Mgに対する反作用力であり，実在する慣性力なのである．このように，地上の物体の重さとして計測される鉛直下方の重力は，自由落下しつつある物体にあたかも作用しているように見える擬似反力である見かけの重力とは異なり，地球から鉛直上方に作用する実在の力に対する実在の反作用力である，慣性力に他ならない．このように**地上の物体に作用する重力は，慣性力と区別がつかないのである．**

自由落下しつつある花子を地球上から見ると，加速度$-g$（鉛直下方向であるから負）で落下しつつあり，一方花子から地球上を見ると，加速度gで自分に近づきつつある．これらは，両方とも現実である．これを仮想の絶対空間にいる太郎から見ると，地球上と花子が共に，各質量に反比例し和がgであり互いに逆方向の加速度を生じて近づきつつある．これも現実である．

これまで，重力と慣性力は区別がつかないことを述べてきた．しかしこれは，作用点が1点の場合についてのみいえることであり，空間的広がりを考慮すれば，重力（万有引力）は単なる慣性力とは若干違ったものになる．すなわち，自然界に現れる重力の大きさと方向は，共に場所によって異なる．この場所ごとの重力の違いを，**潮汐力**（tide force）という．

この潮汐力は，重力が慣性力であるという立場からは説明できない現象を生じる． そのうち最も顕著な例は，図6.12に示す潮の干満である．すなわち，地球表面に分布し月に向いている面の海水は強く引かれ，その反対側の面は弱く引かれる．その結果，海水は月のある方向とその反対方向の2方向に盛り上がる．月のある側のほうが反対側よりも月に近いので，月のある側の盛り上がりは反対側の盛り上がりよりわずかに大きく，地球全体では海面は完全な楕円形ではなくわ

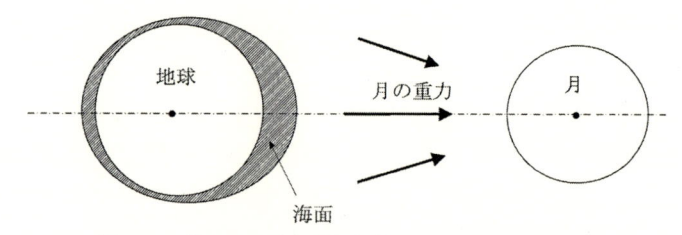

図 6.12 月からの重力（潮汐力）による地球上の海面

ずかに卵形になる．実際には太陽の引力の影響が重なって，もっと複雑な挙動をするが，ここでは月の引力のみを考えている．

潮汐力が原因で発生する現象の別の例を挙げよう．重力（万有引力）は，地球中心からの距離の2乗に反比例して小さくなる．そのために，高い所と低い所にある2個の物体の落下速度を比べると，低い所にある物体のほうが高い所にある物体よりも強い重力を受けて，互いの距離は徐々に離れていく．また重力は，地球の中心点に向かって半径方向に作用するから，重力の作用線は，互いに平行ではなく，中心に近づくほど間隔が狭くなる．したがって，同じ高さを自由落下しつつある2個の物体間の水平距離は，次第にわずかに減少し，互いに近づいていく．

ブラックホールの近傍のように強烈な重力下で自由落下しつつある物体は，この潮汐力のために，ブラックホール中心への向心方向に伸張力を受けると同時に，それと直角な方向に圧縮力を受けて，落下方向に細く伸ばされる．図 6.13 は，軸が重力の作用線方向に一致するように置かれた直円柱が，右端のブラックホール

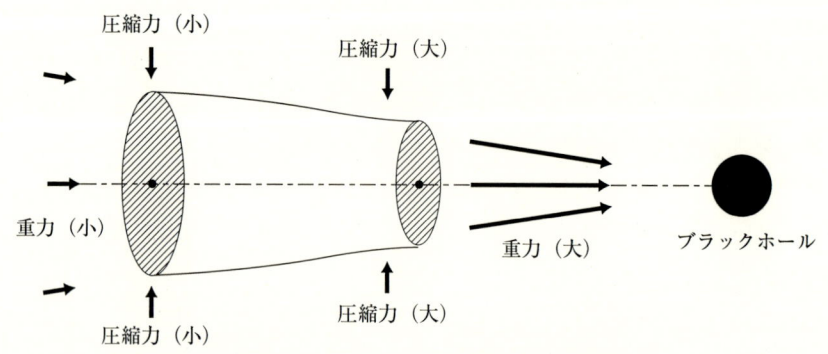

図 6.13 ブラックホールに落ち込む直円柱
重力の作用方向に伸ばされ，重力に垂直な方向に縮められる．

6.3 相対性理論への糸口

に左から落ち込もうとしている想定図である．この直円柱は，ブラックホールに近づくにつれて，半径方向に圧縮されると同時に軸方向に伸ばされて，右端近傍が左端近傍よりも細く長くなる．

さてニュートンは，りんごが落ちるのを見て重力が地球からりんごに作用している，とした．これは，地上にいるわれわれを中心とした運動の観察結果の原因としての作用力の解釈であった．これに対してアインシュタインは，りんごは慣性の法則に従って浮遊静止しており，われわれ自身が地球から力を受けて鉛直上方に加速度運動をしている，と主張し，これを可能にする時空間の考え方を提唱した．現在では，後者が正しいことがわかっている．

一方ニュートンは，当時すでに，太陽がわれわれの周りを回っている，というわれわれを中心とした運動の観察結果である天動説が正しくないことがわかっていたので，われわれ自身が動いており，太陽を中心としてその周りを回っているという地動説に，万有引力の考えを適用し，時代を超えた成功を収めた．このように太陽系惑星の運動の議論には，われわれがいる地球を中心とした慣性系は無効であり，太陽を中心とした慣性系の採用が必要なのである．

さて現在宇宙は，1点におけるビッグバンによって137億年前に誕生し以後膨張し続けている，と考えられている．筆者はこの議論を見聞きするとき，中世においてわれわれを中心とした運動の観察に基づいた天動説で宇宙を探ろうとしていた議論を思い出す．

われわれを中心として宇宙を観察すれば，確かに宇宙は膨張し続けている．しかし，太陽系の運動を議論するには，地球上のわれわれを中心とした座標系ではなく太陽を中心とした座標系を採用すべきであるように，宇宙を議論するときには宇宙を基準にした空間を採用すべきであろう．そうすれば，宇宙の大きさは一定であり，逆にわれわれの空間が縮退し続けていることになる．

すなわち，ビッグバンは宇宙の一点で起こったのではなく全宇宙で起こったのであり，それ以後宇宙の広さは変らない．そして，ビッグバンによって物質を含むエネルギー体が出現し，それがわれわれがいる空間を縮退させ続けていることになる．このほうが現実宇宙のより正確な近似ではなかろうか．かつて天動説が地動説に変ったように，今このようなコペルニクス的発想転換によって現在の宇宙論を見直すことはできないだろうか．

時間に関しても同様である．137億年前というのは現時点の世界における時間

尺度であり，われわれを中心にした観察に基づく時間である．ビッグバン直後には時間進みが無限に遅かったため，この137億年前が究極の無限過去なのである．時間と空間は共に無限の昔にビッグバンによって初めて誕生したのである．これは，光速がわれわれの時間尺度では有限であるが，速度の増大に従って時間進みが遅くなるため，光速が無限大の速さになることと類似している．

われわれが観測できる範囲の宇宙を議論するときには，宇宙の大きさを基準にしそれが変らないとするほうが，われわれの大きさを基準にするよりも良いのではないかと述べた．しかしさらに大範囲の宇宙から見れば，われわれが観察できる範囲の宇宙の大きさはやはり変化しているかもしれない．これは，地動説の基準であった太陽は銀河系中心の周りを高速で動いており，さらに銀河系自身も高速で動いていることと類似している．このような絶対時空間を基準にした議論は幾通りも成立し，力学にとって真に有意で正当なのは相対量のみなのである．これが，ガリレイ以来アインシュタインに至る相対性原理の基本である．

6.3.2 力学的エネルギーと運動量

力学的エネルギーの存在とそれによって生じる現象は，相対性を有する．いま，慣性系Aと，それに対して一定速度vで相対運動をしている別の慣性系Bを考える．慣性系Aにおいて静止している質量M_0を慣性系Bから見ると，運動エネルギー$M_0v^2/2$を有している．逆に，慣性系Bにおいて静止している質量M_0を慣性系Aから見ると，運動エネルギー$M_0v^2/2$を有している．また，慣性系Aから見ると慣性系Bの時間の進行は遅くなり質量が大きくなる（式(4.9)参照）が，逆に慣性系Bから見ると慣性系Aの時間の進行は遅くなり質量が大きくなる．これは，力学的エネルギーと質量が相対性を有することを意味している．

アインシュタインの相対性理論によれば，物体はエネルギーそのものであり，物体自体のエネルギーT_cと速度が零のときの質量M_0は，光の速度cを介して次式によって結びつけられる[4]．

$$T_c = M_0 c^2 \tag{6.46}$$

つまり，物体が存在することは，エネルギーが存在することである．

すでに述べたように，質量は速度に依存して変化することが，アインシュタインによって明らかにされている．すなわち，**ローレンツ変換**を用いれば，速度がvのときの質量Mは，次式で表される[4]．

$$M = M_0\left(1 - \frac{v^2}{c^2}\right)^{-1/2} \tag{6.47}$$

ここで，速度が零のときの質量を M_0 とする．式 (6.47) は，式 (4.9) と同一の式であり，速度が大きくなると質量も大きくなり，速度が光の速度 c に等しくなると質量は無限大になるということを意味している．

ここで，式 (6.47) の右辺に関連して

$$\frac{\partial}{\partial(v^2)}\left(1 - \frac{v^2}{c^2}\right)^{-1/2} = \frac{1}{2c^2}\left(1 - \frac{v^2}{c^2}\right)^{-3/2} \tag{6.48}$$

の微分関係があるから，式 (6.47) を v^2 でテーラー展開して1次の項まで採用した近似式は

$$M \cong M_0\left(1 + \left(\frac{\partial M}{\partial(v^2)}\right)_{v=0} v^2\right) = M_0 + \frac{1}{2}\frac{M_0}{c^2}v^2 \tag{6.49}$$

式 (6.49) に，古典力学における運動エネルギーの定義式

$$T = \frac{1}{2}M_0 v^2 \tag{6.50}$$

を代入すれば

$$M \cong M_0 + \frac{T}{c^2} \quad \text{すなわち} \quad T \cong (M - M_0)c^2 \tag{6.51}$$

式 (6.51) から，古典力学における運動エネルギーの定義式 (6.50) は，速度による質量増加量の1次近似に，光速の2乗を乗じたものであり，速度 v が光速 c に比較してはるかに小さいときにのみ成立する近似式であることがわかる．このように，われわれが通常用いている運動エネルギーの定義式 (6.50) は，古典力学のみにおいて成立する近似式であり，速度が大きいときには相対性理論による補正が必要になる．

古典力学では，質量は速度に無関係に一定であり，速度をもつことはその質量がエネルギーを保有することであると考える．言い換えれば，古典力学では，質量という不動の絶対量である基本量が存在し，それがエネルギーという別の基本量をもつと考える．これに対して，上記のようにアインシュタインは，質量は一定ではなく速度によって変化し，速度をもつことは質量が増加することであり，増加する質量は運動エネルギーそのものである，と考えたのである．

アインシュタインのこの考えに従って，速度による質量の増加量に光速の2乗

を乗じたものを改めて運動エネルギーと定義すれば，式 (6.47) より

$$T = (M - M_0)c^2 = M_0 c^2 \left(\left(1 - \frac{v^2}{c^2}\right)^{-1/2} - 1\right) \tag{6.52}$$

になる．速度が光速に等しい $v = c$ の場合の運動エネルギーは，古典力学における近似式 (6.50) では

$$T = \frac{1}{2} M_0 c^2 \tag{6.53}$$

になるが，正確な式 (6.52) では無限大になる．

ここで注意を要するのは，運動エネルギーの正確な表現式は，式 (6.50) において用いられている静止状態における質量 M_0 を，速度 v を有する質量 M の正しい式 (6.47) で置き換えることによって得られると一般に考えられていることである．この方法で修正した運動エネルギーは，式 (6.50) よりも精度の良い近似であるものの，正確な値ではない．なぜならば，式 (6.48)〜(6.51) から明らかなように，質量 M_0 のみではなく式 (6.50) 自体が，ローレンツ変換をテーラー展開して得られた1次近似式だからであり，同時に式 (6.50) は，質量が一定であるという古典力学の近似仮定の下にニュートンの運動の法則を積分して得られた式だからである．

次に運動量について述べる．相対性理論における運動量 p は，アインシュタインによる正しい質量の定義式 (6.47) を用いると

$$p = Mv = M_0 v \left(1 - \frac{v^2}{c^2}\right)^{-1/2} \tag{6.54}$$

式 (6.54) は，式 (4.11) と同一の式である．式 (6.54) が運動量に対するアインシュタインの修正式であり，作用と反作用が等しいなら，この修正した運動量の保存は相対性理論においても成立する．式 (6.54) から，速度が光速に等しいときには運動量は無限大になることがわかる．

「力とは運動量の変化率である」という運動量の法則に式 (6.54) と (6.47) を適用すれば

$$f = \frac{dp}{dt} = \frac{d(Mv)}{dt} = M_0 \left(1 - \frac{v^2}{c^2}\right)^{-2/3} \dot{v} = M \frac{\dot{v}}{1 - v^2/c^2} \tag{6.55}$$

式 (6.55) は，「質量に力が作用すれば，それに比例する加速度を発生する」という式 (4.1) のニュートンの運動の法則が，速度 v が光速 c よりもはるかに小

さいときにのみ成立する近似であることを示す．このことからニュートンの運動の法則は，質量が速度に関係なく一定であるという近似を運動量の法則に適用して得られるものであることがわかる．

大きい速度を有する質量には，力が作用しても加速度が生じにくい．これは，速度の増大と共に質量が大きくなることだけが原因ではなく，加速度の概念が式 (6.55) 右辺の M への付加項のように速度によって変化するからであり，また速度の増大と共に時間の進行が遅れるからでもある．

一定の力が作用し続ければ，一定の加速度が生じ続けて速度は時間に比例して限りなく増加し，やがて光速を超えて無限大になる，というようなことは，実際には起こらない．物体が作用力の継続によって速度を得るというのは，古典力学における近似であって，相対性理論においては，作用力の継続によって物体が得るのは速度ではなく運動量（力積）なのである．

さて以下に，**質量と運動エネルギーに関する上記の事象と双対の事象が柔性と力エネルギーに関しても成立すると仮定してみる．**

特殊相対性理論によれば，速度が光速に近くなったとき，運動エネルギーは極端に大きくなる．また，時間がゆっくり進み，同時に質量が増大するから，加速度が生じにくくなる．このことは，実験で検証されている事実である．これと同様のことが力エネルギーの場にも成立するとすれば，どうなるであろうか．

万有引力が大きくなれば，力エネルギーは極端に大きくなる．空間が縮み同時に柔性が増大するから，力変動が生じにくくなる．ブラックホールのように，光を閉じ込め，無限大の運動エネルギーをすべて変換して得られる無限大の力エネルギーの場を形成する柔性は無限大であり，このとき場（空間あるいは物質）は崩壊すると考えられる．

アインシュタインが提唱した質量とエネルギーの関係と双対の関係が，柔性に対しても適用できると仮定してみる．この仮定は，物質（質量）が運動エネルギーそのものであるように，物質（柔性）が力エネルギーそのものであること，すなわち，物質が質量と柔性からなること，力学的エネルギーが運動エネルギーと力エネルギーからなることの等価性の仮定を意味している．

この仮定を用いれば，力が零のときの柔性を H_0，場が光速を零にし光を閉じ込めるときの力の値を η とすれば，物質（柔性）のもつ全力エネルギー U_η は，次式で表される．

$$U_\eta = H_0 \eta^2 \tag{6.56}$$

式 (6.46) と式 (6.56) は互いに双対関係にある．速度が光速という極限値をとるときの運動エネルギーと，力が光速を零にする極限値をとるときの力エネルギーが等しいとすれば，これら両式より η の値が次のように求められる．

$$\eta = c\sqrt{\frac{M_0}{H_0}} \tag{6.57}$$

また，柔性が質量の双対概念であることを根拠とし，柔性は，式 (6.47) の双対形式として，次式で表現できると仮定してみる．

$$H = H_0\left(1 - \frac{f^2}{\eta^2}\right)^{-1/2} \tag{6.58}$$

式 (6.58) は，力が大きくなると柔性も大きくなり，力が η に等しくなると柔性は無限大になることを示している．この仮定が正しいとすれば，線形系では柔性（あるいはその逆数である剛性）が力に無関係に一定である，という古典力学における仮定は，力が η に比べてはるかに小さいときの近似概念であることになる．ただしこれは，柔性自体が非線形であるのではなく，線形の場における柔性が一定ではなく作用力に依存して変化することを意味する．

柔性が力によって変化する，という筆者のこの仮定式 (6.58) は，質量が速度によって変化する，という相対性理論における基本概念であるローレンツ変換に基づくアインシュタインの式 (6.47) と，双対関係にある．

ここで，式 (6.58) の右辺に関連して

$$\frac{\partial}{\partial(f^2)}\left(1 - \frac{f^2}{\eta^2}\right)^{-1/2} = \frac{1}{2\eta^2}\left(1 - \frac{f^2}{\eta^2}\right)^{-3/2} \tag{6.59}$$

の微分関係があるから，式 (6.58) を f^2 でテーラー展開して 1 次の項まで採用した近似式は

$$H \cong H_0\left(1 + \left(\frac{\partial H}{\partial(\eta^2)}\right)_{f=0} f^2\right) = H_0 + \frac{1}{2}\frac{H_0}{\eta^2}f^2 \tag{6.60}$$

式 (6.60) に，筆者が提示し柔性を用いて表現している，古典力学における力エネルギーの定義式（式 (3.4) または (4.88) 参照）

$$U = \frac{1}{2}H_0 f^2 \tag{6.61}$$

を代入すれば

6.3 相対性理論への糸口

$$H \cong H_0 + \frac{U}{\eta^2} \tag{6.62}$$

なお式 (6.61) は，古典力学で一般に用いられている力エネルギーの定義式

$$U = \frac{1}{2} K_0 x^2 \tag{6.63}$$

を，フックの法則 $f = K_0 x$ および剛性と柔性の関係式 $K_0 H_0 = 1$ を用いて，書き換えたものである．

式 (6.62) から，古典力学における力エネルギーの定義式は，力 f が η に比較してはるかに小さく，式 (6.58) のテーラー展開による 1 次近似が十分な精度で採用できるときにのみ成立する，力による柔性増加量の 1 次近似式に，η^2 を乗じたものであることがわかる．このように，もし筆者が提示する仮定が成立するならば，われわれが通常用いている力エネルギーの式 (6.63) すなわち式 (6.61) は，古典力学のみにおいてのみ成立する近似式であり，力が大きいときには補正が必要であることになる．

古典力学では，線形系では柔性（剛性の逆数）は力に無関係に一定であり，柔性が力をもつことはその柔性が保有するエネルギーが増大することであると考える．すなわち，柔性という基本量が存在し，それがエネルギーという別の基本量をもつと考えるのである．これに対して本項における筆者の仮定では，**柔性は一定ではなく力によって変化し**，**物体が力をもつことは柔性が増加すること**であると考えている．言い換えれば，柔性はエネルギーの一形態である力エネルギー（位置エネルギー）そのもの，すなわち力そのものである，と考えているのである．

筆者のこの考えに従って，力による柔性の増加量に η^2 を乗じたものを改めて力エネルギーと定義すれば，式 (6.58) より

$$U = (H - H_0)\eta^2 = H_0 \eta^2 \left(\left(1 - \frac{f^2}{\eta^2}\right)^{-1/2} - 1 \right) \tag{6.64}$$

になる．式 (6.64) は，式 (6.52) と双対関係にある．

力 $f = \eta$ の場合の力エネルギーは，古典力学における近似式 (6.61) では

$$U = \frac{1}{2} H_0 \eta^2 \tag{6.65}$$

になるが，本項で仮定する表現式 (6.64) では無限大になる．

位置（変位）x は，式 (4.5) に筆者による柔性の仮定式 (6.58) を代入して

$$x = Hf = H_0 f \left(1 - \frac{f^2}{\eta^2}\right)^{-1/2} \tag{6.66}$$

式 (6.66) は，式 (6.54) と双対の関係にある式である．

「速度は位置の変化率である」という自明の概念（本書で提唱する位置の法則 (4.3.4 項参照) の微分形）と式 (6.66) と式 (6.58) より

$$v = \frac{dx}{dt} = \frac{d(Hf)}{dt} = H_0 \left(1 - \frac{f^2}{\eta^2}\right)^{-2/3} \dot{f} = H \frac{\dot{f}}{1 - f^2/\eta^2} \tag{6.67}$$

この式 (6.67) は，「柔性に速度が作用すれば，それに比例する力変動を発生する」という，筆者が提唱した力の法則 (4.2 節の法則 2 および式 (4.2) 参照) は，力が η よりもはるかに小さいときにのみ成立する近似表現であることを示す．このことから力の法則は，柔性が力に関係なく一定であるという近似を位置の法則に適用して得られるものであることがわかる．

大きい力を有する場（空間）では力変動が生じにくくなり，力が η のときには変位が無限大になる．これを逆にいえば，力が η のときには場が無限小に縮退するということである．

式 (6.67) は，式 (6.55) と双対関係にある．

速度は，質量を増大させ，時間の進行を遅くする．力は，柔性を増大させ，空間を縮める． 速度を変えて（加速度を与えて）別の慣性系に移行するためには力が必要であり，力を変えて別の場に移行するためには速度が必要である．ローレンツ変換によって時間と空間が連成し混ざり合っている時空間では，同じローレンツ変換によって，時間と双対関係にあるエネルギーと，空間と双対関係にある運動量が，連成し混ざり合っている[4]．古典力学が相対性理論の近似である以上，古典力学を対象に本書で展開してきた物理法則の対称性は，相対性理論の世界にも拡張して適用できるのではなかろうか．

さて 4.9.3 項において筆者は，運動量と空間が，またエネルギーと時間が互いに双対関係にあるらしいことを述べた．力は空間を縮退させ力積（運動量）を増加させる．また，速度は時間を遅くしエネルギーを増加させる．これらのことは，力を加えることは空間を運動量に変換すること，また速度を加えることは時間をエネルギーに変換すること，を示唆するのではなかろうか．

以上が，本章における筆者独断の仮説である．

7. 振　　　動

7.1　力学特性と状態量

　本章では，本書で提唱する力学の新しい概念に基づいて，**振動**（vibration）という現象を考察する．第1章で述べたように，本書の立場は，従来の力学概念をそのまま包含した上で，それを補強・整形し，より調和がとれ筋が通った概念構成にしようとする試みである．したがって本書には，従来の力学と基本的に矛盾する部分は存在しない．本章においてもこの立場は貫かれており，振動に関する本書の記述はすべて，既成の学問体系と合致し，それに準拠するので，振動に関する詳細は専門書（例えば文献16）を参照されたい．なお本章では，外環境の影響を受けず物体自身の力学特性のみで現象が決まる**自由振動**（free vibration）のみについて，簡単に述べるに留める．

　本書では，**剛性の代わりにその逆数である柔性の概念を導入しており，すべての物体は質量と柔性という2種類の力学特性を有する**，としている．第3章で述べたように，質量と柔性は共に，力学的エネルギーの均衡状態では力学的エネルギーを保存し，不均衡状態では力学的エネルギーを吸収あるいは放出する．力学的エネルギーは，質量では運動エネルギーとして速度の形で，また柔性では力エネルギーとして力の形で，吸収・蓄積・保存・放出される．つまり，力学的エネルギーを，質量は速度という外に現れる形態で外延し，柔性は力という内にこもる形態で内包するのである．

　質量は力を受けて速度を出し，柔性は速度を受けて力を出すから，質量と柔性が存在すれば，必ず両者が互いに結合して，**力学的エネルギーの閉鎖循環系**（circulatory system of mechanical energy）を形成する．両者が保存する力学的エネルギーの形態は異なるので，力学的エネルギーは形態が変換されながらこの閉鎖系内を循環する．すなわち質量は，柔性が出す力を受けて速度変動に変え，それを蓄積して運動エネルギーとして保有し，速度を出す．一方柔性は，質量が出す速

7. 振動

```
        閉 鎖 系
  ┌─────────────────────┐
  │        速 度         │
運動エネルギー  質量 ←――→ 柔性  力エネルギー
として外延     →         として内包
  │         力          │
  └─────────────────────┘
     力学的エネルギーの循環
```

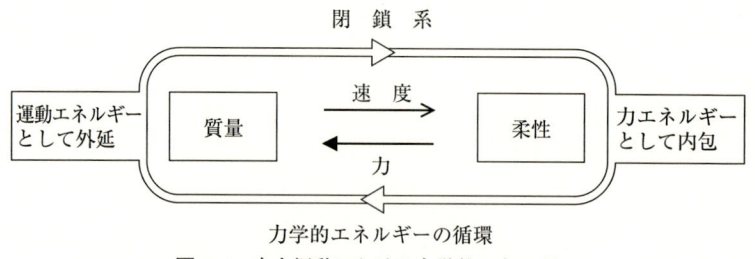

図 7.1 自由振動における力学的エネルギー

度を受けて力変動に変え，それを蓄積して力エネルギーとして保有し，力を出す（図7.1）．力学的エネルギーのこの変換と循環によって発現する力学的現象が，自由振動である．これは，すべての物体は本質的に振動するものであり，物体が力学的エネルギーを有することと振動することは等価である，ことを意味する．

振動の主役を演じる質量と柔性の機能と，それに伴う状態量の推移に関しては，第3章においてすでに記述してきたが，これらは振動という現象を支配するので，ここで再びまとめて説明しておく．

まず質量について述べる．力学的エネルギーの不均衡状態に置かれた質量は，それを不釣合力として受け，自身にそれに比例した速度変動（加速度）を生じる．質量における速度変動は，力学的エネルギーの移動に起因する．すなわち，外から質量に力が作用すれば，質量は仕事をされて力学的エネルギーが流入し，速度変動を生じる．速度変動の方向は，作用力の方向と一致する．速度変動は，蓄積（時間積分）されて速度を増加させる．質量は，力学的エネルギーを力で受けて速度変動に変換し，速度で保存するのである．

質量に力が作用すれば，質量には反作用力が発生する．質量が外から作用力を受けることは，この反作用力を外に対して作用させることである．質量は，自身に速度変動を生じることによって反作用力を出す．質量特有のこの反作用力が慣性力である．慣性力の大きさは質量に速度変動を乗じた値で作用力と同じであり，その方向は作用力と逆である．質量への作用力は実在するから，その反作用力も実在する．このように，慣性力は実在する力であるから，それ自身が反作用力を伴う．反作用の反作用は作用であるから，慣性力の反作用力は作用力になる．

質量は，自身が置かれた状態に慣れ，自身が有する速度を常に維持しようとするから，質量と接続した外に対しても，その速度を強制しようとする．その結果，

質量が有する速度はそのまま質量が外に作用させる速度になる．質量が保有し，同時に外に対して作用させる速度を，慣性速度という．

　質量は，外からの作用を力の形で受け，外に対する作用を速度の形で与える．質量が外と接続されている力学系では，質量から外に作用する速度は慣性速度になる．慣性速度を有する質量上にいる観測者から外を見ると，外は慣性速度と同じ大きさで逆方向の速度を有していることになる．この速度が，質量から外に作用する慣性速度に対する外からの反作用速度である．質量が柔性と接続されている場合には，質量上にいる観測者は，同時に柔性上の質量との接続端にいることになるから，この反作用速度は後述の柔性速度になる．

　ここで注意を要するのは，すでに慣性速度を有している質量が減速する場合である．この場合は一見，慣性速度と逆方向の力が外から質量に作用して，力学的エネルギーを吸い取っているかのように見えるが，これは必ずしも正確な理解ではない．質量が慣性速度を外に作用させることによって外に対して仕事をし，自ら力学的エネルギーを放出している，と理解するほうがより正確である．質量は，この力学的エネルギーの放出によって，自身に負の速度変動を発生させ，減速しているのである．

　次に柔性について述べる．力学的エネルギーの不均衡状態に置かれた柔性は，それを不連続速度（相対速度）として受け，自身にそれに比例した力変動を生じる．柔性における力変動は，力学的エネルギーの移動に起因する．すなわち，外から柔性に速度が作用すれば，柔性は仕事をされて力学的エネルギーが流入し，力変動を生じる．力変動の正負は，作用速度（相対速度）の正負（伸縮）と一致する．力変動は蓄積（時間積分）されて，力を増加させる．柔性は，力学的エネルギーを速度で受け，それを力変動に変換し，力で保存するのである．柔性が外からの作用として一端に受ける速度は，両端間の不連続速度であり，かつ他端（外）に対する相対速度である．柔性に蓄積され保存される力は，外からの作用によって生じた力であり，これを柔性力という．

　柔性は両端を有し，外に対して直列に接続される．そして柔性は，外からの作用を両端間の相対速度の形で受ける．柔性に外から速度が作用すれば，柔性には反作用速度が発生する．柔性が外から作用速度を受けることは，この反作用速度を外に出すことである．反作用速度は，従来の力学には存在せず本書で提唱された概念であり，これに関してはすでに4.7節と4.8節で説明した．これを再び説

明すれば，以下のようになる．

　柔性が，外から作用速度（相対速度）を受けて，その一端が外から拘束（固定）された他端に対してその速度で動いているとする．作用を受ける端にいる観測者から他端を見れば，他端すなわち外は観測者に対して作用速度と同じ大きさで逆方向の速度で動いていることになる．この速度が作用速度に対する反作用速度であり，これを柔性速度と呼ぶ．したがって，柔性速度の大きさは作用速度と同じであり，その方向は作用速度と逆である．

　柔性への作用速度は実在するから，その反作用速度である柔性速度も実在する．このように柔性速度は実在する速度であるから，それ自身が反作用速度を伴う．反作用の反作用は作用であるから，柔性速度の反作用速度は作用速度になる．

　質量は，外から与えられた自身の速度状態に，それを与えられた瞬間に慣れ，それを常に維持しようとする．したがって質量は，自身が有する慣性速度を，常にそのまま外に対して作用させる．それに反して柔性は，外から強制された自身の力状態（内力すなわち柔性力）に対し，それを与えられる瞬間に抵抗し，常に外からの強制を受けない自然の状態に復元しようとする．柔性は，自身が有する柔性力に対して常に抵抗し，それを有さない状態に復元しようとするのである．したがって柔性は，自身が有する柔性力と逆方向の力を常に外に対して作用させる．柔性が外に対して作用させるこの力を，**復元力**（restoring force）という．

　柔性は，外からの作用を速度の形で受け，外に対する作用を力の形で与える．柔性が外と接続されている力学系では，柔性から外に作用する力は復元力となる．柔性が復元力を外に作用させていることを，柔性力を有する柔性上にいる観測者から見ると，柔性は復元力と同じ大きさで逆方向の力を外から受けていることになる．この力が，復元力に対する反作用力である．

　柔性が質量と接続されている場合には，柔性上の質量との接続端にいる観測者は，同時に質量上にいることになるから，この反作用力は慣性力になる．前に述べたように，復元力は外から柔性に作用する力に対する反作用力であるから，復元力の反作用力は外（質量）から柔性に作用する慣性力にほかならない．一方，柔性力は，慣性力の作用を受けて柔性内に発生する内力であり，慣性力と同じ大きさで同方向になる．したがって，復元力の反作用力は柔性力でもある．

　ここで注意を要するのは，すでに柔性力を有している柔性が減力する場合である．この場合，一見柔性力と逆方向の速度が外から柔性に作用して，力学的エネ

表7.1 自由振動における質量と柔性の働きの対比

		質 量	柔 性
状態量	作用を受ける	復元力	慣性速度
	反作用を出す	慣性力	柔性速度
	変換する	速度変動	力変動
	蓄積・保存する	慣性速度	柔性力
	作用を出す	慣性速度	復元力
	反作用を受ける	柔性速度	慣性力
力学的エネルギーの形態		運動エネルギー	力エネルギー

ルギーを吸い取っているかのように見えるが,これは必ずしも正確な理解ではない.柔性が,自身が有する柔性力の反作用である復元力を外に作用させることによって外に対して仕事をし,自ら力学的エネルギーを放出している,と理解するほうがより正確である.柔性は,外に対する作用によって,自身に負の力変動を発生させ,柔性力を減少させ,減力しているのである.

質量と柔性が接続され作用し合っている系では,復元力と慣性力が,また慣性速度と柔性速度が,互いに作用反作用の関係にある.作用と反作用は対等であり,一般にはどちらが作用でどちらが反作用ということはできない.しかし,"仕事をするほうが作用であり,されるほうが反作用である"という観点に立って,強いて作用と反作用を区別すれば,力学的エネルギーを速度の形で保有している質量が自発的に出す慣性速度と,力学的エネルギーを力(柔性力)の形で保有している柔性が自発的に出す復元力が作用になる.そして,自ら出すことはなく外からの作用を受けて初めて柔性に生じる柔性速度と,同じく自ら出すことはなく外からの作用を受けて初めて質量に生じる慣性力が,反作用になる.

自由振動における質量と柔性の働きを,表7.1に対比する.

7.2 力学的エネルギー

自然のままの物体は,力学的エネルギーの均衡状態にある.これまで力学的エネルギーの均衡状態にあった物体に,外部から何らかの作用を与えて新しく力学的エネルギーを投入すれば,物体内に力学的エネルギーの不均衡状態が発生する.

その直後に，物体を外部から力学的に遮断した自由状態に置くと，投入された力学的エネルギーの不均衡分は，外部に出ていくことができないので，質量と柔性が互いに連結された力学的エネルギーの閉鎖系内を循環する．この力学的エネルギーの内部循環が，自由振動という現象を発現する．

以下にその発現メカニズムを説明する．ただし減衰は，速度に抵抗するから，常に動的現象を抑制する．したがって減衰は，振動の発生には関係しないのでここでは無視し，存在しないとする．

3.3節で述べたように，力学的エネルギーの不均衡状態に置かれた質量と柔性は共に，力学的エネルギーを吸収・変換・放出することによって，自身を均衡状態に復帰しようとする．力学的エネルギーの不均衡状態にある閉鎖系では，不均衡エネルギーを系の外に捨てることができない．したがって，系を構成する質量と柔性は，それぞれの力学的エネルギーの均衡を現す力の釣合と速度の連続を，互いに相手の均衡を乱すことによってしか実現できない．

そのために，質量における力の釣合または柔性における速度の連続のうち，どちらかがいったん成立しなくなれば，両者の不成立を交互に繰り返す．すなわち，質量が力の釣合を回復しようとすれば，速度変動（加速度）が発生し，速度が変化する．これが柔性に速度の不連続を引き起こし，力学的エネルギーの不均衡分が質量から柔性に移る．一方，柔性が速度の連続を回復しようとすれば，力変動が発生し，力が変化する．これが質量に力の不釣合を引き起こし，力学的エネルギーの不均衡分が柔性から質量に移る．このように，初期に閉鎖系に侵入した力学エネルギーの不均衡分は，質量と柔性の間を循環し続ける．つまり，質量と柔性の間で力学的エネルギーのキャッチボールが永遠に続くのである．これによって発生する現象が，自由振動である．

このように自由振動は，力学的エネルギーの循環による1周期内の非定常現象の繰返しであり，周期単位では定常現象になる．力学的エネルギーの循環の時間的速さ（振動数あるいは周期）と空間的様相（モード）は，外部から影響を受けることなく，閉鎖系を構成する系固有の力学特性である質量と柔性のみに支配されるので，それぞれ**固有振動数**（natural frequency）あるいは**固有周期**（natural period）と**固有モード**（natural mode）という．

閉鎖系内を循環する力学的エネルギーは，保存される．これを式で表現すれば，質量 M と剛性 K からなる1自由度系の自由振動における全力学的エネルギー E

は一定値に保たれ

$$\frac{1}{2}Kx^2+\frac{1}{2}Mv^2=E \qquad (7.1)$$

すなわち

$$\frac{x^2}{2E/K}+\frac{v^2}{2E/M}=1 \qquad (7.2)$$

式 (7.2) は，変位 x を横軸にとり速度 v を縦軸にとった**位相平面**（phase plane あるいは相平面）内において，振動が横軸 $a=\sqrt{2E/K}$，縦軸 $b=\sqrt{2E/M}=a\Omega$ ($\Omega=\sqrt{K/M}$) の半径の楕円で表現されることを示す．このように，位相平面内で運動を表す曲線を**軌道**（trajectory）という．

　力学的エネルギーは，質量では速度，柔性では力の形で保存されるから，式(7.1)を速度と力の関係として表現してみる．式 (7.1) 内の運動エネルギーは速度（運動）を用いて表現されているので，同式内の力エネルギーを，運動の一形態である変位を用いて表現するのではなく，速度と双対の状態量である力を用いて表現する．力 f を有する柔性の力エネルギーは式 (4.88) 内の右式で表現されるから，質量 M と柔性 H（剛性の逆数：$H=1/K$）からなる1自由度系の自由振動における全エネルギー E は

$$\frac{1}{2}Hf^2+\frac{1}{2}Mv^2=E \qquad (7.3)$$

この式の左辺第1項は力エネルギー，第2項は運動エネルギーである．この式を変形して

$$\frac{f^2}{2E/H}+\frac{v^2}{2E/M}=1 \qquad (7.4)$$

式 (7.4) は，力 f を縦軸にとり速度 v を横軸にとった平面内において，振動が縦軸 $a=\sqrt{2E/H}$，横軸 $b=\sqrt{2E/M}=a\Omega$ ($\Omega=1/\sqrt{HM}$) の半径の楕円で表現されることを示す．力学における2種類の状態量で表現されているこの平面を，**状態平面**（state plane）と呼ぶ．

7.3 発 生 機 構

　図7.2のように，1個の柔性の一端に1個の質量が連結され，柔性の他端が固

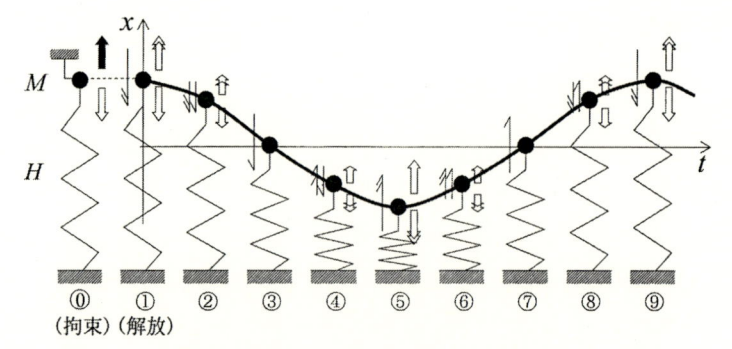

図 7.2 不減衰自由運動における力と運動（初期変位を与えて解放）
M：質量，H：柔性，x：変位，t：時間
⇧：外力，⇪：慣性力，⇧：復元力
↑：慣性速度，↗：加速度

表 7.2 1自由度系の自由振動の状態量（図 7.2 に対応）

時間	①～③	③～⑤	⑤～⑦	⑦～⑨
仕事の方向	柔性→質量	質量→柔性	柔性→質量	質量→柔性
質量の速度変動 $\dot{v}$	負	正	正	負
柔性の力変動 $\dot{f}$	負	負	正	正
慣性力 $-M\dot{v}$	正	負	負	正
柔性力 f	正	負	負	正
復元力 $-f$	負	正	正	負
慣性速度 v	負	負	正	正
柔性速度 $-H\dot{f}$	正	正	負	負

定された不減衰1自由度系を対象にして，自由振動の発生機構を説明する．この図における縦軸は，直接には上方向を正とした変位を表しており，速度，加速度，力も共に上方向を正としている．本章では，力学の基本状態量を速度にとって振動を考察しているが，一般に力学的現象を目で見て理解する場合には，変位を用いるほうがわかりやすいので，この図の縦軸は変位にとっている．図 7.2 の1自由度系の自由振動の1周期間における力学的エネルギーの流れと状態量の正負を，表 7.2 に示す．

　この系に外部から正方向の力を作用させて自由度を拘束した静止状態では，系は，質量が力学的エネルギーをもたず，柔性のみが力学的エネルギーを力エネルギーの形でもっている．そして柔性には，正の柔性力（伸張力）が存在している．

7.3 発生機構

系は，このような力学的エネルギーの不均衡状態を，外部から強制されている．そして，外部からの作用力に対する反作用力として，柔性力と逆方向である負の復元力が柔性から外部に作用し，正の外力との間で力の釣合を保っている．このように**静的な状態では，作用反作用の法則と力の釣合が同一である．**

外力を除くことによって，系が外部拘束から解放されると，系は外部からエネルギー的に隔絶された状態に置かれる．この瞬間から時間を開始する．時間の開始時刻 ① は，系が外部から隔絶された初期状態であり，これ以後は質量と柔性の間で力学的エネルギーの閉鎖系が形成される．この初期時刻 ① は，速度の中立点（速度が零の点）であり，系は，柔性両端の速度が共に零であるという，速度の連続状態にある．同時に系には，これまで外力と釣り合っていた負の復元力だけが残り，系は，柔性から質量に負の復元力のみが作用するという，力の不釣合状態にある．時刻 ① では，柔性のみに力学的エネルギーが存在するという力学的エネルギーの不均衡が系に生じており，それが力の不釣合として現れている．時刻 ① において，不均衡力学的エネルギーを力の不釣合の形で，自由状態の系に投入するのである．

時刻 ① で，正の柔性力（伸張力）を有する柔性は，自身が有する柔性力に抵抗し，柔性力がない状態に復元しようとして，柔性力と逆方向の負の復元力を質量に作用させる．この復元力のほかには作用力が存在しないから，質量は力の不釣合状態に置かれる．質量は，作用力と同方向の負の速度変動（加速度）を発生することによって，柔性から力学的エネルギーを吸収し，その不均衡状態を解消しようとする．これに伴って質量には，柔性からの作用力である復元力と逆方向の正の慣性力が生じる．この慣性力が，復元力に対する反作用力である．

このように，時刻 ① において系が動的状態に移行すると，力の釣合は成立しなくなるが，除去される外力に代わって慣性力が出現するために，力の作用反作用の法則は成立したままである．このように**動的状態では，状態量の釣合と作用反作用の法則は異なる**のである．

時間 ①〜③ では，柔性が質量に仕事をし，力学的エネルギーが柔性から質量へと移動していく．時間が ① から ③ へと経過するに従って，質量に生じた負の速度変動は蓄積（時間積分）されて，負の慣性速度が発生・増大し，質量は力学的エネルギーを運動エネルギーとして吸収していく．一方柔性は，それまで保存していた力エネルギーを放出し，それに伴って負の復元力を減少させながら，時

刻③に近づいていく．

　時刻③は力の中立点（力が零の点）であり，柔性は自然の長さで柔性から質量に復元力が作用しないので，系は力が存在しないという力の釣合状態にある．同時に質量は，慣性速度を有する状態を保とうとして，負の慣性速度をそのまま他端が固定されている柔性の一端に与えるため，柔性には相対速度が作用し，系は速度の不連続状態にある．このように時刻③では，質量のみに力学的エネルギーが存在する，という力学的エネルギーの不均衡が系に生じており，それが速度の不連続として現れる．そこで柔性は，質量から作用する負の慣性速度と同方向の負の力変動を発生させることによって，質量の運動エネルギーを力エネルギーに変換しながら吸収し，自身の速度の不連続状態を解消しようとする．

　これに伴って柔性には，正の柔性速度が生じる．これを具体的に説明する．質量に接続されそれと一体になって負の速度で動く柔性の上端にいる観測者から見れば，柔性の下端（固定端すなわち外部）は正の速度を有することになる．作用速度を受ける柔性端から見たこの他端の速度が，柔性速度であり，質量から作用する慣性速度に対する反作用速度である（4.7節と4.8節参照）．

　時間③〜⑤では，質量が柔性に仕事をし，力学的エネルギーが質量から柔性へと移動していく．時間が③から⑤へと経過するに従って，柔性に生じた負の力変動は蓄積されて，負の柔性力（圧縮力）が増大し，柔性は力エネルギーを蓄積していく．一方質量は，正の速度変動を生じ運動エネルギーを放出することによって，負の慣性速度の大きさを減少させながら，時刻⑤に近づいていく．

　時刻⑤は速度の中立点（速度が零の点）であり，慣性速度が零で質量から柔性に速度が作用しないので，系は，柔性両端の速度が共に零であるという，速度の連続状態にある．同時に，負（圧縮）の柔性力を有する柔性から質量に，柔性力の反作用力である正の復元力が作用するため，系は力の不釣合状態にある．このように速度の中立点では，系には，質量に力学的エネルギーが存在せず，柔性のみに力学的エネルギーが存在する，という力学的エネルギーの不均衡が生じており，それが力の不釣合として現れている．

　そこで質量は，作用力である復元力と同方向の正の速度変動を発生させ，柔性から力学的エネルギーを吸収することによって，力の不釣合を解消しようとする．これに伴って質量には，反作用力として，速度変動と逆方向である負の慣性力が発生する．

この時刻⑤までが，振動の半周期である．この半周期の間に，初期に柔性にあった力学的エネルギーがすべていったん質量に移動し，再びすべて柔性に戻る．つまり，力学的エネルギーは，柔性と質量からなる閉鎖系内を半周期で1回循環することになる．この間に，慣性速度は零→負→零へと，また柔性力は正→零→負へと変化する．

次の半周期では，慣性速度は零→正→零へと，また柔性力は負→零→正へと変化しながら，力学的エネルギーがもう1回循環し，初期時刻①と同じ状態である時刻⑨に至る．

このように，振動の1周期（360度または2πラジアン）は，閉鎖系内における2回の力学的エネルギーの循環からなる．1回の力学的エネルギーの循環（半周期=180度またはπラジアン）において，質量と柔性が並行して，自身の吸収が相手の放出になる形で，それぞれ1回の力学的エネルギー吸収と1回の力学的エネルギー放出を行う．したがって，質量と柔性の力学的エネルギーの吸収と放出には，それぞれ1回当たり1/4周期（90度または$\pi/2$ラジアン）の時間を必要とする．

表7.2に示すように，自由振動は，質量と柔性が互いに相手に仕事をしあい，力学的エネルギーが質量と柔性の間を行き来する時刻歴挙動であり，図7.2における時間①～③と⑤～⑦は力学的エネルギーが柔性から質量に，また時間③～⑤と⑦～⑨は力学的エネルギーが質量から柔性に，それぞれ流動する時間帯域である．この力学的エネルギーの流動によって，質量と柔性の状態量は，表7.2のように方向あるいは正負が変化する．

7.4 支配方程式

図7.2に示したように，1個の質量Mと1個の柔性Hからなる1自由度系の自由振動を数学的に表現する．

前述のように，質量と柔性は力学的エネルギーの閉鎖系を形成する．何らかの外作用によりその中に力学的エネルギーを投入することによって系を自然の状態から乱せば，系内に力学的エネルギーの不均衡状態が生まれる．その直後に系を外部から隔絶すれば，系内に投入された不均衡力学的エネルギーは，外部に放出できず閉鎖系内を循環し続ける．ここで，系外から隔絶することは，質量に対し

ては系外から作用力を受けない自由状態にすることであり，柔性に対しては系外との接続点（系の自由度から見た他端）を系外から作用速度を受けない固定状態にすることである．

閉鎖系内の力学的エネルギーの循環は，質量と柔性が交互に相手に作用する形で現れる．柔性が質量に作用するときには力が不釣合になり，質量が柔性に作用するときには速度が不連続になる．このように，不均衡力学的エネルギーの循環は状態量（力と速度）の不釣合・不連続の繰返しであるから，この現象の支配方程式は，力の釣合式ではなく作用反作用の法則を用いて求められる．

自由振動のある時刻 t において，質量が慣性速度 v を，柔性が柔性力 f を有するとする．柔性は，柔性力を有しない状態に復元しようとして，柔性力と同値・逆方向の復元力 $-f$ を質量に作用させる．質量は，その反作用として慣性力 $-M\dot{v}$ を生じるから，力の作用反作用の法則より

$$(-f) + (-M\dot{v}) = 0 \tag{7.5}$$

質量は，慣性速度 v を有する状態を保持しようとして，それをそのまま柔性に作用させる．柔性は，質量から慣性速度の作用を受け，その反作用として柔性速度 $-H\dot{f}$ を生じるから，速度の作用反作用の法則より

$$v + (-H\dot{f}) = 0 \tag{7.6}$$

となる．

式 (7.5) は運動の法則，式 (7.6) は力の法則である．また式 (7.5) と (7.6) は，それぞれ質量と柔性の動的機能を表す式でもある．このように，1 自由度系を形成する 1 個の質量と 1 個の柔性に関してそれぞれ 1 個の 1 階微分方程式が得られるから，質量と柔性からなる力学系では，自由度ごとに 2 個の 1 階微分方程式が得られる．

式 (7.6) を時間で 1 回微分して式 (7.5) に代入すれば

$$MH\ddot{f} + f = 0 \tag{7.7}$$

一方，式 (7.5) を時間で 1 回微分して式 (7.6) に代入すれば

$$MH\ddot{v} + v = 0 \tag{7.8}$$

式 (7.7) を時間で 1 回積分すれば

$$\int_0^t MH\ddot{f}\, dt + \int_0^t f\, dt = MH\frac{d^2}{dt^2}\int_0^t f\, dt + \int_0^t f\, dt = c_0 \tag{7.9}$$

ここで，c_0 は定数である．この式に，運動量 p の変化は力積に等しい，という

$$p = \int_0^t f\, dt \tag{7.10}$$

の関係を導入する．その際，運動量は初期時刻 $t=0$ から時刻 t までの力の時間積分であるから，当然初期時刻の $t=0$ では $p=0$ になる．したがってこの場合には，$c_0=0$ としてよい．そこで，式 (7.9) に式 (7.10) を代入して

$$MH\ddot{p} + p = 0 \tag{7.11}$$

式 (7.8) を時間で1回積分すれば，

$$\int_0^t MH\ddot{v}\, dt + \int_0^t v\, dt = MH\frac{d^2}{dt^2}\int_0^t v\, dt + \int_0^t v\, dt = d_0 \tag{7.12}$$

ここで，d_0 は定数である．この式に位置 x の変化（変位）は速度積に等しい，という

$$x = \int_0^t v\, dt \tag{7.13}$$

の関係を導入する．その際，変位は初期時刻 $t=0$ から時刻 t までの速度の時間積分であるから，当然初期時刻の $t=0$ では $x=0$ になる．したがってこの場合には，$d_0=0$ としてよい．そこで，式 (7.12) に式 (7.13) と $d_0=0$ を代入して

$$MH\ddot{x} + x = 0 \tag{7.14}$$

柔性 H の代わりに剛性 $K=1/H$ を用いて，式 (7.12) を書き換えれば

$$M\ddot{x} + Kx = 0 \tag{7.15}$$

式 (7.13) はわれわれが通常用いている運動方程式であり，式 (7.7) に $H=1/K$ の関係とフックの法則 $f=Kx$ を適用しても得られる．

式 (7.7)，(7.8)，(7.11)，(7.14)，(7.15) はいずれも，この1自由度系を記述する支配方程式（2階微分方程式）である．これらはすべて等価な式であり，独立変数として状態量 f または v，あるいは状態積 p または x のいずれを採用するかによって，このように見かけ上異なった式になる．

式 (7.5) は，質量に力 $-f$ が作用するときの力の作用反作用の法則であり，同時にニュートンの運動の法則である．また式 (7.6) は，柔性に v 速度が作用するときの速度の作用反作用の法則であり，同時に筆者が提唱する力の法則である．式 (7.5) と (7.6) は互いに双対の関係にあり，共に力学的エネルギーが不均衡状態にあり，質量と柔性という2種類の力学特性によって力学的エネルギーが変質されながら流動する状態を表現する式である．そして，前者は力が不釣合であ

るため質量に速度変動が生じる状態，後者は速度が不連続であるため柔性に力変動が生じる状態，を表現している．

従来からわれわれは，このように力が不釣合・速度が不連続である動的状態を表現する運動方程式（7.15）を，慣性力 $-M\ddot{x}$ と復元力 $-Kx$ が釣り合っている，という力の釣合式として導いていた．これは一見矛盾しているようであるが，実はまったく正しいのである．このように，状態量の釣合・連続が成立しない動的問題を，状態量の釣合・連続が成立する静的問題に帰着させて扱い，それによって運動方程式を求めることの正当性の理由については，すでに 5.4 節で説明した．

7.5　力学特性と位相

図 7.3 は，縦軸を運動（加速度，速度，変位），横軸を位相（時間）にとり，運動が正弦波である単一周波数の調和振動を，加速度の初期位相を零として図示している．本図において，位相が 0 度～180 度の領域では加速度が正であるから，それを時間積分して得られる速度は増加し続け，0 度で最小値，180 度で最大値をとる．加速度は位相が 90 度のとき最大値をとっているので，このことは，速度は加速度から 90 度位相が遅れて生じることを意味する．同様に，速度を時間積分して得られる変位は，速度から 90 度遅れている．位相遅れは時間遅れを意味するから，単一周波数の振動を表現する時間の調和関数を時間で 1 回積分すれば，位相 90 度分すなわち 1/4 周期だけ時間が遅れることがわかる．

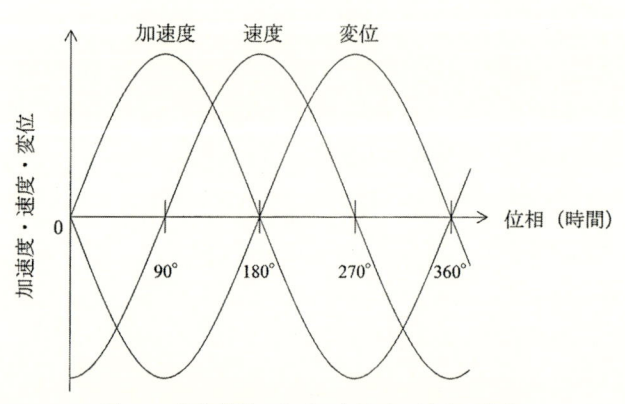

図 7.3　調和振動における加速度，速度，変位

質量の動的機能は，作用力を受けると，それに比例し同期した速度変動（加速度）を発生することによって，力学的エネルギーを吸収し，作用力を速度に変えることである．上記のように，速度変動を時間で積分して速度に変えるには，位相90度の時間を要する．図7.3に示すように，変位は速度よりもさらに位相90度の時間だけ遅れるから，作用力を基準にして応答変位を見れば，質量が機能する場合には，180度の位相遅れ，すなわち半周期の時間遅れを生じることになる．

柔性の動的機能は，作用速度を受けると，それに比例し同期した力変動を発生することによって，力学的エネルギーを吸収し，作用速度を力に変えることである．力変動を時間積分して力に変えるには位相90度分の時間を要するから，柔性の応答力は，柔性に対する作用速度より位相90度遅れる．一方，変位は速度よりも位相90度の時間だけ遅れるから，柔性の応答変位は柔性に対する作用速度より位相90度遅れる．そこで，同じく作用速度より位相90度遅れる応答力を基準にして応答変位を見れば，柔性が機能する場合には，力と変位の間には位相遅れが存在しないことになる．

粘性には，力学的エネルギーを蓄積し保存する機能はない．したがって粘性は，作用速度を受けるとそれに比例し同期した力を発生し，作用力を受けるとそれに比例し同期した速度を発生する（3.5節参照）．作用源は，粘性に対して単位時間に，作用速度と発生力の積または作用力と発生速度の積の分だけの仕事をする．粘性は，その仕事分だけの力学的エネルギーを作用源から吸収し，同時にそれを熱エネルギーに変えて散逸させる．これには，状態量の時間積分による力学的エネルギーの蓄積を伴わないので，作用速度と発生力の間または作用力と発生速度の間には，時間差すなわち位相差がない．したがって，粘性に力が作用する場合に，力を基準にして速度から90度遅れる変位を見れば，粘性では変位が，作用力または発生力から90度遅れて生じることになる．

7.6 固有周期と固有モード

質量と柔性からなる閉鎖系を力学的エネルギーが2回循環する時間間隔である自由振動の1周期は，対象とする系固有の質量と柔性によって決まる系固有の値（固有値）になる．

大きい質量は，速度変動（加速度）を生じにくく，力の不釣合を解消するのに

必要な速度を得るためには，多量の力学的エネルギーを吸収する必要がある．小さい質量は，速度変動を生じやすく，力の不釣合を解消するのに必要な速度を得るためには，少量の力学的エネルギーを吸収すればよい．

　質量を M，運動量を p とすれば，運動量の定義式から，速度は

$$v = \frac{p}{M} \tag{7.16}$$

式 (7.16) より，運動エネルギーは

$$T = \frac{Mv^2}{2} = \frac{p^2}{2M} \tag{7.17}$$

と表される．式 (7.16) から，質量が 2 倍になったときに同一の速度を得るためには，運動量も 2 倍になる必要があり，したがって式 (7.17) から，2 倍の運動エネルギーを必要とすることがわかる．

　大きい柔性（小さい剛性）は，力変動を生じにくく，速度の不連続を解消するのに必要な力を得るためには，多量の力学的エネルギーを吸収する必要がある．小さい柔性は，力変動を生じやすく，速度の不釣合を解消するのに必要な力を得るためには，少量の力学的エネルギーを吸収すればよい．

　柔性を H（$=1/K$），変位を x とすれば，フックの法則 $f = Kx$ から，力は

$$f = \frac{x}{H} \tag{7.18}$$

力エネルギーは

$$U = \frac{x^2}{2H} \tag{7.19}$$

と表される．式 (7.18) から，柔性が 2 倍になったときに同一の力を得るためには，変位も 2 倍になる必要があり，したがって式 (7.19) から，2 倍の力エネルギーを必要とすることがわかる．

　式 (7.16) と (7.18)，および式 (7.17) と (7.19) は，それぞれ対等かつ双対の関係にある．

　大きい質量と大きい柔性を有する系では，状態量の変動を生じにくく，状態量の変化が遅くなる．そして，一定の状態量変化をもたらすためには，多量の力学的エネルギーが移動する必要があり，その結果力学的エネルギーが循環する時間である**固有周期**（natural period）が長くなる．

7.6 固有周期と固有モード

小さい質量と小さい柔性を有する系では,状態量の変動を生じやすく,状態量の変化が速くなる.そして,一定の状態量変化をもたらすためには,少量の力学的エネルギーが移動するだけですみ,その結果力学的エネルギーが循環する時間である固有周期が短くなる.

1自由度系における振動の振幅を x_0,固有周期を t_n [s] とすれば,自由振動における変位 x は次式で表現される[16].

$$x = x_0 e^{2\pi j t / t_n} \tag{7.20}$$

式 (7.20) を運動方程式 (7.14) に代入すれば

$$-(2\pi/t_n)^2 MH + 1 = 0 \tag{7.21}$$

これから,固有周期は

$$t_n = 2\pi \sqrt{MH} \quad [\text{s}] \tag{7.22}$$

このように,単振動の周期が振幅と無関係に一定であるという性質を,**等時性**(isochronism) という.

次に,多自由度系の自由振動について述べる.

多自由度系は,同一量の力学的エネルギーの吸収と放出に要する時間が異なる多数の質量と柔性が,分布して構成されている.系を構成する複数の質量と柔性は互いに接続され,複数の力学的エネルギーの閉鎖系を形成する.この閉鎖系の形成のしかたは,系固有の質量と柔性の大きさと分布状態によって,次のように決まる.

7.3節において述べたように,自由振動は,力学的エネルギーに関して,質量からの放出がそのまま柔性への吸収に,柔性からの放出がそのまま質量への吸収になる形で実現され,これらを1/4周期ごとに交互に繰り返すことによって発現する.したがって,互いに接続されて閉鎖系を形成できる質量と柔性は,同一量の力学的エネルギーを吸収するのに必要な時間が同一であることが必須になる.この条件から,多自由度系における閉鎖系の形成のしかたが自ずと決まる.

すなわち多自由度系では,系内に分布する様々な質量と柔性のうち,単位時間の力学的エネルギーの吸収量が同一であるもの同士が,必然的に連結される.その際質量と柔性は,単独同士で連結されるのではなく,群全体としてこの条件を満足する群同士として連結される.したがって多自由度系内には,網目状の力学的エネルギーの循環流路が作られて,複雑多岐な閉鎖系を複数組形成し,力学的エネルギーはこれらの流路に沿って流動し,全体として循環するのである.

この多自由度系に何らかの外乱を与えれば，系には系外から余分な力学的エネルギーが投入される．これにより，それまで力学的エネルギーの均衡状態にあった系は，その不均衡状態に移行する．その直後に，系を外部から隔絶して自由状態に置く．このときを初期とする．

初期に系に投入された不均衡力学的エネルギーは，これらの網目状閉鎖系に沿って系内部を循環する．この循環経路は，力学的エネルギーの変換・流動の空間的様相を決定する．力学的エネルギーが循環する部分は振動を生じ，それが系固有の振動の形（モード）として現れる．これを**固有モード**（natural mode）という．これを詳しくいうと，以下のようになる．

すべての質量群と柔性群の間で，力学的エネルギーの移動・変換・吸収・放出の時間的折合がつく閉鎖循環経路，すなわち具体的には同一量の力学的エネルギーを変換・吸収する時間が同一である質量群と柔性群の接続からなる閉鎖循環経路が，自由度と同じ数だけ存在する．そして各経路は，力学的エネルギーの固有の空間分布形（固有モード）と固有の循環時間（固有周期）を有する．不均衡力学的エネルギーは，それらのうち最も循環しやすい1つの経路を選んで，その経路を構成する質量群と柔性群の間を交互に経て渡り歩く空間的な移動をし循環しながら，力エネルギーと運動エネルギーという2通りの形態間の変換を繰り返す．

ゆっくりした力学的エネルギーの循環を生じるような初期外乱（例えばゆっくり揺さぶる）を与えれば，共に状態量の変化を生じるために多量の力学的エネルギーを必要とする大きい質量からなる群と大きい柔性からなる群が接続された閉鎖系が選択され，力学的エネルギーがその経路に集中して，ゆっくりと流動し循環する．そこで，重く柔らかい部分の振動が大きくなり，長い固有周期（小さい**固有振動数**（natural frequency））の固有モードが出現する．

速い力学的エネルギー循環を生じるような初期外乱（例えば金属ハンマーでたたく）を与えれば，共に状態量の変化を生じるために少量の力学的エネルギーですむ小さい質量からなる群と小さい柔性からなる群が結合された閉鎖系が選択され，力学的エネルギーがその経路に集中して，速く流動し循環する．そこで，軽く硬い部分の振動が大きくなり，短い固有周期（大きい固有振動数）の固有モードが出現する．

補章　古典力学の歴史

　従来のほとんどの力学書は，ニュートンなどの偉人たちによって数百年も過去に発見され提唱された古典力学の概念・原理・法則などを，「与えられた不動のもの」とし，それらを基にして現在までに構築されてきた学問体系を紹介する本であった．本書はそれらとは異なり，既成の力学をわずかではあるが改変し革新することを試みている．過去の力学を既成の学問として単に踏襲しそのまま伝承するだけの立場から本を書こうとすれば，関係する現存の専門書をいくつか読み，それらの中から関連する所を拾い集めてきて組み合わせ構成し直すだけでよい．しかし，既成の力学の根幹を見直したりそれに新しい知見を加えようとすれば，人類による学術的創造の足跡である「力学の歴史」を正しく理解し正当に評価することが，必須の前提になる．

　筆者は本書において，力不足ながらも，このことをできる限り実行すべく努力しているつもりである．そして，読者の方々にも，過去の数々の偉人たちによる学問の足跡の片鱗を理解していただくために，古典力学の歴史の一部を本章に記載する．ただし，歴史の紹介は本書の目的ではないから，本書の内容に関連する部分だけを補章として取り上げ，簡略に記述するに留める．本章における個々の記述に対しては，いちいち参考文献は記載しないが，本章の主な参照文献は，文献 1～3 である．古典力学のさらに詳しい歴史を知りたい読者は，これらの文献を参照されることを勧める．

A.1　黎明期まで

　われわれは，科学技術は西洋で生まれ育ったと思っているが，それは間違いである．古代から西洋の中世初期にかけて世界の科学と技術をリードしていたのは，中国であった．そして中世までの西洋は後進国であり，東洋や東洋に影響されて発達した中東の科学技術を学び導入していたようである．しかし西洋は，中世後

期から急激な成長を見せ，16世紀頃を境にして，両者の関係が逆転し，それ以後は西洋が東洋を圧倒し世界をリードして，現代に至っている．

力学における最古の文献の一つに，中国の墨子（紀元前468年から376年頃）の著書『墨経』がある．その中に，状態量の因果関係に関する最も古い記述として，力の定義である「力は物体の（運動の）状態を変える原因である」という文章が書かれている．

力学の中で最も早く発達したのは静力学である．静力学は，中国やエジプトやギリシャにおける古代の建築・土木などの工事に使われた技術として，発達したものと考えられる．例えば，ギリシャのアルキメデス（Archimedes of Syracuse, 287–212 B.C.）によって，剛体の静力学の簡単な例である，てこの理論が発展した．

このような静力学の発展は，われわれが，なぜ，どのようにして物体が動くかについて理解し始めるより，はるか以前に起こった．そして，それ以後何世紀にもわたって観測された，多くの不可解な動的現象を説明するために，様々な仮説や理論が提出された．それらの多くは錬金術やオカルトの類であったが，中には真剣な努力も続けられていたようである．このことを裏付けるものとして，ベーコン（Roger Bacon, 1214–94）は，「私はまず大自然の驚異について，それらの働きの仕組みと作用を明らかにすることの価値を説きたい．これらの中には，魔術的要素は全く含まれていない．」と記している．しかしながら，物質の動的現象の真相は不明のままであった．

これに関して，運動学における初歩の問題である放物運動を正しく扱ったのはガリレイ（Galileo Galilei, 1564–1642）であり，力が原因で運動が生じる現象を扱う動力学の始祖がニュートン（Isaac Newton, 1642–1727）であった．このことを考えれば，動力学が静力学よりもはるかに遅れて発達したことがわかる．

われわれが視覚で直感でき簡単な計測機器などによって得られる空間に関する知識は，紀元前3世紀ごろにまとめられて，数学的に記述されるようになった．その主役を演じたのがエウクレイデス（Eukleides, 365–275 B.C.：英語名ユークリッド Euclid）であったことから，これは今日ユークリッド幾何学と呼ばれている．そして，この意味での空間をユークリッド空間という．

プトレマイオス（Claudius Ptolemaeus, 85–165）は，127年から145年頃に天体を観測した．その結果を記した本『大天文学（アルマゲスト，Almagest）』は，ギリシャ哲学に基づく天動説であり，その後1200年以上にわたって，天体の運動

についての考えを支配した.

西ローマ帝国が滅亡した5世紀頃から,カトリック教会が精神社会を支配した西ヨーロッパという文明圏が,しだいに成立していった.そして,当時の先進的なイスラム世界から伝わった学芸を研究するため,修道院や教会付属の学校が生れ成長して多くの大学が作られ,スコラ哲学で代表される学芸が打ち立てられた.このようにして,中国の先進技術がアラビア経由でヨーロッパに伝わり,物質文明の水準の高さで東西が逆転する胎動が始まったのは,中世後期である.したがって,中世を文化的に停滞した暗黒時代というのは誤りである.

キリスト教の信仰内容をギリシャ的な理性と論理的思考に合致させようとして生まれたスコラ哲学は,数学,自然学,力学の形成に大きい刺激を与えた.中世スコラ哲学は,物理学を研究して,瞬間速度や加速度の概念を生み出し,これら運動学の成果をガリレイやニュートンの時代に引き渡した.14世紀に運動学が盛んになったのは,火薬や大砲の出現で放射体の運動についての関心が高まったことと深い関係がある.

12-14世紀にかけて,自然学(現在の物理学)の中心はアリストテレス(Aristoteles, 384-322 B.C.)の学説であった.

14世紀のオックスフォード大学の修道士が,アリストテレスの運動学を数学で表現しようと試みた.その中で「等加速度運動の通過距離は,初速度と終速度の平均速度をもつ等速度運動の通過距離に等しい」という平均速度定理が明らかにされた.また,その一人であるブラドワーディン(Thomas Bradwardine, 1290-1349)は,同じ材質で重さの異なる2つの物体を同じ高さから落とせば,同時に地面に落下することを,ガリレイより300年ほど前に推論した.しかし,手の技を軽蔑するギリシャ以来の学者の常として,またオカルト(魔術・錬金術)を教会が厳禁していた影響で,彼はこれに関する実験をしなかった.

14世紀のパリ大学でも,運動論の研究が活発であった.パリ大学の学長ビュリダン(Jean Buridan, 1300-58)は,インピートゥス(impetus;勢い)という概念を導入して,投射物体が連続的に空気中を前進し移動するとき物質はインピートゥスを有する,とした.そして,この概念を用いて多くの物理現象を説明した.インピートゥスは,重さと速度の積であり,現在の運動量に相当する.

芸術家として歴史に冠たる地位を築いたレオナルド・ダ・ヴィンチ(Leonardo Da Vinci, 1452-1519)は,同時にあらゆる時代を通して最も多数の考案を行った

発明家であるだけでなく，医学，生体工学，光学，流体力学，機械運動学を含む広範な興味の対象を網羅する物理の基本法則を研究した．力学に関する仕事の一つとして，彼は，物体の落下を調べる実験を行い，その結果から平均加速度を $g=9.5\,\mathrm{m/s^2}$ とした．正しい重力の加速度は $g=9.80665\,\mathrm{m/s^2}$ である．また彼は，ガリレイよりも 100 年も前に，すでに慣性の法則を知っていたといわれている．

古代人は，天空の観察から，地球以外ではあるが惑星が太陽の周りを回っているということを知っていたといわれている．コペルニクス（Nicolaus Copernicus, 1473–1543）は，地球を含めた形で，これを再発見し，1530 年に地動説を唱えた．ただコペルニクスは，地球が太陽の周りをどのようにして回り，どのような運動をしているのかについては，明らかにすることができなかった．コペルニクスの死去の年には，彼の地動説の本である『天空の回転』が出版された．当時，この発表をめぐって，惑星は果たして太陽の周りを回っているかについて，学者間や宗教界において大議論があった．そしてコペルニクスの地動説は，神に対する冒瀆であるとしてカトリック教会からもプロテスタント教会からも排斥され，ローマ法王はこの本の刊行を禁じた．このように中世では，教会を中心として学術が発展していった反面，教会の権威主義的な性格がたびたびヨーロッパにおける学術の自由な発展に対する障害となった．

ブラーエ（Tycho Bráhe, 1546–1601）は，地動説が正しいか否かという大問題を解決するために，何年にもわたって惑星の位置を観測し続けた．ブラーエの観測は，誤差角度が 2 分以内の正確さであった．彼の観測は，望遠鏡を使わない肉眼視によるものであったことを考えると，この正確さは驚くべきものである．彼の死後，この観察は，彼の弟子である数学者ケプラー（Johannes Kepler, 1571–1630）に引き継がれるのである．ケプラーの観察も，ブラーエと同様，望遠鏡を使わない肉眼視によるものであった．

A.2　ガリレイとデカルト

ガリレイは，経験的事実（実験）と数量的推論（理論）を組み合わせて自然現象を明らかにする，近代科学の方法を発見し確立した，最初の学者である．彼の主な研究は，著書『新科学対話』（1638）に詳細に記されている．

ガリレイは，斜面に沿って球を滑らせ，落下距離が時間の 2 乗に比例すること

と，質量の違う2個の物体を同じ高さから落とせば，同時に地上に到達することを発見し，これらの実験事実に数学による考察を加えることによって，重力による運動は速度が時間に対して一様に増加する等加速度運動であることを明らかにした．

　ガリレイは，斜面上の物体の運動と振子の運動の等時性に対する実験的・理論的研究から，慣性の法則を発見し，これを実験的研究と理論的研究の組み合わせについての近代科学の基礎に据えた．したがってこの法則は，ガリレイの慣性の法則と呼ばれる．ニュートンはこの法則を，その重要性にふさわしい力学の第1法則として位置付けた．

　放物運動は，弾道問題としてガリレイ以前から学者の関心を呼んでいたが，ガリレイによってはじめて正しく解かれた．ガリレイは，垂直方向の落下運動と水平方向の一様な運動とを互いに独立したものと考え，両者を組み合わせて放物運動ができることを，最初に示した．これによってガリレイは，地表における落下や放物運動を明確に理解する道を拓いた．このようにガリレイは，物体の諸運動の実験結果を数学で表現することに成功した．

　物体は，静止し続けようと同一方向に同一の速さで前進し続けようと，まったく同じ状態にあるといってよい．すなわち，静止している観測者にとっても，またそれに対して一定の並進移動をしている観測者にとっても，いろいろの物理現象の法則は同一である．したがって，静止しているかあるいは一定の速度で運動をしているかを識別する方法はないし，またありえない．このことを最初に発見し主張したのはガリレイであり，これがガリレイの相対性原理である．

　さて，幾何学者であり神秘主義者でもあるケプラーは，師匠ブラーエの死後，師匠の惑星観察を継ぎ，特に円運動からかなり離れている火星の運動を，長期間にわたり詳しく観察し分析した．

　1つの中心力だけを受けて運動する質点の描く曲線（軌道）の特徴の一つは，それが力の中心を含む1つの平面内にあることである．ケプラーは，師匠ブラーエと自分の観測データを整理してこれを発見し，天体の運動を数式表示することに成功した．このことからケプラーは，太陽が力の中心であることを信じるようになって，まもなく惑星の運動に関するケプラーの3法則を発見した．そして，著書『新天文学（Astronomia Nova）』（1609）で第1法則と第2法則を，著書『世界の和声学（Harmonice Mundi）』（1619）で第3法則を提唱した．

その頃，ガリレイは，望遠鏡の発明を伝え聞いて独自の望遠鏡を作り，木星の衛星，土星の環，月面の凹凸，太陽の黒点などを発見し，惑星や月も地球に似た天体であることを知って，やはり彼も地動説を信じるようになった．このようにしてガリレイは，ケプラーと同様に惑星の力学を研究し，ニュートンに先立って連続的な力による運動物体の速度の連続的変化という概念を提示した．しかし，重力の法則の発見と，力学の一般的基礎という形での運動法則の確立は，ニュートンを待たねばならなかった．

　力というものを初めて学問的に扱ったのは，デカルト（René Descartes, 1596–1650）であるらしい．デカルトは，力は神が与えた形而上の存在であり，力の原因は人知の範疇にはない，とした．

　デカルトは，一般的な立場から慣性の法則について考え，「等速直線運動の持続としての慣性」を提起した．しかし彼は，それを法則として提唱したのではなかった．彼にとって慣性とは力そのものを意味していた．彼は，著書『哲学原理』（1644）に「静止しているものはその静止を保ち続ける力，したがってこの状態を変えうるあらゆるものに抵抗する力をもち，動いているものはその運動すなわち同じ速さと同じ方向をもつ運動を続けようとする力をもつ．」と記している．このように彼は，物体がそれが置かれた状態を続けようとすることの原因を力と考えていたのである．

　この考えはニュートンに受け継がれた．そしてニュートンは，力が静止あるいは一定の運動を保とうとするものと運動を変えようとするものの2種類に分けられると考え，これら2種類の力が生じる現象をそれぞれ規定する法則として，慣性の法則と運動の法則の2つを互いに別物として提唱した．

　デカルトは，1つの直線上で，ある方向を正，その逆方向を負として，原点からの距離に符号をつけ，これを座標と呼んだ．このようにデカルトは，座標の考えを導入して幾何学と代数学を結び付け，現代数学発展の起源を作ったので，解析幾何学の祖とされている．直交直線座標系をデカルト座標系という．

　ばねの力学特性である剛性を発見したのは，ニュートンと同時代で少し先輩のフック（Robert Hooke, 1635–1703）であった．運動を伴わず一見して地味なフックの法則の発見は，力学的エネルギーが目に見える速度として外延され展開される，質量と運動の壮大な理論の世界の幕開けになったニュートンの法則の華麗な発見の陰に隠れてしまった．しかしフックの発見は，力学的エネルギーが目に見

えない力として内包され隠蔽される，剛性（本書ではこの逆数を用い，これを柔性と呼んでいる）と力が織りなす世界の幕開けとして，位置付けられる．この意味でフックの発見は，ニュートンの発見と同等の価値を有する，歴史に冠たる偉大な業績であると，筆者は確信する．

粘性については，空気のような流体が運動物体に及ぼす抵抗力として，その存在が古くから認識されていた．そして粘性に関する研究は，ガリレイやホイヘンス（Christiaan Huygens, 1629–95）以来，弾道学というきわめて地上的・現実的・軍事的な問題として重視され，論じられてきた．このように粘性の概念は，運動に対する抵抗として，経験的にではあるが，剛性の概念よりも早くから存在し認識されていた．

デカルトは，運動量という概念を初めて提唱した．ホイヘンスは，弾性衝突を研究して，衝突の前後で2つの物体の運動量の和が保存されることを示した．この研究は，ニュートンによる作用反作用の法則の確立に役立ったといわれている．

A.3 ニュートン

ニュートンは，物体の運動の観察・分析から始まり，力学の法則に到達した．力学の法則の発見は，科学史上において劇的なものであった．そして彼は，力学の法則から，りんごの落下運動も天体の運行も同じように説明できることを見出した．彼が初めて採用した，実験や観測によって現象を調べ，その結果を数量的に把握し，得られた事実を支配する規則を見出し，その規則に基づいてより多くの現象を予言して実証し，数理的に解き明かす，という一連の方法は，物理学に限らず，その後大きく発展した近代科学全体を貫くものである．

ニュートンの力学における主著は『Philosophiae Naturalis Principia Mathematica（略称プリンキピア）』（1687）である．すべての科学的著作の最高峰とされるこの書は，力学理論の壮大な発展への道を開いた．

本書第3章で記したように，『プリンキピア』は，次の定義から始まる．

定義Ⅰ　物質量とは，物質の密度と大きさをかけて得られる，物質の測度である．（以下すべてにおいて，物体とか質量とかいう名の下に私が意味するところはこの物質量のことである．）

定義Ⅱ　運動量とは，速度と物質量をかけて得られる，運動の測度である．

定義Ⅲ　物質の固有力とは，各物体が，現にその状態にある限り，静止していようと，直線上を一様に動いていようと，その状態を続けようとあらがう内在的能力である．（この力は常にその物体に比例し，質量の慣性となんらちがうところはない．）

定義Ⅳ　外力とは，物体の状態を，静止していようと，直線上を一様に動いていようと，変えるために，物体に及ぼされる作用である．

定義Ⅰは，質量の定義であり，ニュートンは物質を質量と見ていたことを示している．また定義Ⅱは，運動量の概念を文章で規定したものである．さらに定義ⅢとⅣは，ニュートンが力を 2 種類に分けて考えていたことを示している．

ニュートンは，『プリンキピア』において，「理論力学は，どのような力にせよそれから結果する運動の学問，またどのような運動にせよそれを生ずるのに必要な力の学問で，それを精確に提示し証明するものである．」（文献 1, p.5）と記している．そしてこれに続いて，次の 3 法則を「力学の公理または運動の法則」として提唱した．

（法則 1）　すべての物体は，その静止状態を，あるいは直線状の一様な運動状態を，外力によってその状態を変えられない限り，そのまま続ける．

（法則 2）　運動の変化は，及ぼされる駆動力に比例し，その力が及ぼされる直線の方向に行われる．

（法則 3）　作用に対し反作用は常に逆向きで相等しい，あるいは 2 物体間の相互の作用は常に相等しく逆向きである．

『プリンキピア』で提唱された上記の定義と法則は，当時の力学認識のもとに行われたものであり，現在から見ればそれなりの未完成さが見られるが，これらの提唱こそが力学の出発点であり，現在の古典力学の基礎を支える定義であり，ニュートンの法則と呼ばれるようになった 3 法則である．

ニュートンの時代には，運動量という概念はまだ定着していなかったので，上記の法則 2 において，運動量の変化と言わずに運動の変化と言っているが，この運動という言葉が意味するのは，上記の定義Ⅱの運動量にほかならない．すでに述べたように，運動量の概念はデカルトによって提唱されたといわれているが，明文化された形で残っているものとしては，この定義Ⅱが最初である．また，法則 2 の駆動力は定義Ⅳの外力にほかならない．

法則 2 には，運動の変化とあり，変化率とは述べられていない．ニュートンの

時代には微分という概念がまだ確立されていなかったのである．したがってニュートンの法則2は，微分方程式

$$m\frac{dv}{dt} = F \tag{A.1}$$

ではなく，現代用語でいえば力積と運動量の関係式

$$\Delta(mv) = F\Delta t \tag{A.2}$$

であるといえる．これに関して，マクスウェル（James Clerk Maxwell, 1831-79）は著書『物体と運動』(1877) において，「ニュートンの言う駆動力は現在言う撃力（impulse＝力積）であり，力の強さだけではなく，力が働く持続時間も考慮に入れられている．」（文献1, p. 12）と述べている．

　ニュートンは，『プリンキピア』で，まず地上の落体の運動と地球をめぐる月の運動の関係を明らかにし，次いで惑星の運動を幾何学的に解明し，ケプラーの3法則を理論的に証明した．ニュートンは，ケプラーの第1法則（楕円運動）と第2法則（面積速度一定）から，すべての惑星は，それらの質量に比例し太陽からの距離の2乗に反比例する引力を受けて運動していることを導いた．そして，質量に原因するこのような引力は，太陽だけでなくすべての物体が有する引力であり，すべての物体間に働いていると考え，これを万有引力と名付けた．

　ニュートンは，万有引力の存在を発見したが，その正体が何であるかについてはまったくわからないことを認めていた．彼は『プリンキピア』に次のように記している．「私は（重力の原因に関して）仮説を立てない．……重力が現実に存在し，われわれの前に開かれたその法則に従って作用し，天体と我々の海に起こるあらゆる運動を与えるならば，それで十分である．」万有引力の正体の解明はアインシュタイン（Albert Einstein, 1879-1955）を待たなければならなかった．

　ニュートンが23歳のときに発見したこの万有引力 $G(M_1M_2/r^2)$ によって，これまで未知であった天体の運動の正体が，次々にわかってきた．例えば，潮の満ち引きが理論的に説明された．木星の衛星の運動（速度）が万有引力によってすべて明らかにされ，それと精確な速度の観測結果の違いから，1676年に光の速さが測定された．木星と土星の運動のかすかなうねりが互いの引力によるものであることが証明された．天王星の不可解な動きから，現在は惑星から外されている冥王星の存在と動きが予言され，それが実証された．ハレー（Edmund Halley, 1656-1742）は，1682年にハレー彗星を観測し，ニュートンを助けてこの軌道を

計算し，1531年，1607年，1682年に現れた彗星が同一であることを見出し，それが1759年，1835年，1910年に出現することを予言した．この彗星の運動は，ニュートンの運動の法則と万有引力の法則の最初の適用例であった．

このように，地上の運動と宇宙の中の運動を統一的に考えることができたので，力学のすばらしさは広く認められたのであった．

ニュートンが『プリンキピア』の冒頭に記述した上記の定義IIIとIVは，力の定義である．ここで，力という概念について少し言及しておこう．

前述のように，力というものを学問として初めて扱ったのは，デカルトであったといわれている．しかしデカルトは，力の機械論的なモデル（力の伝達のメカニズム）を，仮説として形而上学的・観念論的・演繹的にねつ造し，力は神が与えた，として帰納的考察を拒否した．一方，ガリレイは，事実の観察を学問の出発点としたが，運動の数学的現象記述で満足し，運動変化の原因を問おうとしなかった．このように，ニュートン以前には，力と運動の両概念が結びついていなかった．

これに対して，運動量の変化の原因としての力の概念を明確に考え出したのは，ニュートンであった．ニュートンは，りんごが落ちるという運動を見てその原因である重力を発見し，天体の運動を見てその原因である万有引力を発見した．このようにニュートンは，視覚で感知できる運動すなわち位置・速度・加速度を見て，運動の裏には何らかの原因があるに違いないと考え，その原因を力と名付け，力が原因となりその結果として運動が生じることを扱う学問として，古典力学を創出した．

なお筆者は，本書の第2章では，運動が原因となりその結果として力が生じる，というニュートンとは逆の因果関係の存在を主張し，本書の第4章では，これを支配する新しい力学の3法則を提唱している．そして筆者は，本書全体にわたり，これらの互いに双方向の2つの因果関係を対等・双対に扱うことによって，従来の古典力学よりも対称性を有し調和の取れた新しい力学構成を構築しようと試みている．

ニュートンによる定義IIIに記されているように，ニュートンは，力は外から押し込まれ，押し込まれることが終わっても内在し続ける，現在でいう運動量やエネルギーと同じような実体であるという，デカルトによって作られた当時の一般的概念の影響下にあった．そして，物体が自身の状態を保とうとする慣性は，質

量とは別のものであり，固有力という力である，と考えていた．物質が内蔵している運動量やエネルギーと同じような認識を，慣性に対してもっていたのである．

このようにニュートンは，慣性を固有力という力の一種と捉え，外力と同じ力の範疇に含めていた．すなわちニュートンは，外力によって駆動された物体内が，外力を受けなくなってもその運動状態を維持するのは，物体内に外から注入されたある種の「力」が，その後も物体に内在し保存され続けるためであると考え，これを「慣性の力」と呼んでいた．

この「慣性の力」は，現在われわれが考える「慣性力」とはまったく意味が異なる．ただし現在の力学においても，慣性力の概念に関してはあいまいな点がある．本書ではこのことを指摘し，4.6節において「現在の慣性力は外力に対する反作用力であり，外力そのものの裏表現である」という正しい定義を与えている．これに対してニュートンがいう「慣性の力」とは，物体に常に内在する，外力とは別の種類の力である．ニュートンは，質量が加速度に抵抗するのは，物質内に（エネルギーが存在するのと同じように）この慣性の力という固有力が存在しているためである，としていた．

ニュートンは，手稿「重力と流体の平衡について」(1668)において，「力とは，運動と静止の原因的原理である．それはある物体に運動を生み出したり与えられた運動を破壊したり変更したりするところの外的な原理であるか，あるいは，物体において存在する運動ないし静止がそれによって保存されるか，ないしはすべてのものがその現にある状態を維持しようとし抵抗に抗するところの内的な原理であるか，そのいずれかである．」(文献1，p.11)と述べ，力を2種類に分けて定義している．

すなわちニュートンは，力には，すべての物質が本来内蔵しその状態を変えないようにする固有力と，外から作用し状態を変えようとする外力の2種類が存在する，というケプラーやデカルトの考えを継承していた．そして物体は一般に，この2種類の力の効果が重ね合わさった結果として決められる運動をすると考えていた．この理由からニュートンは，固有力が支配する法則として慣性の法則を，また外力が支配する法則として運動の法則を，たがいに別物として提唱した．

オイラーは，この考えを排し，慣性を内在する力ではなく物体の性質であるとした．またダランベールは，固有力の概念を形而上学的実体にすぎないとして排した．しかし，力に対するこの問題は後を引いており，19世紀になってもヘル

ムホルツ（Hermann Ludwig Ferdinand von Hermholtz, 1821–94）やマイヤー（Julius Robert von Mayer, 1814–78）は，力という言葉をエネルギーの意味で使っていた．

ニュートンは，『プリンキピア』において「世界の中心は静止している」と述べている．彼は，宇宙は，そこに存在するあらゆる物質とは無関係に絶対的に静止し，どの方向も同等でどこにも特別な場所がない空間であり，恒星はこの中で静止し惑星はこの中で運動している，とした．そしてこの空間を絶対空間と呼び，その存在を前提として，第1法則を提唱した．そして，絶対空間そのものとして，宇宙空間を満たす媒体であるエーテルの存在を主張した．またニュートンは，宇宙には，空間から独立しあらゆる現象とは無関係にそれ自体で存在し，無限の過去から無限の未来へと流れている時間が存在するとし，これを絶対時間と呼んだ．このようにニュートンは絶対空間と絶対時間の存在を認め，それを彼の力学の立脚点とした．

これは，ガリレイの相対性原理と相容れない概念であった．絶対空間と絶対時間の存在については，多くの物理学者の間で長い間論争が続いたが，アインシュタイン（Albert Einstein, 1879–1955）は，これを決定的に否定した．

ニュートンは，振子のおもりを変えても周期は変化しないことから，重力は慣性質量に比例すると結論づけた．そして彼は，球を壁にぶつけるときの衝突前後の速度比が，衝突速度にはほとんど関係なく，壁と球の性質によって決まることを発見した．これによって反発係数の概念が生まれた．

彼はさらに，すべての運動に対して速度に比例する減衰を生じる抵抗媒体の存在を認め，宇宙に遍在するエーテルという目に見えない媒体によって，天体の運動さえも減衰すると考えていた．そして，これに対抗して天体の運動を維持させる駆動力として，万有引力を発見した．また彼は，『プリンキピア』第2編の第1章を，速度に比例する抵抗の下での運動の解析に当てている．また彼は，潮の満ち引きを説明する際に，流体に粘性が存在することを仮定していた．

当時の人々は，ニュートンによって生み出された力学に強く引かれたが，それはすぐに工学として実用と結びついたわけではなかった．当時の機械や土木の技術は，すべて実用的・経験的に発展してきたものであり，学問と無縁であった．ニュートンの力学に代表される物理現象の思考的な理解の威力が工学・技術に影響を及ぼし，人類の文明に本格的に貢献するには，さらに長い時間を必要とした．

物理学史上の巨人であるニュートンは，現在では神格化され，聖人君子のよう

に考えられている．しかし実際には，それとは程遠く，王立グリニッジ天文台の初代所長であったフラムスティード（John Flamsteed, 1646-1719）によれば，「陰険で，野心的で，賞賛を過度に熱望し，反駁されると我慢がならない性格」であったらしい．ニュートンは，天体の研究の先取権をめぐってフラムスティードと激しく争い，フラムスティードが自身の研究業績を記し自費出版した著書400部のうち300部を，英国王立協会会長の権力をもって事実上奪い去り焼き捨てた，といわれている．

ニュートンは，同じ英国王立協会に属していた7歳年長のフック（Robert Hooke, 1635-1703）とも犬猿の仲であり，権力と名声を奪い合った両者の争いは熾烈を極め，互いの研究業績をめぐる激しい論争の末，抜き差しならない確執が生じた．そしてフックの死後，王立協会の会長に就任したニュートンは，肖像，手紙，科学機器，建造物などのフックにまつわるすべてを抹消した．フックは，単にフックの法則を発見しただけではなく，ニュートンと同様に様々な大きい仕事をしたことは確かである．しかし，剛性（本書における柔性）が演じる力エネルギーの世界の創始者であるフックは，力学の主役から意図的に外され，フックの研究業績はまったく残っていない．これは，ニュートンがこれらの抹消に成功したからであるといわれている．そのため，フックの法則はその萌芽的重要性が理解されないまま捨て置かれ，ニュートンの業績だけが，力学として残ったと思われる．本書4.2節で述べたように，フックの法則は，ニュートンの法則と対等・双対の力学世界への入口であったのである．

ニュートンは，微積分法の発見の先取権をめぐって，ライプニッツ（Gottfried Wilhelm Leibniz, 1646-1716）とも長期にわたり激しく論争していた．微分学の概念は，ニュートンとライプニッツによって独立に出されたとされている．しかし，時間微分を表すニュートンの点記号 $\dot{x}$ の発表は1691年ごろであるのに対して，ライプニッツの記号 dx/dt はそれ以前の1675年に発表されたことがわかっている．

力学の発展は決してニュートン単独の業績ではなく，ガリレイ，フック，オイラー，ダランベールをはじめ多くの研究者の共同作業によりなされたものである．ニュートン以外の研究者の業績が英国王立協会において正しく評価され記録されていれば，力学の歴史は今とは異なるものになっていたのではなかろうか．

A.4 オイラー

　力学の教科書には，たとえば「古典力学の完成に最も大きい業績を残したのは，運動の科学としての力学の足場を築いたガリレイと，普遍的な力学の原理としての運動の法則を打ち立て，微積分の方法を導入したニュートンである」のように書かれていることが多い．このように，古典力学はニュートン個人の超人的・特異的功績によって一挙にでき上がってしまったのであり，その後の発展は形式的なものにすぎない，というのが現在の通説になっている．しかし，これは真実ではなく非歴史的である．

　ケプラーによる天体運動の法則化とガリレイによる運動理論の礎を総合したのは，確かにニュートンであった．しかし，現在われわれが用いている力学は，このニュートンによる研究を批判的に発展させたヨーロッパの諸学者の，ほぼ1世紀にわたる協同作業の成果であった．そして，その中で特記される双璧が，オイラー(Leonhard Euler, 1707-83)とラグランジュ(Joseph Louis Lagrange, 1736-1813)であった．「普遍的な力学の原理としての運動の法則を打ち立てた」のは，実はオイラーであったのである．

　クライン(Hermann Joseph Klein, 1844-1914)は，著書『歴史的・批判的に記述された力学の原理』(1872)において「動力学の基礎の創始者はガリレイであり，その後の発展はオイラーから始まる．」と記している．また，ニュートン主義者として知られていたモーペルテュイ(Pierre-Louis Moreau de Maupertuis, 1698-1759)でさえも，著書"Oeuvres"(1756)に，「オイラーは，ガリレイにより発見され今日機械学や力学を扱うすべての人たちによって受け入れられている原理から，運動の法則を導いた．」と記している．これらにはニュートンへの言及はない．このように，力学原理の創始者列伝においてガリレイに直接連なるのがニュートンではなくオイラーであるという理解は，18世紀までの通説であった．現在は，ニュートンだけが神格化されて力学史上の巨峰として崇められ，他の偉人たちはニュートンに比べて軽視されているが，これは誤りであり，上記の通説のほうが正しいと考えられる．

　オイラーは，『力学：解析的に示された運動の科学』(1736)，『天体運動一般の研究』(1747)，『力学の新しい原理の発見』(1750)，および『自然哲学序説』(1750

頃，未発表：オイラーの死後発見）で，以下のように，力学原理をめぐる概念の整備と論理の明確化を図り，力学全体の統一と解析化・汎用化および適用範囲の拡大を推し進めた．

オイラーは，『プリンキピア』の幾何学的な記述に見られる欠陥を，解析化によって解決することを試みた．そして，『力学：解析的に示された運動の科学』において，力学の基礎方程式として

$$dv = n \frac{f}{M} dt \tag{A.3}$$

を与えた．ここで，vは速さ，nは単位系のとり方で決まる定数である．これは現在ニュートンの運動方程式といわれているものであり，その発見者は世間の通説と違って，ニュートンではなくオイラーなのである．

オイラーは，『力学：解析的に示された運動の科学』において，質点力学・剛体力学・弾性体力学・流体力学を単一の基礎の上に作り上げた．そして，『力学の新しい原理の発見』において，これら力学全体の基礎方程式として，質点Mに対する次の運動方程式を提唱し，また，質点という概念を初めて創り出した．

$$2Mddx = Pdt^2, \quad 2Mddy = Qdt^2, \quad 2Mddz = Rdt^2 \tag{A.4}$$

このことの意義は，次の3点にある．第1に，運動方程式をニュートンがやったように微小だが有限の時間の変化としてではなく，瞬間的な速度変化に対する関係として与えたこと，すなわち微分方程式として定式化したこと，第2に，力や加速度を3次元のベクトル量と捉えて運動方程式をベクトル方程式とみなし，それを3次元直交成分に分解して表したこと，第3に，運動方程式がすべての物体の構成要素としての質点に対して成り立つとしたこと，である．これらのうちで第3が最も重要であり，オイラーは，この式こそが質点・剛体・弾性体・流体を問わずすべての物体に対する力学原理である，と宣言したのである（文献1，p. 174-175）．

すでに述べたようにニュートンは，外力によって駆動された物体が，外力を受けなくなってもその運動状態を維持するのは，物体内に外から注入されたある種の「力」が，その後も保存されているためであると考え，これを固有力あるいは慣性の力と呼んでいた．このようにニュートンは，力というものを，外からの作用に抗して物体の静止または定速度運動の状態を保存しようとする固有力と，外から作用し物体の運動状態を変化させようとする駆動力の2種類に分けられる，

と考えていた．これに従ってニュートンは，固有力による第1法則と駆動力による第2法則を，互いに異なる力による別の法則であるとして，個別に提唱した．

オイラーは『自然哲学序説』において，次のように，慣性と力は別のものであるとし，慣性の概念を力の概念と区別した．「通常人は，物体に慣性の力を与えているが，そこから大きな混乱が引き起こされている．なぜなら，力とは本来物体の状態を変化させうるものに対する名称であり，状態保存が依拠しているものを力と見なすことはできないからである．」（文献2，p.222）これに関連してオイラーは，ジャイロスコープ理論の基礎を作った．

またオイラーは『力学：解析的に示された運動の科学』において，「慣性とは，すべての物体に内在する，いつまでも静止し続けるか，または一方向に一様に動き続ける能力である．」（文献2，p.221）と定義し，質量は運動の変化しにくさ，すなわち慣性の大きさを表す物体本来の性質，すなわち力学特性であるとし，初めて慣性を質量と結び付けた．そして，慣性の法則を運動の法則の一種であるとした．

このようにオイラーは，力は固有力と駆動力からなる，というデカルトやニュートンの考えを否定し，力は駆動力のみであるとしたのである．ただしオイラーは，運動の法則には慣性という物体の性質に関する概念が陽に含まれていないから，慣性の法則を運動の法則のほかに定義する必要性と価値に関しては，否定しなかった．

ニュートンの時代には，「力」という概念が，連続に作用している力の「瞬時値」を指しているのか，それともある有限時間の積分値すなわち現在の「力積」ないし「仕事」を指しているのか，という点に混乱があり，ニュートン自身も「力」を両方の意味で使っていた．

『自然哲学序説』においてオイラーは，現在の運動方程式の原形である式（A.3）から，次の関係を導いた．

$$Mv = n \int f dt \tag{A.5}$$

また

$$v = \frac{ds}{dt} \tag{A.6}$$

の関係を用いれば，式（A.3）から

$$Mvdv = nfds \tag{A.7}$$

特に力 f が一定の場合には，式（A.5）と（A.7）からそれぞれ

$$Mv = nft \tag{A.8}$$
$$Mv^2 = 2nfs \tag{A.9}$$

となる．

これに続いてオイラーは，次のように述べている．「静止状態にある物体が一定の力で運動させられたならば，物体の質量に速さをかけたものは力に時間をかけたものに比例し，また，質量に速さの2乗をかけたものは力に通過した道程をかけたものに比例する．……前者は運動量，後者は活力と呼ばれる．このような命名が任意だとはいえ，我々は力という言葉に対して一度ある特定の概念を設定した以上は，後の者による命名は正当化されない．というのも，積 Mv がそれ自体としては力とみなされないのと同様に，積 Mv^2 は力とはみなされないし，それが $2nfs$ に等しくそこにおいて f が真の力を現す限り，決して力とは等値されない．そしてむしろ，運動量 Mv が力と時間の積と等値されるのと同様に，活力 Mv^2 は力と距離の積と等値されるべきである．」（文献1，p.182-183）

このようにオイラーは，力の効果（仕事）が力の位置（距離）に関する積分に等しいということを運動方程式から証明することにより，運動方程式と活力（現在の運動エネルギー）の関係を導いた．また同時に，運動量の変化が力積に等しいことを導いた．

これらによってオイラーは，力の概念と用語に関するデカルト以来の混乱と問題に決着をつけると同時に，運動量・仕事・運動エネルギーという現在用いられている概念を，力の概念から分離し確定した．ここに，エネルギー積分の完全に一般的な表現式が初めて与えられたのである．力学的エネルギー保存の法則の歴史に論及しているほとんどの力学書が，オイラーの『自然哲学序説』のこの部分に触れていないのは，驚くべきことである（文献1，p.188）．

またオイラーは，加速度を有する運動座標系から見た見かけの力（本書でいう擬似反力）としての慣性力の概念を，初めて導入した．さらに彼は，モーペルテュイの極値原理を数学的証明により拡張した．これとダランベールの研究は，ラグランジュの解析力学への萌芽と位置付けられる．

A.5　ダランベール

　ダランベール（Jean le Rond D'Alembert, 1717-83）については，すでに本書の第5章で詳しく論じたので，ここでは簡単に触れるに留める．

　ダランベールが活躍していた当時は，現在のように力学原理が確立し，ニュートンの「運動の3法則」が古典力学における基本法則として不動の地位を占めていたわけではなく，いろいろな論者がそれぞれに自分流の力学原理を主張していたようである．例えばダランベールは，彼独自の力学の原理として，「慣性の法則」と「運動の合成の法則」と「釣合の法則」の3法則を提唱した．これらのうち「慣性の法則」は，ガリレイやニュートンのものと同一である．また「運動の合成の法則」は，力の合成ではなく単純に速度ベクトルの合成と分解であり，現在ではこの法則は自明の数学的手法とみなされ，自然界が線形であること以外の大きい物理学的意味をもたない．

　これに対して，現在ダランベールの原理と呼ばれているのが「釣合の法則」である．経験論者ダランベールは，直接観測できる運動とそこから知られるもの以外を理論に持ち込むことを良しとしなかった．そこで，内部の張力や抗力や拘束力のような，物体に内在し隠蔽される束縛力は，それ単独では観測できず知りえないから，そのようなものを含まない力学理論を作る必要があった．「釣合の法則」はこうして生まれたのである．

　力という直接観察できない概念を表に出すことを好まなかったダランベールは，われわれのいう「力」すなわちニュートンのいう「外力」を，「運動の原因」と呼んだ．そして，われわれが直接に知りうるのは結果としての運動または運動の変化だけであり，原因は直接には知りえないから，式 $f = m\, dv/dt$ は，力が与えられるときに運動を求める，という意味の運動方程式ではなく，運動が観測されたときその原因である「外力」すなわち「加速力」を量的に定義する式にすぎない，とした．

　ダランベールは著書『力学論』（1743）において，「釣合」の概念を以下のように説明している．「もしも物体がその運動の際に遭遇する障害が，その物体の運動を妨げるのに丁度必要なだけの抵抗を加えたならば，そのときこの物体と障害物の間に釣り合いが成り立つという．例えば，2物体が，質量に反比例し互いに

逆向きの速度を持ち，一方が動けば必ず他方を動かすようなとき，この2物体は釣り合いにあるという.」（文献 1, p. 219）

　ダランベールのいうこの釣合の意味は，力の概念を使っていないから多少わかりにくいが，本書の第5章で説明したように，現在の釣合の意味とは若干異なる．ダランベールやラグランジュが活躍していた当時は，釣合の概念が未分化であり，現在のようにはっきりした定義が存在していたわけではなかった．したがってダランベールは，釣合という言葉を，現在の釣合の概念と作用反作用の法則を合わせた広い意味で使っていたのである．

　ダランベールは『力学論』で，上記のように釣合の概念を説明した後に，本書の第5章で詳しく論じた釣合の法則を記述している．ダランベールの釣合の法則は，現在一般に考えられているように，動力学における力の釣合式の導出や，力の釣合による静力学と動力学の統一とは，まったく異なる意味を有する．すなわちダランベールの原理は，ニュートンの運動方程式の表現を書き換えて「見かけの力である慣性力と現実の作用力が釣り合う」という奇妙な解釈を加えただけの，つまらない事柄ではない．ダランベールの原理は，ニュートンの運動方程式とは直接には無関係であり，むしろ作用反作用の法則と深く関係することを，本書の第5章で説明した．

　しかしそれだけではなく，同じく本書の第5章で初めて明らかにしたように，他にもっと重要な意味を有する．すなわち，ダランベールの釣合の法則は，外作用が，質量に作用し運動エネルギーを生じる部分と，柔性に作用し力エネルギーを生じる部分に分けられること，および，それらの結果生じる運動（作用の効果という広い意味での運動）は，両者を互いに別の問題として扱うことができることを示唆していたのである．これらが，ラグランジュによるその後の解析力学の正しい発展のきっかけを与え方向付けたという意味で，ダランベールの原理は力学においてきわめて重要な意義を有している．

A.6　ラグランジュ

　古典力学は，ニュートンによって創生されたというのが現在の常識である．しかし，A.4節でも述べたように，これは正しい歴史的事実ではなく，当時の研究者に対する公平な評価でもない．古典力学は，17世紀から18世紀にかけてのヨー

ロッパの多くの学者の努力と協力によって生み出されたものである．その中で強いて代表者を特筆するとすれば，ガリレイ，ニュートン，オイラー，ダランベールの 4 人であろう．少なくともこの 4 人は対等に評価されるべきである，と筆者は考える．

しかし，力学の発展に対してこれら 4 人に劣らぬ貢献をした別の 1 人として，ラグランジュ（Joseph Louis Lagrange, 1736–1813）が挙げられる．ラグランジュは，モーペルテュイ，オイラー，ダランベールなどの研究を引き継いで大きく発展させ，「解析力学」という力学の新しい分野を創生した．そしてラグランジュは，まったく図表を含まない本『解析力学』（1788）を著し，力学の諸問題の数学的観点を見事に表現し，総合し，普遍化した．この本によって力学は，基本物理学法則から，連続体と結合物体のシステム解析に関する手続き論へと，問題の力点が移動した．

ただし，解析力学の分野は本書の対象外であるから，ラグランジュに関しては，本書に関係する部分の足跡を，以下に簡単に列記するに留める．

ラグランジュは，運動の法則に関して，次のように記している．

一方では力の効果は d^2x/dt^2, d^2y/dt^2, d^2z/dt^2 で表されるが，他方でその効果を生む単位質量当たりの力が (f_x, f_y, f_z) で与えられるのであれば，微分方程式としての運動方程式

$$\frac{d^2x}{dt^2} = f_x, \quad \frac{d^2y}{dt^2} = f_y, \quad \frac{d^2z}{dt^2} = f_z \qquad (A.10)$$

により運動が決定される．

このような力学原理の新しい定式化は，ニュートン以来の中心課題であった運動現象から力を求める問題から，力から運動を決める問題への移行を促した．言い換えれば，運動方程式が，与えられた力のもとでの運動を予測し決定する因果方程式と見られるようになった，ということを意味する．ただしこの段階では，この方法は，天体運動のようにすべての力があらかじめ時間の関数として与えられている場合には有効であるが，機械工学における拘束運動のように，運動方程式から運動と軌道からの拘束力を同時に決定しなければならない場合には，単純には適用できない．しかしこれがやがて，ラグランジュによる力学原理（力学の基礎方程式）の新たなる定式化を通して，解析力学の世界への途を開くのである．

ラグランジュは，ダランベールの釣合の法則に仮想仕事の原理を適用すること

によって，動力学の問題を静力学の問題に帰着できることを示した．

ニュートンは，運動量を質量に作用する力の効果として定義した．本書の第3章に述べたように，質量は原因として力を受けて結果として速度を生じる．したがってこれは，ニュートンが，物質を質量と見ていたこと，また運動を速度と見ていたこと，すなわち力学における状態量として，力と変位ではなく力と速度を用いていたことを意味する．またニュートンは，静的状態の原因である力（固有力）と動的状態の原因である力（駆動力）は別の種類であるとし，運動を扱う力学（動力学）は，ギリシャ以来の剛体の静力学とは別物である，と考えていた．オイラーは，固有力の存在を否定し，ニュートンの第1法則が第2法則の特殊ケースであるとすることによって，静的状態が動的状態の一部であるとした．

しかしラグランジュは逆に，動力学を静力学に帰着させて扱うことができることを示し，これによって両者を力の釣合という静力学的概念で統合しようとした．現在のように，動力学における基本状態量として力と速度ではなく力と変位をとるようになったのは，このラグランジュの研究以後だといわれている．ここで，ラグランジュが考えていた「力の釣合」という概念は，5.1節とA.5節で説明したように，ダランベールと同じく当時の一般認識に基づくものであり，現在の力の釣合の概念とは異なることに留意しておく必要がある．

A.7 以後の発展

ここでは，以上に述べた以降の時代における本書に直接関係する事項について，若干記述する．

まず，エネルギーについて述べる．

プランク（Max Carl Ernst Ludwig Planck, 1858–1947）が「2つの質点がその相互作用によって運動するとき，相互作用の行った仕事は慣性系のとり方にはよらない．すなわち，ガリレイ変換に対して不変である．」（文献8, p.26）と述べているように，仕事は不変性を有する．

力学的エネルギー保存の萌芽的形態の法則は，ライプニッツによって提唱された．彼は Mv^2 という量を活力と名付け，運動においてそれが保存されることを主張した．ライプニッツのいう活力は，今日の運動エネルギーを対象にしていた．オイラーは，運動方程式を提案し，それからこの活力を導いた．

18世紀の終わりには，物体は，純粋に力学的な方法では，自ら初速度が零で自由落下を始めた高さより高いところには到達できないことが確信され，今日力学的エネルギーと呼ばれるものが保存されることがわかっていた．

　しかし，熱現象をも含む機械を作れば永久運動は実現できるのではないか，ということは，19世紀に入っても考えられていた．力学の範囲を超えて熱の現象をも含めたエネルギー保存の法則を発見したのは，1842年のマイヤーである．またこれに続いて，あるいはこれとは独立に，1840〜45年にジュール（James Prescott Joule, 1818-89），1847年にヘルムホルツによって，実験的にも理論的にもこのことが確立された[1]．これらによって，燃料をまったく供給することなく仕事をし続ける第1種の永久機関の実現は完全に否定され，エネルギー保存の法則は不動のものとなった．

　19世紀末から20世紀初めにかけて，量子論と相対論が導入され，また私たちが知ることのできる自然の範囲も原子核の奥深くに入ったが，それでも今日まで，エネルギー保存の法則はゆるがない．つまり，初めは自然界の限られた現象の範囲内で発見されたエネルギー保存の法則が，当時は知られていなかったもっと一般の現象にまで成り立つことが確かめられたのである．

　次に，空間と時間について述べる．

　ガリレイは，互いに等速直線運動をする空間の間では力学法則はまったく同じであるという，ガリレイの相対性原理を提唱し，これらの空間を互いに区別する方法はないとして，絶対空間の存在を否定した．これに対してニュートンは，絶対空間の存在を彼の力学の前提としていた．ニュートンと同時代のバークレイは，ニュートンのこの考えに反対し，後にマッハを経て，アインシュタインによって，このような絶対静止空間の存在は決定的に否定された．

　アインシュタインは，ニュートンから約200年後に，水星の運動で観測されるわずかな異常運動を説明する新説を出した．その結果，大きい星が存在するために，時間と空間の特性自体が変化し，あるいはゆがめられていることがわかった．そして，それまで正しいとされていたニュートンの法則が近似で厳密には誤りであることを指摘し，それを修正する方法を，1905年に相対性理論として提示した．

　地表での小規模の運動は地面を基準にして測った空間で記述すればよく，地球の自転・公転や惑星の運動を扱うときには遠くの恒星に対する運動を表す空間を

考えればよい．このようなユークリッド空間と，空間とは独立に流れる時間を用いるのが，古典力学の立場である．古典力学の成功により，ガリレイ・ニュートン的な空間と時間の概念は，実在の物理的空間・時間のモデルとして，少なくともきわめて良い近似において，正しいことが示された．長い間，古典力学は厳密に正しいと思われてきた．

ところが19世紀末から20世紀初めにかけて，電磁気現象にガリレイ・ニュートン的な時間空間の概念を適用すると事実に合わない場合があることが明らかにされた．特に，光の速さに関して明白な不一致が認められた．これがきっかけになってアインシュタインの相対性原理が提唱され，空間と時間とは無関係でないことがはっきりした．そしてその実体は，ガリレイ・ニュートン的な空間・時間とはまったく異なるものであった．しかし光の速さに比べてはるかに遅い運動に対しては，古典力学は正しいと見てよく，その空間・時間の概念も妥当なものと，現在でもみなされている．

コリオリ（Gustave Gaspard Coriolis, 1792-1843）は，移動座標に関する理論を展開し，1828年に回転座標への変換に伴うコリオリの加速度とコリオリ力を発見し提唱した．フーコー（Jean Bernard Léon Foucault, 1819-68）は，1851年にいわゆるフーコーの振子を作って，コリオリの加速度を目に見える形に実現し，これによって地球が自転していることを初めて実証した．

参考文献

1) 山本義隆, 古典力学の形成——ニュートンからラグランジュへ, 日本評論社, 1997.
2) 山本義隆, 重力と力学的世界——古典としての古典力学, 現代数学社, 1981.
3) 三輪修三, 機械工学史, 丸善, 2000.
4) Richard P. Feynman, *et al*., 坪井忠二訳, ファインマン物理学Ⅰ 力学, 岩波書店, 1967.
5) 小谷正雄編, 物理学概説 (改訂版), 裳華房, 1953.
6) 山内恭彦, 一般力学 (増訂第3版), 岩波書店, 1959.
7) 原島 鮮, 質点の力学 (改訂版), 裳華房, 1984.
8) 原島 鮮, 質点系・剛体の力学 (改訂版), 裳華房, 1985.
9) 戸田盛和, 力学, 岩波書店, 1982.
10) 阿部龍蔵, 力学・解析力学, 岩波書店, 1994.
11) 中川憲治, 工科のための一般力学, 森北出版, 1977.
12) 坂田 勝, 工学力学, 共立出版, 1977.
13) Leonard Maunder, 太田 博監訳, 機械と運動の科学——マシン・ダイナミクス入門, 日経サイエンス社, 1992.
14) 高等学校教科書, 新編物理Ⅰ, 東京書籍, 2005.
15) James Carvill, 三輪修三訳, 工学を創った天才たち——83人の新理論新技術, 工業調査会, 1986.
16) 長松昭男, モード解析入門, コロナ社, 1993.
17) 日本機械学会編, 機械工学事典, 丸善, 1997.
18) 長松昭男ほか編, ダイナミクスハンドブック, 朝倉書店, 1993.

索　引

ア　行

アインシュタイン　11, 31, 75, 151, 223, 226
アリストテレス　217
アルキメデス　147, 216
安定原子間距離　52
アンペール　146

位相平面　203
位置　9, 74, 209
　　——の法則　80, 120
位置エネルギー　17, 118
1自由度系　203
位置保存の法則　94, 97
因果関係　12, 19, 70, 99
　　状態量の——　216
因果律　12

運動　9
　　——の合成の法則　123
　　——の法則　30, 33, 68, 72, 76, 98, 111, 141, 145, 208
運動エネルギー　36, 118, 180, 193, 203, 231
運動学　146, 216, 217
運動座標系　152
運動方程式　106, 154, 161, 172, 209
運動量　9, 18, 29, 73, 76, 79, 192, 208, 217, 221, 222, 231
　　——の法則　75, 120
　　——の保存　77
運動量保存の法則　76, 89, 97, 116, 135
運搬加速度　169
運搬速度　169

永久運動　115

エウクレイデス　216
液体　62, 65
エネルギー　112
エネルギー体　179
エネルギー弾性　66
エネルギー保存の法則　115
円運動　176
遠隔力　11, 31
遠心力　172, 174
エントロピー　116
エントロピー弾性　66

オイラー　30, 68, 228

カ　行

解析力学　234
回転運動座標系　167
回転座標系　167
化学エネルギー　114
角運動量　77
角運動量保存の法則　116
仮想仕事の原理　10, 138, 147, 149
加速度　9, 12, 211
　　コリオリの——　169, 172, 237
加速力　131
ガラス状態　65
ガリレイ　32, 67, 123, 216, 218
　　——の相対性原理　108, 151, 153, 219, 236
ガリレイ系　68
ガリレイ変換　153
換算質量　43, 89
慣性　30, 68, 230
　　——の法則　30, 67, 72, 123, 145, 183, 218, 219
慣性空間　152
慣性系　68, 141, 152

慣性座標系　68, 152, 157
慣性質量　31, 184
慣性速度　38, 39, 111, 199, 207
慣性力　30, 39, 102, 112, 140, 155, 158, 166, 180, 198, 208
完全弾性衝突　82
完全非弾性衝突　83
擬似反力　102, 103, 106, 140, 155, 158, 167, 173, 186
気体　62, 66
軌道　203
基本状態量　9
基本単位系　79
狭義の動力学　146
共振　35
共有結合　114
近接力　12, 31

空点　39
駆動力　68
クライン　228

撃速度　84
撃力　75, 83, 223
結晶構造　62
　　固体の——　58
ケプラー　218, 219
ケルビン　28, 150
原子　12
　　——の不規則微小振動　60
原子核　12
原子核エネルギー　114
原子間距離の底点　52
原子間の力エネルギー場　51, 59
原子配列　58
減衰　32, 47

硬化非線形弾性　49

交換斥力　51
格子振動　63
格子点　63
向心加速度　169, 172
剛性　15, 29, 33, 35
剛体運動　130
剛点　39
高分子　66, 114
国際単位系　79
固体　62
　——の結晶構造　58
固定　37
古典力学　12, 67, 146, 153
コペルニクス　218
固有周期　202, 212
固有振動数　202, 214
固有モード　202, 214
固有力　29, 68
コリオリ　169, 237
　——の加速度　169, 172, 237
　——力　172, 174, 237

サ　行

作用　99, 111
作用速度　25, 107, 109
作用反作用の法則　69, 76, 107, 134, 148
　速度の——　71, 98, 107, 208
　力の——　89, 98, 99, 125, 157, 208
作用力　24, 99

仕事　112, 119, 231
質点　12
質量　11, 15, 29, 33, 35, 193, 197, 198, 211
　——の静的機能　36
　——の動的機能　36
　——の保存　77
質量保存の法則　116
支配方程式　207
自由　37
自由振動　92, 93, 130, 146, 197, 204
柔性　16, 29, 35, 193, 197, 199, 211
　——の静的機能　36
　——の動的機能　36
　——の法則　71, 145
柔性速度　39, 109, 112, 200, 208
柔性力　39, 199, 208
自由浮遊状態　183, 186
自由落下　179, 183, 186
重力　13, 163, 165, 179, 181, 186, 187, 218, 224
重力質量　31
ジュール　116, 236
状態積　9, 73
状態平面　203
状態量　9
　——の因果関係　216
衝突　82, 84
蒸発　65
消滅する　129
振動　122, 197

スコラ哲学　217

脆性破壊　66
静的状態　145
静力学　10, 28, 100, 146, 150, 216
接触力　12
接続　20, 26
接続則　20, 26
絶対位置　151
絶対加速度　151, 169
絶対空間　67, 68, 151, 152
絶対時間　151
絶対速度　151, 168
絶対和　24
線形　20
線形弾性　49

双極子モーメント　52
相対運動　151
相対加速度　169
相対座標系　152
相対性　190
相対性原理　154
　ガリレイの——　108, 151, 153, 219, 236
相対性理論　13, 75, 178, 236

相対速度　25, 108, 169
相対和　24
速度　9, 210
　——の作用反作用の法則　71, 98, 107, 208
　——の不連続　24
　——の連続　23, 202
速度積　9, 73, 209
速度変動　11, 198
塑性変形　64

タ　行

第2種の衝突　83
多自由度系　213
ダランベール　14, 123, 148, 158, 232
　——の原理　123, 124, 126, 139, 145, 149, 158, 161, 233
　——の釣合の法則　130, 233
単位系　78
単振動　213
弾性　29, 35, 48, 62
弾性域　54, 62
弾性エネルギー　118
弾性変形　64

力　9, 11, 220, 224
　——の作用反作用の法則　89, 98, 99, 125, 157, 208
　——の釣合　20, 100, 104, 133, 139, 202
　——の釣合式　101, 106, 125, 140, 161, 163, 209
　——の不釣合　23, 100, 104
　——の法則　71, 111, 120, 145, 208
　コリオリ——　172, 174, 237
　見かけの——　102, 106, 140, 155
力エネルギー　17, 36, 48, 117, 118, 180, 193, 203
力エネルギー場　48
　——の変曲点　64
　原子間の——　51, 59
力変動　12, 199

索　引

地動説　218
潮汐力　187
調和振動　210
直列接続　21, 23

釣合　21, 23, 124, 141, 232
　　──の法則　123, 126, 131, 134, 232
　　力の──　20, 100, 104, 133, 139, 202

デカルト　15, 32, 74, 220
デカルト座標系　220
電気エネルギー　113
電気量保存の法則　116
電気力　11, 63
電子　12
電子雲　51

凍結　65
等時性　213
動的状態　145
動力学　9, 28, 100, 146, 150, 216
　　狭義の──　146

ナ　行

軟化非線形弾性　49

2体問題　25
ニュートン　13, 67, 123, 151, 216, 221
　　──の運動の法則　157
　　──の法則　16, 67, 222

熱エネルギー　44, 45, 58, 60, 64, 113, 211
熱膨張　64
熱励起　63, 64
燃焼　114
粘性　29, 32, 33, 45, 62, 145, 211, 221, 226
　　──の機能　45
　　──の散逸関数　45
　　──の散逸パワー　45
　　──の抵抗係数　61

粘性域　55, 57, 64
粘性抵抗力　44, 61

ハ　行

ハイゼンベルグの不確定性原理　17, 117
パウリの排他律　51
バークレイ　151
ばね　16
ハレー　223
パワー　40, 120
反作用　99, 112
反作用速度　107, 110, 199
反作用力　99, 198
反発係数　82, 87, 226
万有引力　11, 223

光の速さ　18, 75, 153
非慣性系　103, 140, 154, 157, 158
非結晶構造　66
微視的なフックの法則　54, 64
ひずみエネルギー　118
非保存特性　34
非保存力　34, 119
ビュリダン　217

ファンデルヴァールス引力　51
復元力　16, 39, 111, 200
フーコー　169, 237
　　──の振子　169, 237
フック　17, 33, 129, 220, 227
　　──の法則　16, 70, 73, 220, 227
不釣合　23
　　力の──　23
プトレマイオス　216
ブラーエ　218
ブラドワーディン　217
プラトン　32
フラムスティード　227
プランク　119, 235
プランク定数　17, 76, 117
プラントル　33

閉鎖系　202, 213

力学的エネルギーの──　145
並進運動座標系　152
並進座標系　152, 153
並列接続　21, 23
ベーコン　216
ヘルムホルツ　116, 225
変位　9, 210
　　──の連続　20
変曲点　52

ポアズイユ　33
ホイヘンス　32, 221
法則の対称性　69
放物運動　219
墨子　13, 216
保存特性　34
保存力　34, 119, 179
　　──の場　179
ポテンシャル　119
ポテンシャルエネルギー　118
ポテンシャル場　48, 113

マ　行

マイヤー　115, 226
マクスウェル　75, 223
マッハ　29, 30, 68, 151

見かけの力　102, 106, 140, 155

無重力場　50

モデル化　46
モーペルテュイ　228

ヤ　行

ユークリッド空間　216

溶解　65
溶解熱　65

ラ　行

ライプニッツ　115, 227
落体　121

ラグランジュ　10, 75, 228, 234

力学　9
力学的エネルギー　11, 118, 190, 198, 199, 201, 206, 235
　――の散逸機構　57
　――の循環　202, 207
　――の循環流路　213
　――の閉鎖系　145, 213
　――の閉鎖循環系　197
力学的エネルギー保存の法則　34, 119
力学特性　15
力積　9, 73, 208
力線　119
力場　113
流体　58, 61
量子力学　13, 17, 76
量子論　51

レイノルズ　33
レオナルド・ダ・ヴィンチ　67, 115, 217
レナード・ジョーンズポテンシャル　51
連結　82, 89
連続　21
　速度の――　202
　変位の――　20

ローレンツ変換　69, 153, 190

著者略歴

長松　昭男
な が ま つ あき お

1939年　山口県に生まれる
1970年　東京工業大学大学院理工学研究科博士課程修了
現　在　法政大学工学部機械工学科教授
　　　　東京工業大学名誉教授
　　　　工学博士
主　著　『モード解析入門』（コロナ社，1993）
　　　　『ダイナミクスハンドブック』（共編：朝倉書店，1993）

機 械 の 力 学　　　　　　　　　　定価はカバーに表示

2007年3月15日　初版第1刷
2019年4月25日　　　 第3刷

　　　　　　　　　　　　著　者　長　松　昭　男
　　　　　　　　　　　　発行者　朝　倉　誠　造
　　　　　　　　　　　　発行所　株式会社　朝　倉　書　店
　　　　　　　　　　　　　　　　東京都新宿区新小川町6-29
　　　　　　　　　　　　　　　　郵便番号　１６２-８７０７
　　　　　　　　　　　　　　　　電　話　03（3260）0141
　　　　　　　　　　　　　　　　ＦＡＸ　03（3260）0180
〈検印省略〉　　　　　　　　　　　http://www.asakura.co.jp

© 2007〈無断複写・転載を禁ず〉　　　　新日本印刷・渡辺製本

ISBN 978-4-254-23117-5　C 3053　　　　Printed in Japan

JCOPY ＜出版者著作権管理機構　委託出版物＞
本書の無断複写は著作権法上での例外を除き禁じられています．複写される場合は，
そのつど事前に，出版者著作権管理機構（電話 03-5244-5088, FAX 03-5244-5089,
e-mail: info@jcopy.or.jp）の許諾を得てください．

好評の事典・辞典・ハンドブック

物理データ事典	日本物理学会 編	B5判 600頁
現代物理学ハンドブック	鈴木増雄ほか 訳	A5判 448頁
物理学大事典	鈴木増雄ほか 編	B5判 896頁
統計物理学ハンドブック	鈴木増雄ほか 訳	A5判 608頁
素粒子物理学ハンドブック	山田作衛ほか 編	A5判 688頁
超伝導ハンドブック	福山秀敏ほか 編	A5判 328頁
化学測定の事典	梅澤喜夫 編	A5判 352頁
炭素の事典	伊与田正彦ほか 編	A5判 660頁
元素大百科事典	渡辺 正 監訳	B5判 712頁
ガラスの百科事典	作花済夫ほか 編	A5判 696頁
セラミックスの事典	山村 博ほか 監修	A5判 496頁
高分子分析ハンドブック	高分子分析研究懇談会 編	B5判 1268頁
エネルギーの事典	日本エネルギー学会 編	B5判 768頁
モータの事典	曽根 悟ほか 編	B5判 520頁
電子物性・材料の事典	森泉豊栄ほか 編	A5判 696頁
電子材料ハンドブック	木村忠正ほか 編	B5判 1012頁
計算力学ハンドブック	矢川元基ほか 編	B5判 680頁
コンクリート工学ハンドブック	小柳 洽ほか 編	B5判 1536頁
測量工学ハンドブック	村井俊治 編	B5判 544頁
建築設備ハンドブック	紀谷文樹ほか 編	B5判 948頁
建築大百科事典	長澤 泰ほか 編	B5判 720頁

価格・概要等は小社ホームページをご覧ください．